智能交通先进技术译丛

Low Carbon Mobility for Future Cities

未来城市低碳出行

［澳］侯赛因·迪亚（Hussein Dia）　编著

江苏大学汽车与交通工程学院　组译

江浩斌　何美玲　武晓晖　刘擎超
　　　　　　　　　　　　　　　　　　译
陈月霞　曹淑超　施榆吉　蒋　栋

机械工业出版社

本书讲述了在未来智能城市中推动可持续移动服务的政策原则和实际应用的一系列工作。涵盖的主题包括城市交通、低碳出行的政策原则、低碳出行与减少对汽车的依赖、未来城市土地利用与交通规划一体化、郊区出行的低碳化、城市千年发展中的公共交通、城市交通及其对公共健康的影响、慢行交通、出行与共享经济、自动驾驶汽车与共享出行、游戏化与可持续出行在变化的交通环境中面临的挑战与机遇、数字创新与智慧出行。

对于交通工程、城市规划、交通规划和战略领域的研究人员和从业者，负责可持续实践的政府管理人员、科研人员以及参与提供交通服务的行业的从业人员来说，本书将是必不可少的读物。

Low Carbon Mobility for Future Cities/by Hussein Dia/ISBN：978 – 1 – 78561 – 197 – 1

© The Institution of Engineering and Technology 2017

Original English Language Edition published by The IET, Copyright 2017

All Rights Reserved

北京市版权局著作权合同登记　图字：01 – 2020 – 1889 号。

图书在版编目（CIP）数据

未来城市低碳出行/（澳）侯赛因·迪亚（Hussein Dia）编著；江苏大学汽车与交通工程学院组译；江浩斌等译.—北京：机械工业出版社，2021.6

（智能交通先进技术译丛）

书名原文：Low Carbon Mobility for Future Cities

ISBN 978-7-111-69966-8

Ⅰ.①未…　Ⅱ.①侯…　②江…③江…　Ⅲ.①城市交通 – 环境污染 – 污染控制 – 研究　Ⅳ.①X734

中国版本图书馆 CIP 数据核字（2021）第 267448 号

机械工业出版社（北京市百万庄大街 22 号　邮政编码 100037）

策划编辑：李　军　　　　责任编辑：李　军　王　婕

责任校对：张亚楠　张　薇　封面设计：鞠　杨

责任印制：邰　敏

北京汇林印务有限公司印刷

2022 年 3 月第 1 版第 1 次印刷

169mm × 239mm · 18.25 印张 · 2 插页 · 371 千字

0 001—1 900 册

标准书号：ISBN 978 – 7 – 111 -69966-8

定价：199.00 元

电话服务　　　　　　　　网络服务

客服电话：010 – 88361066　机　工　官　网：www.cmpbook.com

　　　　　010 – 88379833　机　工　官　博：weibo.com/cmp1952

　　　　　010 – 68326294　金　书　网：www.golden – book.com

封底无防伪标均为盗版　机工教育服务网：www.cmpedu.com

译者的话

伴随着现代社会的发展，城市交通问题一直在影响人们的出行和生活，主要体现在3个方面：安全、效率和环保。本书重点关注效率和环保。城市的扩张、人口的聚集、出行需求的剧增，导致了较为严重的交通拥堵问题，这对交通系统和城市运行系统的效率都有着极大的负面作用，同时还伴随着越来越严重的交通环境污染。虽然本质上交通拥堵源于供需的不均衡，但是以往的经验告诉我们，仅仅依靠增加交通基础建设来扩大供给，或者利用管理政策缓解需求，都无法很好地缓解拥堵问题。本书从可持续发展的角度，倡导在城市规划思路上的转变，将供给和需求结合起来考虑，以低碳为导向，充分利用现代智能化信息技术，强调交通系统和土地利用之间的协调，并突出了人和物的可达性概念，总结了未来城市交通系统的发展方向。本书从城市交通系统发展的宏观角度，列举了大量世界各地的实例，说明引导城市低碳可持续发展是必然和迫切的方向，但是目前已有的各种举措所取得的效果并不明显或者进展缓慢。本书深入探讨了这一现象发生的内在原因，指出智能化信息技术和低碳规划理念的结合是解决问题的有效措施，并结合案例对新技术在应有和落地过程中可能产生的问题和解决思路进行了详细分析。

本书由江苏大学汽车与交通工程学院交通运输工程学科的科研团队翻译而成，其中江浩斌教授翻译了第1章，何美玲副教授和武晓晖老师翻译了第2~4章，陈月霞老师翻译了第5、6章，施榆吉副教授翻译了第7、8章，刘擎超副教授翻译了第9、10章，曹淑超老师翻译了第11、12章，蒋栋老师翻译了第13、14章，全部译文由江浩斌教授和景鹏教授统稿。感谢研究生周新宸、徐天宇、高芬霞、刘佳奇、曾磊、林天鹤、蒲俊、安勇峰、孙菲阳、管雪玲在协助翻译以及统稿的过程中花费大量的时间和精力。

江浩斌

序

城市机动化改革是当前决策者面临的重大挑战之一。在过去的数十年间，交通基础设施的兴建推动了城市机动化的高速发展，也导致了交通供需矛盾日益显现，主要体现在高峰时段严重的交通拥堵、过长的出行距离和不可靠的出行时间等方面。随着城镇化水平的提高，一方面，交通供需矛盾日益尖锐；另一方面，随之而来的城市扩张和人口增长也给交通系统基础设施造成了巨大压力。

贯穿本书的主题之一是认识到过去（直到现在）的城市和交通规划做法是造成当前交通问题的根本原因。过去的交通政策和做法会直接影响当前城市的形态、宜居性、经济以及生产力水平。在过去的半个世纪中，全球范围内的快速城镇化进程带来了一系列问题，比如城市过度扩张、交通需求剧增和环境污染问题。为了适应机动化的发展需要和缓解交通拥堵，该阶段的交通规划战略和政策主要是以突出机动性为主，通过兴建基础设施来满足交通需求。然而这些基础设施的兴建进一步刺激了机动化的发展速度，并导致了一系列负面的社会和经济后果。

本书的编写基于一个中心前提，即城市交通规划思路可以从当前片面强调机动化转变为基于城市可持续发展。本书呼吁实现规划思路上的转变，并重新思考应对当前城市交通所面临挑战的措施。为了实现以上目标，本书分析了城市交通的复杂性，以及交通系统与土地使用、基础设施、机动化水平、可达性、排放、健康和社会幸福感等之间的相互关系。

本书是实现城市未来可持续发展的一次尝试。交通规划不应只关注人和物发生的空间位移，更应该关注人和物能否便利地到达如就业、服务等目的地。尽管大多数城市（特别是发展中国家）的交通基础设施仍然需要大量投资，但是本书强调投资应该选择合适的时间和地点，以低碳为导向，且应与社会价值观和期望相符合。

引导城市实现低碳机动化的必要性、紧迫性和益处是显而易见的，这也是贯穿本书的主题之一。虽然，低碳机动化的理念已经得到了广泛的认可，但是在实际管理与实践中推进缓慢。智能、健康和低碳的未来城市建设为推进可持续机动化提供了机会。

本书的目标为减少交通能源消耗提供可行的解决方案。这些方案侧重于以下方面：综合考虑土地使用和交通政策；都市圈基础设施投资；以公共交通和行人为导向的城市发展；优化城市路网利用率；交通行为方式选择。同时，本书也讨论了技术创新在平衡城市交通供需方面的应用。如果有完备的前期计划和安排，这些方案必将改善城市综合可达性，这也是实现城市经济发展目标和减排目标的先决条件。

编　者
侯赛因·迪亚
可持续基础设施中心
斯威本科技大学土木与建筑工程系
澳大利亚墨尔本

目　录

译者的话
序

第1章　概述 ··· 1

1.1　城市交通：挑战与机遇并存 ········· 1
1.2　低碳出行的政策原则 ················· 2
1.3　低碳出行与减少对汽车的依赖 ····· 2
1.4　未来城市土地利用与交通规划
　　一体化：慢行交通的重要性 ······· 3
1.5　郊区出行的低碳化 ··················· 4
1.6　交通方式需要的"颠覆"：城市千年
　　发展中的公共交通 ··················· 5
1.7　城市交通及其对公共健康的
　　影响 ··········· 5
1.8　慢行交通：构建健康幸福环境的政策

方向 ··· 6
1.9　出行与共享经济：产业发展与影响的
　　初步理解 ··································· 7
1.10　自动驾驶汽车与共享出行：塑造
　　　城市交通的未来 ····················· 8
1.11　游戏化与可持续出行在变化的交
　　　通环境中面临的挑战与机遇 ····· 8
1.12　数字创新与智慧出行：联系实际，
　　　映射出行价值 ························· 9
1.13　总结与展望 ··························· 10
参考文献 ··· 10

第2章　城市交通：挑战与机遇并存 ················· 11

2.1　引言 ··········· 11
2.2　快速城市化 ··········· 12
2.3　道路交通事故与伤亡 ··········· 15
2.4　交通拥堵 ··········· 17
2.5　交通排放 ··········· 19
2.6　资产老化和基础设施投资缺口 ··· 21
2.7　基础设施弹性 ··········· 23
2.8　传统方法的局限性——预测和

供给 ··· 24
2.9　机遇 ··········· 24
2.10　本章小结 ··········· 27
致谢 ··········· 27
参考文献 ··········· 27
术语 ··········· 30
延伸阅读 ··········· 31

第3章　低碳出行的政策原则 ························· 32

3.1　引言 ··········· 32
3.2　城市交通系统能源效率 ··········· 33
3.3　政策手段 ··········· 34

3.4　"避免、转移、共享和改善"
　　框架 ··········· 34
3.5　"避免、转移、共享、改善"

　　　框架的十项关键原则 ……… 36
3.6　效益 …………………… 38
3.7　城市环境与城市需求 …… 38
3.8　与城市需求相匹配的政策 … 39
3.9　政策措施能否结合起来增加
　　　影响? ………………… 40
3.10　政府和社会各界的协商 … 40

3.11　案例研究 ………………… 41
3.12　政策途径 ………………… 44
3.13　本章小结 ………………… 47
参考文献 ………………………… 47
术语 ……………………………… 49
延伸阅读 ………………………… 49

第4章　低碳出行与减少对汽车的依赖 ………………………………………… 51

4.1　引言 …………………… 51
4.2　历史机遇 ……………… 52
4.3　21世纪的城市 ………… 53
4.4　降低汽车依赖性的经济驱动力 … 59
4.5　接下来会发生什么? …… 60

4.6　低碳出行过渡的选择 …… 61
4.7　本章小结 ……………… 69
参考文献 ………………………… 70
术语 ……………………………… 73
延伸阅读 ………………………… 74

第5章　未来城市土地利用与交通规划一体化:慢行交通的重要性 …………… 75

5.1　引言 …………………… 75
5.2　可持续土地利用和交通 … 76
5.3　出行行为 ……………… 78
5.4　可达性 ………………… 79
5.5　政策与实践一体化实现条件 … 84
5.6　一体化——政策与实践 … 85

5.7　案例分析 ……………… 87
5.8　本章小结 ……………… 88
参考文献 ………………………… 89
术语 ……………………………… 92
延伸阅读 ………………………… 92

第6章　郊区出行的低碳化 ……………………………………………………… 94

6.1　引言 …………………… 94
6.2　郊区交通未来发展 ……… 99
6.3　智能出行 ……………… 107
6.4　本章小结 ……………… 109

参考文献 ………………………… 110
术语 ……………………………… 115
延伸阅读 ………………………… 116

第7章　交通方式需要的"颠覆":城市千年发展中的公共交通 ……………… 117

7.1　引言 …………………… 117
7.2　城市千年的挑战:"传统"
　　　公共交通的作用 ……… 118
7.3　优先发展公共交通和慢行交通
　　　能否成功? …………… 119

7.4　成功案例研究 ………… 123
7.5　本章小结 ……………… 131
参考文献 ………………………… 131
术语 ……………………………… 134
延伸阅读 ………………………… 134

第8章　城市交通及其对公共健康的影响 ……………………………………… 136

8.1　引言 …………………… 136

8.2　城市形态、交通和公共健康的历史和

　　　背景 ················· 139
8.3　低碳出行方式选择和健康 ········· 139
8.4　交通对健康的影响 ········· 140
8.5　评估交通对健康的影响 ········· 146
8.6　本章小结 ················· 147
参考文献 ················· 147
术语 ················· 150
延伸阅读 ················· 151

第9章　慢行交通：构建健康幸福环境的政策方向 ················· 152

9.1　引言 ················· 152
9.2　连接居住环境、出行方式和
　　　健康 ················· 152
9.3　定义共同效益 ················· 156
9.4　慢行交通的规划与政策说明 ········· 157
9.5　低碳出行计划带来的共同效益 ····· 160
9.6　当前政策和实践的案例研究 ······· 161
9.7　估算共同效益 ················· 164
9.8　本章小结 ················· 167
参考文献 ················· 167
术语 ················· 172
延伸阅读 ················· 173

第10章　出行与共享经济：产业发展与影响的初步理解 ················· 174

10.1　引言 ················· 174
10.2　共享汽车 ················· 175
10.3　共享摩托车 ················· 180
10.4　共享单车 ················· 181
10.5　共享乘车 ················· 182
10.6　租用驾驶员服务 ················· 182
10.7　微型交通 ················· 185
10.8　快递网络服务 ················· 186
10.9　共享出行的未来 ················· 187
10.10　本章小结 ················· 190
致谢 ················· 191
参考文献 ················· 191
术语 ················· 195
延伸阅读 ················· 197

第11章　自动驾驶汽车与共享出行：塑造城市交通的未来 ················· 199

11.1　引言 ················· 199
11.2　汽车技术和自动驾驶功能 ········· 201
11.3　自动驾驶等级划分 ················· 201
11.4　自动驾驶汽车部署时间 ········· 202
11.5　自动驾驶汽车的信息物理系统 ··· 203
11.6　自动驾驶汽车对道路安全的
　　　影响 ················· 205
11.7　自动驾驶汽车的潜在影响 ········· 206
11.8　新商业模式的契机 ················· 219
11.9　国际视角下公众对待自动驾驶
　　　汽车的态度 ················· 220
11.10　自动驾驶汽车带来的
　　　　道德挑战 ················· 221
11.11　法规条例 ················· 222
11.12　本章小结 ················· 223
致谢 ················· 223
参考文献 ················· 223
术语 ················· 227
延伸阅读 ················· 227

第12章　游戏化与可持续出行在变化的交通环境中面临的挑战与机遇 ········· 228

12.1　引言 ················· 228
12.2　游戏化 ················· 230
12.3　量化游戏化交通应用的影响 ··· 234
12.4　实施中需要考虑的问题 ········· 236
12.5　本章小结 ················· 239
参考文献 ················· 240
术语 ················· 246
延伸阅读 ················· 246

第 13 章　数字创新与智慧出行：联系实际，映射出行价值 ···················· 247

13.1　引言 ··························· 247
13.2　机遇 ··························· 248
13.3　效益：少投入、多产出 ·········· 254
13.4　影响 ··························· 259
13.5　政策教训 ······················ 260
13.6　本章小结 ······················ 262
参考文献 ···························· 263
术语 ································ 267
延伸阅读 ···························· 268

第 14 章　总结与展望 ···························· 269

14.1　引言 ··························· 269
14.2　城市交通框架新思路 ············ 270
14.3　政策与战略 ···················· 270
14.4　低碳出行政策的研究议程——
　　　澳大利亚 ····················· 272
14.5　低碳出行政策的实践研究路线 ··· 276
14.6　本章小结 ······················ 277
参考文献 ···························· 277
术语 ································ 278
延伸阅读 ···························· 279

第 1 章
概　述

本书不仅介绍了城市交通运输系统的现状，还分析了城市形态、基础设施、科技和人文因素之间的联系及相互作用。在此基础上，给出了低碳出行相关政策的制定与实施方法，从而保障城市交通运输的可持续发展。

本书总结了复杂城市交通出行系统研究领域的最新成果。这些研究通过细致的分析和令人信服的观点诠释了以下理念：为了城市的繁荣，我们必须尽快开始重新制定引导环境规划与建设的政策以及奖励机制。政策制定的成功与否取决于其构建的交通运输系统为人们的上班、出行、服务所带来的便捷程度。

我们今天的行为会影响城市未来的宜居性。研究者们充分认识到城市出行思想模式转变的重要性与紧迫性，很多研究成果能为读者提供关于如何使城市交通运输跟上全球城市化进程的知识与观点。

本章作为引导性的章节，在为读者提供后续内容框架的同时，也介绍了各章内容之间的联系，可以帮助读者在阅读本书时更快地检索相关内容。

1.1　城市交通：挑战与机遇并存

第 2 章介绍了当前城市交通所面临的主要困境和问题，主要体现在：城市化加剧、道路交通事故和伤亡、交通拥堵、交通排放、交通基础设施的老化和如何利用有限的财政预算来维护与升级现代交通系统的基础设施。第 2 章所着重描述的另一主要问题是城市交通系统的脆弱性和应对交通压力与"意外"（例如自然灾害或人为事故）的能力的局限性，这些能力主要包括事故的预防、容错、适应和恢复等。第 2 章通过对发达和新兴经济城市所面临问题的讨论，展示了城市交通系统的复杂性。

第 2 章还描述了通过增加道路通行能力解决出行问题的传统方案，但这种方法到目前为止仅取得了有限的成效。文中概括了"预测－供给"方式的局限性，同时强调了以机动化运输为主导的交通模式是如何导致了高度机动性与扩张的城市，即为了获得经济增长和服务所需要的大量长距离的机动运输，并最终导致高碳的机动性[1]。

然后，第 2 章提出解决当前城市所面临交通问题需要理念上的提升，即需要综合考虑土地利用与交通建设的关系，提倡可持续出行模式的策略和方法。最后，第2章介绍了实现这一愿景的框架，其中包含了如何推动综合交通运输规划以及发展公共慢行交通的策略，并强调了数字创新和革命性技术在改善城市工作与生活中的作用[2]。

1.2 低碳出行的政策原则

在城市交通运输系统中，提高能源利用效率是一项具有挑战性的任务。为了从根本上实现减排，实现低碳的交通运输，需要从燃料安全与气候环境的视角出发，在出行行为和运输技术上有所突破。

为了实现城市交通的可持续发展，第3章介绍了四大类策略：简化交通出行、实现高效出行、提倡共享车辆和共享乘驾、提高车辆和配套基础设施的运作效率。

第3章接着分析了实现这些低碳出行的策略，并且展示了能在实现效率提升和减少排放的同时，解决交通拥堵及空气污染等问题的政策方针。这些方针主要包括：高密度的城市规划、公交导向与步行导向的城市建设、公路网的优化设计、公共交通运输的提升、步行与骑行规划。第3章从多方面分析了这些能够影响行为习惯的策略在减排方面取得的成效。

基于有效干预政策的研究成果，第3章接着展示了一些案例，证明了政策干预产生的社会效益能够改善城市环境，并且使得城市变得更加适宜居住。通过这些研究案例，第3章明确指出这些政策在适宜地区实施过程中所面临的困难与成功要素，借此提出了减少机动化交通出行方式的最优政策。

第3章也认为良好的城市出行模式不仅可以为未来的城市提供更多的工作机会、更加健康的经济形态，也可以改善城市的排放与污染问题。总之，第3章所述内容从全世界城市建设的成功案例中汲取经验，为决策者在低碳出行政策的发展、财政支持、实施与评估方面提供了政策建议与实施步骤。

1.3 低碳出行与减少对汽车的依赖

第4章中，Newman介绍了城市主导交通方式从步行、公交，到现代汽车的演变过程，以及引领城市的交通运输规划发展过程；并讨论了从20世纪40年代到近期，人们对汽车的依赖性如何主导了交通系统规划。根据这样的规划建设而成的城市结构是非常独特的，然而大多数交通系统规划方案中并没有对这种独特性提出解决方案。现代的交通运输系统建设以汽车为基础，几乎没有留有步行或者公交导向的交通方式和城市结构的建设空间。

如今，我们需要新的交通规划方案来引导出行者减少对汽车的依赖性。Newman认为，应当将城市交通运输中的减少汽车依赖性的规划布局与低碳科技相结合，从而实现低碳出行。第 4 章概述了在世界各个城市提出减少汽车依赖的这一新的发展趋势以及对应出现的相关技术，并强调了这些减少汽车依赖或使用的交通系统规划方案需要针对当地的生活方式与基础设施建设情况因地制宜地做出调整。Newman 还谈到，转型虽然需要时间，但可以非常明显地看出世界上各个城市的规划者和管理者们正在借助转型契机来提高城市经济和技术的发展。其中，技术的发展体现在以下几个方面：电力输送设备的迅猛发展、电动汽车的快速发展、世界范围内以每年 30% ~ 40% 速度增长的太阳能、天然气与生物燃料的发展、Skype 等通信技术的出现。

Newman 提供了一些实际案例，说明这些用于转型的干预措施已经在很多城市实现了大规模的应用，例如德国康斯柏格和沃邦、阿联酋马斯达尔以及中国的一些城市。Newman 提出，从上面的例子可以看出建立无燃油城市的可行性，并提出在2100 年实现以可再生能源完全替代燃油能源的建议。

1.4　未来城市土地利用与交通规划一体化：慢行交通的重要性

在第 5 章中，Taylor 讨论了土地利用 – 交通运输一体化（Land Use – Transport Integration，LUTI），其涉及城市交通系统的开发、管理和运营，以此为我们的城市提供可持续的产出。LUTI 主要关注的是在城市范围内对设施和服务的最优分配，从而使所有居民都尽可能采用不会对环境产生负面影响的方式获得这些设施和服务，同时最大限度地促进经济和社会的可持续发展。

Taylor 提出将 LUTI 作为低碳出行的一个关键考虑因素，具体实现方法主要是鼓励采用慢行交通（步行和骑行）和公共交通方式出行。这背后的原因在于人们为了采用公共交通，往往需要步行或骑行的配合。LUTI 的关键理念实际上是城市发展的基本驱动力——可达性。本规划方面，可达性是指人们和企业进行日常生活所需要付出的努力，而交通和土地利用的综合规划可以基于慢行交通提供高水平的可达性。城市规划者所面临的主要问题有：（规划所产生的）环境影响，包括局部地区影响（例如噪声和空气质量）和全球性影响（气候变化和温室气体排放），以及经济生产力、资源保护（特别是土地的使用）、交通拥堵、区域分割和公共卫生。Taylor 提出，遵循 LUTI 所提出的原则和做法，能够为这些问题提供长远的、系统的解决途径。第 5 章所述内容主要解释了 LUTI 概念能够实现的原因和途径。

第 5 章提出实现可持续交通运输和低碳机动性对城市未来至关重要。对于交通系统来说，这意味着应当把重点放在人员和货物的运输上，而不是作为载体的客车和货车本身。第 5 章还指出，LUTI 在塑造城市以及实现社会、经济和环境可持续发展方面具有关键作用。因此只有把土地利用与交通规划紧密结合起来，我们才能实现可持续的城市土地利用与低碳交通系统。具体来说，LUTI 可以通过以下方面促进城市的可持续发展：①降低出行必要性；②缩短出行距离；③更容易、更安全地获取相关服务和设施；④减少交通对地区的影响；⑤为当地企业与人们提供高效的货物与服务分配；⑥提供多样的出行方式选择；⑦使交通规划具备灵活性以应对未来经济和社会需求的变化。

最后，Taylor 提出，LUTI 对实现低碳出行的最大贡献是其对城市区域的设施与服务的重组。这种重组将拉近出行的起点与终点，从而减少出行距离并且使得慢行交通变得更具可行性与吸引力。虽然将住宅区集中在活动节点周围，并通过慢行交通获得良好的线路运输能力对于长途出行也很重要，但目的地的邻近性仍然是土地利用和交通运输一体化系统的一个关键特征。

1.5 郊区出行的低碳化

第 6 章的作者认为，对于低人口密度城市郊区出行的低碳化，需要在城市出行的需求侧和供给侧都进行跨越式的变革。因此，供给侧创新至关重要，这样才能为依赖汽车出行的郊区居民创造新的选择，从而让他们接受更有效的、积极的低碳出行方式。

第 6 章通过顶层路线图，说明了城市交通中每个关键供给侧领域实现低碳转型所需的创新和规划策略。作者认为，要实现这一愿景，需要的是社会各方共同制定城市规划，而不是仅由政府进行规划。作者引用了一些澳大利亚在过去 50 年里与主要城市长期规划有关的"规划赤字"的例子来说明这一观点。这些"规划赤字"主要指的是由于政府更迭或者是执行不充分而被放弃的战略规划。

这些战略规划失败的主要受害者之一是城市内部的出行，尤其是城市郊区的出行。作者认为，我们需要停止依赖汽车出行的城市扩张，因为这一过程正加剧目前众所周知的负外部性，如农业用地的流失与第 2 章所列出的影响。

规划者需要一种能够利用人口地理向心力和离心力的定居策略组合：将人口增长分散到地区的各个城市，通过填充和城市集约化将人口向内重新引导至已建立的郊区。在以上两种策略执行过程中，作者都认为政府通过制定合理的战略规划来激活市场投资是至关重要的。

我们应当采用考虑集聚性经济利益的政策来替换早期失败的去中心化政策，并确保局部地区城市能够成为功能性大都市区域的一部分，即通过高速铁路形成的城市体系。例如，墨尔本和吉朗（Geelong）、巴拉瑞特（Ballarat）、班迪戈（Bendigo）、沃勒格尔（Warragul）这些省会城市之间的 350km/h 的高速铁路服务把这些中心城市间的平均通勤时间变为 30min，从而使得这些城市成为如今墨尔本的环线郊区。作者还讨论了如何通过交通和土地利用方面的重大改革为已建立的城市郊区进行城市升级，从而在未来为人口提供更加可持续的发展空间。

1.6　交通方式需要的"颠覆"：城市千年发展中的公共交通

在第 7 章中，Stone 和 Kirk 认为公共交通是唯一一种能将大量的出行者在同一时间送往同一目的地的机动化交通形式。公共交通能在保证社会与经济在空间方面交互的同时，避免对自然环境或是农业用地的进一步侵犯。

作者发现，尽管城市交通中的"颠覆式"技术得到了迅速发展与应用，但公共交通在未来的几十年里，仍然会在世界各大城市的交通系统中发挥至关重要的作用。原因在于未来城市将面临日益激烈的空间竞争。虽然到目前为止，没有任何一个城市能够完全成功地建立起与私家车的速度和便利相媲美的公共交通网络，但某些地区已经有所成效。作者列举了一些在维也纳、苏黎世和温哥华等城市地区相对成功地建立空间节约型交通系统的案例研究。这些研究提供了以上交通系统的性能概述，其中包括运营成本、基础设施、模式共享和相关人口的统计数据。在每一项研究中，都附带了一份能够将这些成果实现的简要政治和体制纲要。

上述三个城市所具有的共同点是：当地的政治规划中始终有着公共交通的倡导者与规划者的有力参与；采取协调一致的交通规划建设，从而能够以尽可能低的代价满足公共交通使用者的需要。维也纳、苏黎世和温哥华的案例表明，交通规划者已经能够实现一些原先被认为是不可能实现的目标。这些城市的公共交通随着不断增加的占比，减少了城市郊区的私家车的使用。值得一提的是，上述建设公共交通的经济代价是大部分城市能够承受的。

北美和欧洲的一些城市也进行了类似的公共交通建设，它们与上文提到的城市间的共同元素是一种特定的交通规划方法，其主要包括：①相较于私家车，承诺优先对公共交通与慢行交通进行资金与空间上的分配；②对土地使用与交通规划进行综合考量，鼓励处于多向交通网络节点上地区的发展（就业、服务、学校等）；③为不同交通模式间的切换创造有效条件，具体措施包括乘客转乘不额外收费的票价结构、允许高额线路之间享有换乘补贴从而使支线与环线之间必要的换乘变得便利；④建立有效的公共交通网络规划和运营机构（这些机构应当是有独立预算的公共机构）。

1.7　城市交通及其对公共健康的影响

第 8 章的关注重点是城市交通对健康的影响，主要包括：生理影响、心理影响、幸福感和宜居性。具体来说，除了传统上显而易见且被充分研究的交通事故伤害和污染对健康的影响外，Abu - Lebdeh 还介绍了现代非传染性疾病，如心理压力、心血管疾病、运动缺乏和肥胖症问题与城市交通系统的联系和相互作用。

城市交通运输对健康的影响大多是长期、微妙、缓慢并且无处不在的。出于认知习惯，这些影响并没有被处理甚至没有被确定与交通有关。直到最近，这些影响才在城市形态、交通和现代健康问题等相互关联的研究中显现出来。通过对低碳出行解决方案所能实现的效益进行评估，Abu–Lebdeh 还解决了如何客观地衡量和量化这些健康影响的问题。

Abu–Lebdeh 认为，上述研究并不都能就城市交通对公共健康的所有影响做出很好的解释。为此 Abu–Lebdeh 指出，一方面需要进一步了解交通和城市形态之间的动态关系，另一方面需要确定交通对于健康的影响。他还指出，如今正处于实践中的智慧城市的定义需要包涵"健康，更健康"的倡导。健康问题需要被明确对待，而现在，健康或健康的生活仅仅被以暗示的方式在交通规划中被提及，这是不够的。Abu–Lebdeh 认为，我们需要在交通运输立项、规划设计、建设、运营和维护过程中将公共健康问题纳入考虑，从而可以在避免城市交通对健康产生重大负面影响的同时将其他的一些负面影响最小化。

Abu–Lebdeh 同样强调了前几章的观点，即过去（包括现在）基于"预测－供给"的交通规划范式是不可持续且低效的，特别是在考虑经济收益以外的问题（如公共健康）时。他还指出，虽然交通需求管理和可持续交通建设已经成为当前交通规划思想的一部分，但其进展仍然较为缓慢，同时目前的交通系统仍然是碳密集型的（强调和重视私家车的价值）。

最后，Abu–Lebdeh 认为，向低碳出行的模式转变是必要的，而为了避免意想不到的后果，必须采用一种系统的方法，即认为城市环境中的所有活动都是一个相互联系的系统的组成部分。为了使整个系统处于最佳状态并稳定地发挥作用，必须将系统的所有子组成部分（交通、土地利用、经济、政治、公共卫生系统等）视为一个整体。为这些组成部分设计解决方案时，都需要考虑对其他部分可能产生的副作用。

1.8　慢行交通：构建健康幸福环境的政策方向

第 9 章的研究成果主要建立在第 8 章关于城市交通对健康的影响上，并对其进行了扩展。具体来说，第 9 章将关注点放在如何通过低碳慢行交通的介入（步行或骑行）来规划、实践和设计相关政策，从而为人们带来健康和幸福。Thompson 和 Taylor 讨论了采用上述政策可能带来的共同效益，主要体现在环境影响、公共健康、社会凝聚力和经济生产力等领域。第 9 章提出了一个用来辨识和评估潜在共同效益的理论框架，该框架可进一步推动低碳慢行交通模式的规划和政策。

第 9 章指出人们的健康和幸福会受到出行方式的影响，而出行方式本身又会明显地受到周围建成环境的样貌与形式的影响。反过来说，环境在很大程度上决定了不同出行模式的可达性和易用性。作者的研究成果指出了与促进健康的具体行为相关的三个方面，其中"让人们活动起来"与城市地区的出行与交通系统有着直接的联系。步行和骑行，作为慢行交通的主要形式，无论是作为在日常生活中的体育活动，还是作为出于娱乐、健身和享受为目的而进行的休闲体育活动，都对个人的健康做出了重大贡献。

本章还研究了一系列环境建设的基本问题并提出相应措施，从而可以帮助规划者营造鼓励体育活动的环境，从而在带来积极的地区健康状况的同时，为环境和生产力带来好处，尤其是在减少由汽车所造成的交通拥堵方面。Thompson 和 Taylor 强调，通过采用互利的方式来进行政策的制定与实施，能够为巩固和推广有效和高效的解决方案提供一个强有力的平台。这种方式还可以促进跨学科交流，相互理解与认识健康、交通、环境可持续性这些学科之间的协同作用。此外，采用互利的方针可以帮助专业人员将不同的研究领域联系起来，从而有助于了解自身所制定的措施和研究工作能够做出什么样的贡献。考虑到低碳出行能够为人类以及我们所在的星球带来健康，作者认为上述方案对于帮助低碳出行的政策制定与实施至关重要。

在 Thompson 和 Taylor 的研究案例中，他们列举了目前正在改善地区幸福与健康以及减少排放的相关举措。最后，作者强调应当把对于慢行交通在满足人们可达性需求方面的认知作为城市政策的制定与实施中的重要组成部分。

1.9 出行与共享经济：产业发展与影响的初步理解

共享出行，即与他人分享车辆、自行车或者其他交通工具的出行方式，是一种能够根据使用者的需要分配交通工具的短期使用权限的新型运输策略。共享出行的各种形式包括：共享汽车、共享单车、拼车以及代驾。

第 10 章作者描述了共享出行领域中出现的几种不同服务模式，并回顾了对于量化这些服务对环境、社会和交通影响的相关研究。在自动驾驶车辆开始出现的当下，作者还对共享出行模式的未来发展方向进行了规划。

第 10 章中的案例研究能表明共享出行服务对环境、社会和交通运输相关方面的好处，例如减少车辆行驶里程数、减少车辆的使用与保有量。用户往往将优于私家车的使用成本和便利性作为选择共享模式的原因。而作者认为，尽管上述原因已经在往返或单程的汽车共享与公共自行车上得到了证明，我们还需要更多的研究以更好地理解代驾服务、微交通和快递网络服务所构成的影响。

作者还指出，尽管共享出行存在影响力和发展机遇，但挑战仍然存在，尤其是在公共政策领域。城市和国家在制定与调整政策从而与共享出行创新保持同步时，往往在解决公共安全、保险与责任认定以及合理的劳动作业等问题上面临困难。在上述大多数情况下，公平性方面的问题仍然没有解决方案。早期的坊间证据显示，低收入人群可能无法充分获得某些共享出行服务。此外，有关出租车驾驶员的劳务问题也使人们对驾驶员应被视为独立的承包商还是职员产生了疑问。为此，像堪萨斯城区交通局的公私关系，可以为公共机构如何解决类似的劳务问题提供指导。

最后，作者简述了自动驾驶实现后的交通运输的未来。自动驾驶技术将极大地改变城市交通的样貌，而共享自动驾驶汽车可能会成为一种主要的公共交通方式，从而填补现有固定线路公交网络的空白，实现"最后一公里"的对接。尽管对自动驾驶汽车的研究与开发有所增加，但作者发现其在出行和排放这些更广泛的领域的影响仍然未知。第 11 章将更加详细地讨论这个问题。

1.10 自动驾驶汽车与共享出行：塑造城市交通的未来

自动驾驶汽车可能在未来几年内出现。虽然距离实现还有一定距离，但一些推动出行领域转型的征兆已经开始出现。这些征兆由一系列相互融合的力量推动：自动驾驶技术、移动计算、按需求分配的车辆租用或拼车服务、车辆电气化。受到零道路伤害与低碳生活理念的启发，上述这些强有力的变革趋势正汇集在一起塑造城市交通的未来。

自动驾驶汽车的引入将对我们的社会经济产生重大影响，其中有好也有坏。尽管这些自动驾驶汽车有望为道路安全和城市交通的大幅改善提供契机，但如果不将它们纳入低碳交通的整体建设方案，可能会对城市的宜居性产生负面影响。自动驾驶汽车技术与协作式出行市场的快速发展，越来越指向其会在道路交通服务领域带来颠覆式的变化与不同的商业模式，从而带来远超技术本身的影响，甚至可能对道路交通服务产生长期的影响。

通过全局性审视与客观分析，第 11 章研究了自动驾驶汽车所带来的科技、社会和经济方面的影响及发展趋势，同时分析了自动驾驶汽车在未来可能对运输和出行行业产生的影响。第 11 章还概述了自动驾驶在广泛部署之前所必须克服的技术、社会和监管挑战。第 11 章从大量的文献中收集和整理信息，进而帮助城市的规划者、公共设施工程师和其他利益相关者应对这种颠覆式技术的可能需求与影响，并给予他们在塑造城市未来出行方面的政策立场。

通过对当前这一领域发展的观察，私营企业在该领域有着巨大的发展势头。此外，尽管发展速度相对较慢，私营企业在规章制度与公共政策领域也有着类似的发展态势。鉴于目前这一领域的快速发展，所有的利益相关方都需要保持同步并且辨识出对其业务和行业潜在的威胁和机遇。

1.11 游戏化与可持续出行在变化的交通环境中面临的挑战与机遇

城市交通改革的主要挑战之一是鼓励人们的出行行为向更可持续的方向转变。如今，凭借各种信息通信技术（Information Communication and Technology，ICT）的解决方案，尤其是智能手机，我们有可能实现通过向用户提供准确的出行相关信息，从而帮助他们在做出明智的出行决策的同时，改善交通拥堵和空气污染并提高出行安全。然而，尽管提供出行相关信息非常重要，但其还不足以成为改变人们的出行习惯的充分条件。只有在以影响道路使用者的观念和动机来传达信息时，上述目标才能最终实现。

在第 12 章中，作者讨论了影响道路使用者从而改变他们出行行为的最佳方式。具体来说，第 12 章研究了可作为触发城市出行习惯变化工具的游戏化应用。作者采用分析与批判性的方式讨论了游戏化手段，并对其实例应用程序进行了评估，重点分析了它们对城市的交通运营、出行和环境条件的影响。此外，作者还介绍了技术和通信的进步所带来的机遇，以及游戏化出行解决方案让公民能够采取可持续出行行为的潜力。

第 12 章提供的案例研究表明，将游戏化概念整合到当前和新兴的 ICT 解决方案中，可以丰富用户的积极性与参与度，从而以可持续的方式影响人们的出行选择。然而，作者发现的关于影响的证据和量化结果有限，并建议未来的研究应该集中于如何正确选择引发行为变化的因素并且使得这种应用具备有效且持续的影响。

1.12　数字创新与智慧出行：联系实际，映射出行价值

技术和科学的发展快速、连续且同步。随着"下一个大事件"的清单越来越长，确定哪些新兴技术能够带来颠覆式的变化同时影响着城市交通系统的发展和性能，变得越来越具有挑战性。

在过去几年，随着数字化创新的浪潮不断涌现，颠覆式的出行技术带来了预期中的全面改变，这些都在激发了人们对未来憧憬的同时，引发了大量的炒作。为了区分虚假炒作和现实，第 13 章讨论了低碳出行网络中颠覆式技术的作用，并表述了数字化创新是如何改变城市出行样貌、实现城市出行的实时测量和分析，以及促进可持续智慧城市的建设。

第 13 章接着描述了数据驱动的创新式出行的价值，并利用实际应用、案例研究和建模结果给予证明。第 13 章还描述了为实现预期目标和结果，在出行行为上与技术上所需的变化，以及新的移动业务模型；对典型的智能出行案例的价值进行了批判性的反思，并明确了为促进智能出行成功至关重要的政策原则。

第 13 章为证明智能交通系统值得投资提供了强有力的证据，特别是在智能交通系统提高经济效益和改善生活水平方面。为了推动政策的改革并且尽量减少开支，作者指出城市建设必须超越逐个单一项目推进的方法，进而采用系统升级的方式来规划、运营和交付低碳智能出行解决方案。这类投资不仅可以为城市应对 21 世纪的交通挑战提供机会，也能够满足消费者对更完善和更可靠的交通出行选择的需求。

1.13 总结与展望

第14章总结了各章的主要内容，并概述了今后研究、评估、监管的框架，还根据各章节的建议和研究结果为今后的工作提供了研究议题。此外，第14章为重新思考城市出行提供了一个理论框架，并指出实现这一目标的三个关键方面：①强调采用系统的方法，考虑不同因素之间的综合影响和相互作用；②交通不仅是一种"衍生需求"，与对时间的浪费，而且是一项"有价值的活动"，不能再被视为"浪费时间"；③将重点从机动性转向可达性[1]。

第14章还总结了可供决策者使用的政策和战略，并将其重新分为六类，以显示它们之间的战略联系以及在推行政策和措施方面可累加的潜力。最后，第14章提出了如何辨识低碳出行政策的研究议题与实际的研究路线[3-5]。

参 考 文 献

[1] Banister, D., 2007. The sustainable mobility paradigm. *Transport Policy*, vol. 15, pp. 73–80.

[2] UN-Habitat, 2012. *Planning and Design for Sustainable Urban Mobility: Global Report on Human Settlements 2013*. Available at: http://unhabitat.org/planning-and-design-for-sustainable-urban-mobility-global-report-on-human settlements-2013/ [Accessed September 17, 2016].

[3] Philip, M. & Taylor, M., 2014. *Research Synthesis Report: A research agenda for low carbon mobility*. CRC for Low Carbon Living. Available at: http://www.lowcarbonlivingcrc.com.au/resources/crc-publications/crclcl-project-reports/rp2009-research-synthesis-report-research-agenda [Accessed August 17, 2016].

[4] Dia, H., 2014. *Workshop on Greening Suburban Travel*. Swinburne University of Technology. Available at: http://www.lowcarbonlivingcrc.com.au/research/program-2-low-carbon-precincts/rp2021-greening-suburban-transport [Accessed August 17, 2016].

[5] Bruun, E. & Givoni, M., 2015. Six research routes to steer transport policy. *Nature*, vol. 523, no. 7558, pp. 2–4.

第 2 章
城市交通：挑战与机遇并存

摘要：本章首先介绍了城市面临的主要交通问题，包括不断增加的城市人口、道路交通事故和伤亡、交通拥堵、交通排放、交通基础设施老化以及维持和升级老化基础设施的有限资金。其次，本章阐述了解决交通需求问题传统方法（如提高路网容量）存在的弊端。最后，本章介绍了低碳出行系统的要素，包括促进综合交通、公共和慢行交通的规划，以及提高数字创新和颠覆性技术在连通性和服务效率方面的应用。

关键词：低碳出行；快速城市化；道路安全；交通拥堵；排放；弹性基础设施；资产优化；可持续交通

2.1 引言

在更加互联互通的世界格局下，城市在全球经济中发挥着越来越积极的作用。根据麦肯锡全球研究所（McKinsey Global Institute）的数据[1]，目前仅 100 个城市就占据了世界经济总量的 30%，纽约和伦敦共同占全球资本市场总值的 40%。到 2025 年，预计 600 个城市将产生全球 58% 的国内生产总值（GDP），并容纳 25% 的人口。麦肯锡全球研究所还预计：到 2025 年，在人均国内生产总值（GDP）快速增长的推动下，发展中国家的 136 个新城市将跻身前 600 名，其中有 100 个来自中国[1]。21 世纪似乎更有可能被这些全球性城市所主宰，它们将成为经济的磁石和全球化的引擎。

虽然城市的变革主要由经济发展和对更高生活质量的追求所驱动，但这些驱动力产生的效果将会使我们居住环境的规模和性质发生剧变，并对提供重要服务的基础设施造成极大压力，如运输、水电和通信[1]。目前，世界的城镇人口占总人口的 50% 以上，而且这个比例还会逐年增加。到 2050 年，世界的城镇人口约占 2/3[2]。世界上许多城市的基础设施面临老化的问题，政府对主要基础设施项目的预算压力越来越大[3]。

城市交通改革仍然是全球政策制定者面临的最大挑战之一[3,4]。据世界卫生组织（World Health Organization）[5] 估计，每年有 120 万人死于道路交通事故，若不加以控制，预计未来几年全球道路事故死亡人数将会持续增加。人类为交通事故付出了巨大的代价，造成的经济损失也令人震惊，仅在发展中国家，每年道路事故的经济成本就高达 1000 亿美元[6]。世界卫生组织将交通伤亡数字描述为"流行病"的比例，发现与交通相关的伤害是 15～29 岁人群中患病率最高的一种疾病。

据估计，因交通拥堵产生的社会、经济和环境成本有可能占一个国家 GDP 的很大比例。在国际层面，这个成本估计占整个欧盟 GDP 的 1% 以上，目前美国每年的拥堵成本超过 1150 亿美元[7]。此外，城市道路交通量占所有交通系统二氧化碳（CO_2）排放量的 80% 左右，如果不限制当前交通发展的趋势，预计到 2030 年，每年道路交通二氧化碳排放量将达到 9000t[8]。

本章分为两部分。第一部分介绍了城市在提供充足的交通供给以满足当前和不断增长的出行需求中所面临的挑战；第二部分探讨了城市应对这些挑战的发展机遇。

2.2 快速城市化

目前，全球城市人口增长迅速，城市居民数量超过了农村居民。大约 200 年前，世界上只有 3% 的人口生活在城市[9]。世界城市人口从 1950 年的 7.46 亿增长到 2014 年的 39 亿[10]。尽管亚洲的城市化程度较低，但据估计，亚洲能够容纳世界 53% 的城市人口，其次是欧洲，可容纳 14% 的城市人口，拉丁美洲和加勒比地区可容纳 13% 的城市人口[10]。

2007 年，全球城市人口首次超过全球农村人口（图 2.1），从那时起，世界人口主要由城市人口组成[10]。2014 年，世界 54% 的人口是城市人口，预计这种趋势将持续下去，到 2050 年，世界将有 66% 的人口是城市人口，大约 1/3 为农村人口[10]。

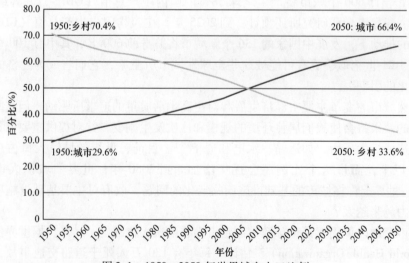

图 2.1　1950—2050 年世界城乡人口比例

注：数据来源于参考文献 [10]。

尽管大部分地区城市化趋势越来越明显，但世界各地的城市化水平差异很大。如亚洲和非洲仍然主要是农村地区，其城市化的速度比其他地区要快。亚洲城市人口比例每年增长 1.5%，而非洲为 1.1%[10]。联合国预测显示，到 2050 年，结合城市化与世界人口增长，城市人口将增加 25 亿人，其中近 90% 的人口增长集中在亚洲和非洲（特别是印度、中国和尼日利亚）[10]，预计这三个国家将占 2014—2050 年世界城市人口增长量的 37%。如果持续当前的增长趋势，预计到 2050 年，印度的城市人口将增加 4.04 亿，中国将增加 2.92 亿，尼日利亚将增加 2.12 亿。

预计到 2045 年，世界城市人口将超过 60 亿，其中大部分增长都在发展中国家。这些新兴地区将面临巨大的问题，难以满足不断增长的城市人口的需求，包括住房、基础设施、交通、能源、就业和获得教育和医疗保健等基本服务[10]。

2.2.1　越来越多的特大城市

1990 年，有 10 个"特大城市"人口超过 1000 万。这些城市容纳了大约 1.53 亿人，略低于当时全球城市人口的 7%[10]。2014 年，全球特大城市数量增加到 28 个，容纳人口约 4.53 亿人，约占世界城市人口的 12%。在这 28 个大城市中，16 个位于亚洲，4 个位于拉丁美洲，3 个位于非洲，3 个位于欧洲，2 个位于北美洲[10]。到 2030 年，世界预计将有 41 个"特大城市"，每个城市有 1000 万居民或更多。

截至 2014 年，世界上人口最多的十大城市分别为：东京（3800 万人）、德里（2500 万人）、上海（2300 万人）、墨西哥城（2100 万人）、孟买（2100 万人）、圣保罗（2100 万人）、大阪（2000 多万人）、北京（不到 2000 万）、纽约 – 纽瓦克地区（1850 万人）和开罗（1850 万人）[10]。

预计 2030 年，东京的城市人口总数将有所下降，达到 3700 万人，但仍为世界第一。其次，德里在 2030 年预计将达到 3600 万人。1990 年，大阪和纽约 – 纽瓦克是世界第二和第三大城市，然而，到 2030 年，由于发展中国家的大城市越来越突出，它们的排名将分别降至第 13 和第 14 位[10]。

2.2.2　城市增长预计将集中在中小型城市

随着经济的快速增长，到 21 世纪末，城市居民的数量预计将增加 30 亿[12]，预计这些增长的人口大部分来自于居民数量为 100 万以内的中小型城市。2014 年，在全球 39 亿的城市居民中，近一半居住在人口不足 50 万的相对较小的城市，而只有 1/8 居住在 28 个大城市（1000 万居民或以上）中，世界上许多增长最快的城市都是相对较小的城市[10]。为了满足预期需求，预计到 2050 年，大约每 5 天就要建造一座 100 万人口的新城[12]。此外，预计生活在这些城市的大多数人处于发展中国家，因为其城市化速度最快[9]。这一趋势已经在一些国家呈现，例如印度，现在的一些城市中心在一二十年前只是一个小村庄[12]。

2.2.3　城市增长和财富流动的影响因素

未来15年，城市化的经济成果也将导致世界各地财富集中地的转变。今天，600个城市中心的GDP总额占全球GDP的60%左右[1]。尽管预计到2025年仍有600个城市将继续占全球GDP的相同份额，但这些城市的组成将有所不同。在接下来的10年里，预计城市化的重心将迅速向南、向东移动[1]。预计到2025年，136个新城市将跻身最富裕的600个城市之列。其中大约100个城市在中国境内，13个在印度境内。据估计，到2025年，前600名城市的GDP将占全球总GDP的60%，仅前100名城市就占全球总GDP的35%。由于这种扩张，财富的增加将主要发生在发展中国家，并且高收入人群将超过10亿人，他们将成为商品和服务的重要消费者。这些消费者将通过每年增加20万亿美元的支出来刺激全球经济快速发展[13]。

随着城市人口和经济的快速增长，就业、服务和机遇也相应增加。例如，在2000—2010年期间，世界城市人口增加了约6.5亿人。据国际能源署（International Energy Agency，IEA）统计，在这期间城市客运周转量每年增加近3万亿人千米[14]，并且按照目前的趋势，到2050年，全球城市客运周转量将翻一番。在东南亚和中东等快速城市化、快速增长的地区，2010—2050年的客运周转量将增长10倍。这将对全球每年的城市交通能耗产生重大影响，到2050年，尽管汽车技术和燃油经济性有所改善，但全球每年的城市交通能耗仍将比2010年增长80%以上。

城市人口和经济的快速增长也有望增加全球汽车保有量，预计到2030年，全球汽车保有量将达到17亿辆左右[13]。这主要发生在发展中国家，因为有证据表明在一些发达国家人均行驶车辆里程数（Vehicle – Kilometres Travelled，VKT）已趋于平稳，有时甚至有所下降（第4章）。在新兴经济体中，预计大幅增长的地区包括中国和印度，它们是世界上人口最多的两个国家。这两个国家不仅人口快速增长，而且经济发展势头强劲，道路上的机动车数量显著增加。中国和印度分别有54%的人口和32%的人口居住在城市地区，其机动车增长主要集中在城市地区。

在这些国家，私家车辆所提供的灵活舒适的个性化出行方式导致了私家车交通量的增长，而规模不断扩大的城市交通又造成了道路拥堵、交通事故、温室气体排放等负面影响。温室气体的产生不仅影响了城市本身，甚至威胁到全球气候变化。

2.2.4　可持续城市化发展方向

如果管理得当，那么城市化趋势会带来显著的优势[10]。拥有各种规模的城市中心是城市规划的基础，这些城市中心将为经济发展和基本服务提供重要机会。与向分散的农村人口提供类似水平的服务相比，在这些城市（以及类似密集的城市人口中心）建造基础设施的成本更低，对环境的破坏也更小。获取全球城市化趋势和城市增长的最新数据，对于制定政策优先事项，促进未来城市的包容性、公平性和可持续发展至关重要。

2.3　道路交通事故与伤亡

全世界每年有近 120 万人死于道路交通事故，数百万人遭受严重的伤害，并影响后续的日常生活[5]。全世界的交通事故造成每天 3000 多人死亡，这相当于 15 架可容纳 200 名乘客的飞机，每天从空中坠落，造成机上所有人死亡。这种航空出行中不被接受的事情竟在公路上持续上演。除了死亡之外，每年有多达 5000 万人因道路交通事故而遭受非致命伤害[5]。

在全球范围内，道路交通事故是年轻人死亡的主要原因，也是 15 ~ 29 岁人群死亡的主要原因（图 2.2）。据估计，目前道路交通事故是全球所有年龄组的第九大死因，如果按照目前的趋势继续下去，那么预计到 2030 年，道路交通事故将成为第七大死因。这一增长是由低收入和中等收入国家的道路死亡人数不断上升所导致的，特别是在城市化和机动化快速发展的新兴经济体中[15]。

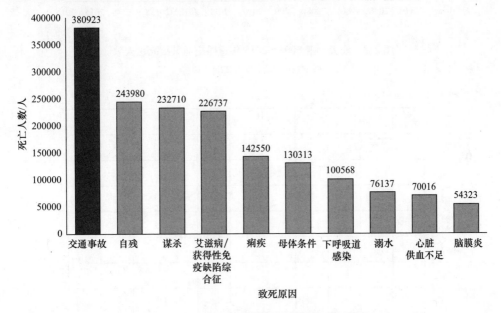

图 2.2　15 ~ 29 岁人群前十大死因（2015 年）

注：数据来源于参考文献［15］。

在许多发展中国家，道路基础设施的设计不符合国际安全标准，执法水平也跟不上车辆使用量的增加。相比之下，许多发达国家设法打破了日益增长的机动化对道路交通死亡事件的影响，其中一些国家设法通过提高基础设施的安全性、车辆安全性和实施其他有效的干预措施来减少此类伤亡。例如，图 2.3 显示了 2006—

2015年澳大利亚每年的道路交通事故死亡人数[16]。现有数据表明，在此期间道路死亡人数以每年3.7%的比例下降。图2.4表明，同一时期每10万人的年道路死亡率有所下降，年平均趋势率高达5.3%[16]。

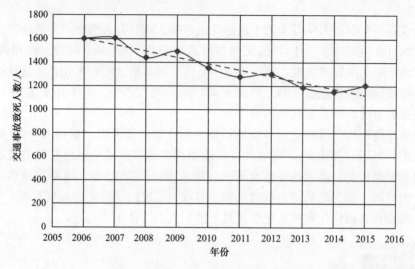

图2.3　澳大利亚2006—2015年道路交通事故死亡人数

注：数据来源于参考文献［16］。

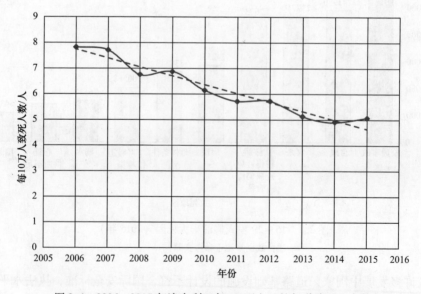

图2.4　2006—2015年澳大利亚每10万人口的年道路死亡人数

注：数据来源于参考文献［16］。

随着汽车保有量的增加，特别是发展中国家，城市将面临交通拥堵和汽车排放量增加的综合问题，从而导致呼吸系统疾病的发病率上升和其他健康问题（第 8 章和第 9 章）。在这些国家，汽车保有量的增加还将导致诸如步行和骑自行车等运动的减少，并带来相关的健康隐患[5]。

城市化发展还可能导致落后的交通基础设施具有较高的安全风险，某些国家对道路安全的投资与设施的规模也不匹配[5]。现有数据表明中低收入国家的道路交通伤亡造成的经济损失高达这些国家 GDP 的 5%[5]。在全球范围内，道路交通死亡和伤害的损失占各国 GDP 的 1%～3%，全球每年损失金额高达 5000 亿美元[5]。

道路交通伤亡也给家庭带来了沉重的负担。在中低收入国家，工作或即将工作的人是道路交通事故的主要人群[5]。这导致许多家庭由于失去劳动力，或者因承担道路交通伤害致残的家庭成员的医疗费用承受巨大的经济压力。令人震惊的是，大约 70%～90% 的机动车事故是因人为失误造成的[17]，其中很大一部分事故可以通过使用半自动和自动驾驶车辆来避免。自动化驾驶技术目前发展迅速，旨在通过提供准确的感知、决策和控制技术，将人（分散注意力和碰撞的关键来源）从驾驶活动中分离（第 11 章）。在快速城市化、交通基础设施落后的中低收入国家，提升安全仍然是全球最大的挑战。

2.4　交通拥堵

在过去的几年里，国际交通数据的收集和分析取得了显著的进展，使得世界各地不同城市之间的交流和对比更加一致、透明。这些数据主要来源于导航和地图公司 TomTom 的详细年度报告，该公司的交通指数报告[18]对全球 295 个城市的道路网络拥堵情况进行了分析。交通指数提供了关于交通拥堵对出行时间影响的详细信息，政府和道路部门使用这些信息来衡量道路网络的性能，并确定需要优化的位置。交通指数每年计算一次，通过观察上午和下午高峰时段、平均一天的交通拥堵周期变化，跟踪每年的交通状况发展。在过去的几年中，该公司编制了一个数据库，其中有超过 14 万亿的历史出行数据，以及 50 多个国家的详细实际交通数据。

交通指数的结果基于拥堵水平百分比，该百分比代表驾驶员全年额外行驶时间的测量值，而非拥挤条件下的测量值。该报告除了给出每个有数据的城市的早晚高峰时段的拥堵水平外，还计算了全天总体拥堵水平。例如，36% 的总体拥堵水平意味着平均出行时间比未拥堵条件下的出行时间长 36%。报告考虑了区域道路、主干道和高速公路，每个城市的样本量用该时期内行驶的车辆总距离表示。所有数据均基于历史交通数据库中的实际 GPS 测量值。由于这些指数是针对城市单独计算的，因此考虑了可能影响交通拥堵的当地条件，如道路等级、人口密度和出行距离。此外，由于 TomTom 交通指数是按每个城市的当地条件比率计算的，因此，可以将个性化的城市拥堵信息与其他城市进行比较。

年交通量指数结果是基于上一年实地数据的分析。最新可用结果基于 2015 年的数据（表2.1和表2.2）。研究结果表明，与2008年的拥堵水平相比，全球的拥堵水平增加了13%。这些数据显示了不同地区之间巨大的差异，尽管北美的交通拥堵增加了17%，但欧洲的交通拥堵只增加了2%。欧洲增加的数量较小可能主要受到诸如意大利（7%）和西班牙（13%）等欧洲南部国家的影响，这些国家在过去8年中交通拥堵明显减少。

表2.1　十大拥堵城市的拥堵程度（2015年）

城市	国家	综合拥堵指数（%）[2]	早高峰拥堵指数（%）	晚高峰拥堵指数（%）
墨西哥城	墨西哥[1]	59	97	94
曼谷	泰国[1]	57	85	114
伊斯坦布尔	土耳其[1]	50	62	94
里约热内卢	巴西[1]	47	66	79
莫斯科	俄罗斯[1]	44	71	91
布加勒斯特	罗马尼亚[1]	43	83	87
累西腓	巴西[1]	43	72	75
萨尔瓦多	巴西[1]	43	67	74
成都	中国[1]	41	73	81
洛杉矶	美国	41	60	81

① 代表发展中国家[19]。

② 综合拥堵指数59%代表平均出行时间比未拥堵情况下长59%。

表2.2　基于平均交通指数的区域排名（2015）

国家/地区	平均交通指数			城市中心数量		
	综合	100万人以上的市中心	500万人以上的市中心	总计	100万人以上的市中心	500万人以上的市中心
中国	34	34	35	22	21	14
巴西	31	31	38	9	9	2
东欧	31	33	42	20	7	2
土耳其	28	29	50	9	7	1
澳大利亚	25	28		10	5	
西欧	25	28	32	122	39	4
加拿大	23	26	28	12	6	1
南非	23	25	27	6	4	1
美国	18	20	27	71	46	9
其他[1]	32	37	42	14	9	5
总计				295	153	39

① 超过百万人口的市中心少于4个的地区。

2.4.1　十大拥堵城市

2015年的结果（表2.1）表明，虽然拥堵是一个全球性问题，但十大拥堵的城市中有9个位于发展中国家[19]。如前所述，造成这种现象的原因可能是发展中国家在应对快速城市化方面需要面临诸多挑战，并且它们为改善道路和公共交通网络而提供的资金有限。表2.2对部分100万以上人口的城市平均交通指数进行了分析。结果表明，中国平均交通指数为34。东欧和巴西紧随其后，交通指数分别为33和31。较低的交通指数是在美国（20）、南非（25）和加拿大（26），那里的道路通行能力普遍较高，人口密度较低，经济活动分散度较高[20]。

2.4.2　拥堵成本

如果考虑到延误和环境排放，交通拥堵会给社会带来了巨大的损失。交通拥堵会减缓行人和车辆行驶速度从而导致生产力损失和时间浪费。

拥堵的经济成本包括与拥堵时间损失相关的机会成本，以及与交通相关的财务成本，如燃料消耗[21]。据报道，2014 年美国城市的拥堵成本已达到 1600 亿美元[22]。据估计，在欧盟国家中，交通拥堵使其损失 1% 的 GDP [7]在亚洲这一比例达到 2% ~ 5%[23]。世界上一些大城市如开罗的交通拥堵使埃及 GDP 损失约3.6%，埃及 2010 年的拥堵成本约为 7.972 亿美元[21]。在澳大利亚，拥堵成本已经从 2010 年的 128 亿美元攀升到 2015 年的 165 亿美元左右[24]。

考虑到公共交通和慢行交通的增长势头，以及近年来出现人均出行总里程数下降的"高峰用车"现象，目前尚不清楚拥堵成本是否会在未来继续攀升（第 4 章）。

自 2008 年以来，全球范围内的交通拥堵已经增长了 13%，澳大利亚也不例外。预计到 2031 年，澳大利亚人口将增加 640 万。珀斯、墨尔本、悉尼和布里斯班四大城市预计增长 590 万人[25]。这将加剧目前的拥堵成本，据统计，拥堵成本从 2010 年以来的 128 亿美元上升到 2015 年的 165 亿美元。

2.5　交通排放

目前，交通运输活动约占全球石油消费量的一半，也是大气污染的主要来源[26]。2010 年，能源行业排放了 25% 的温室气体（GHG），农业、林业和其他土地使用部门排放了 24%（净排放），工业排放了 21%，运输业排放了 14%，建筑行业排放了 6%（图 2.5）。

运输产生的排放量比其他人为活动产生的排放量增长得更快[27]。1990—2007年期间，欧盟 15 国陆路运输的二氧化碳当量排放量增加了 24%[27]。在 2000 年，陆地运输的二氧化碳排放量占全球所有运输活动排放量的 74%[28,29]。由于世界人口、经济活动和相关流动性的增加，预计在未来仍将继续增长[27]。2000 年，全世界大约有 6.25 亿辆轻型乘用车（PLDV）[14]，到 2010 年，这一数字已达到近 8.5亿。根据国际清洁交通委员会（International Council on Clean Transportation，ICCT）的模型[26]预测，世界机动车数量将在未来 20 年翻一番。国际运输论坛利用二氧化碳当量测量进行建模，预测到 2030 年，运输排放量将增长 9 $GtCO_2eq$，到 2050 年，排放量将进一步超过 2010 年的 110%[8]。这些预测强调了当前和未来政策的重要性，政策的目标是减少运输部门的石油消耗和温室气体排放。

在发展中国家的城市地区，日益增长的出行需求和向私家车转变的影响尤为明

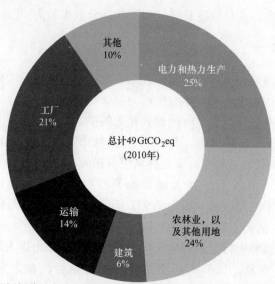

图 2.5　2010 年按经济部门划分的全球人为温室气体排放总量（图中 $GtCO_2eq$ 表示十亿吨二氧化碳当量）

注：数据来源于参考文献 [30]。

显，机动车交通对环境质量和居民健康有显著的不利影响。国际能源机构预计，到 2050 年，全球客货运量将翻一番，尽管车辆技术已经提高，但相应的运输能源使用和排放将在 2010—2050 年期间增加 70%。全球机动车保有量将翻一番，道路占用水平将在一些国家增加 6 倍[14]。

根据模型预测，全球范围 2000—2030 年期间燃料需求和二氧化碳排放量将增长 3 倍[28]。陆路运输和航运产生的二氧化碳排放量占人为二氧化碳排放总量（2005 年）的 13%。

除了长期存在的温室气体外，地面车辆还排放气溶胶颗粒以及各种气体，包括气溶胶前体物[31]。大气气溶胶粒子通过与太阳辐射的相互作用影响气候。在人口稠密地区，还会影响空气质量和人类健康[31-33]。

交通运输占全球石油消耗量的一半，占世界能源消耗的近 20%，其中约 40% 仅用于城市交通[14]。国际能源署预计，尽管汽车技术和燃油经济不断改善，但交通量的增加带来新的挑战，并预计到 2050 年城市交通能耗将翻一番。需要密切关注能源效率政策，以减轻相关的噪声、空气污染、拥堵、气候对经济的影响，上述因素可能使各国每年损失数十亿美元。世界各地的情况差别很大，下面以澳大利亚、印度和中国为例进行分析。

2.5.1　澳大利亚

在澳大利亚，运输活动是与化石燃料燃烧相关的主要排放源之一[34]。2010 年，交通运输产生了 8320 万吨二氧化碳，占澳大利亚净排放量的 15.3%（图 5.1，第 5 章）。道路运输是主要的排放源，二氧化碳排放量为 7150 万吨，占全国运输排放量的 86%。城市地区的乘用车使用量是最大的运输来源，占 2010 年澳大利亚净排放量的 8.5%，约 3970 万吨二氧化碳，运输排放也是澳大利亚排放增长最强劲的来源之一。2010 年，该部门的排放量比 1990 年高 32%，平均每年增加约 1.6%。

2.5.2 印度和中国

中国和印度的城市交通排放预测也反映了一些问题。目前中国交通运输业的二氧化碳排放量估计约占二氧化碳排放总量的 7%。像澳大利亚一样，大约 86% 的交通排放来自公路运输。从 1994—2007 年，中国城市的交通排放增加了 160%。由于车辆数量不断增加，预计城市交通排放量将继续增加[35]。

尽管与美国相比，2010 年中国的轻型车拥有率较低（中国为 39 辆/1000 人，美国为 680 辆/1000 人），但中国是全球二氧化碳排放量最大的国家，最近也成为全球最大的原油进口国。由于内燃机的主导地位，运输业 90% 以上依赖石油，中国对石油的需求只会随着运输业的增长而增加。除非采取全面的政策和措施来改变发展进程，否则二氧化碳排放量将继续增加。

在印度，家庭收入的增加、城市人口的增加和汽车销量的激增使得社会机动化程度提高。印度的城市人口从 1951 年的 6200 万增加到 2001 年的 2.85 亿，随着城市和新城市群的发展，印度人的交通要求和出行总距离也将增加，小汽车和摩托车成为人们首选的交通工具。印度道路上的客车数量从 1990 年的 1600 万辆增长到 2000 年的近 4000 万辆，2014 年达到 1.31 亿辆。

今后，交通排放控制的重点将向道路运输转移。从 1970—2010 年，道路运输业是温室气体排放增长的最大贡献者，也是交通运输中污染最大的主体。道路运输业在综合运输温室气体排放中所占的份额从同期的 59.85% 增加到 72.06%，使其成为历史上污染最大的运输方式。相比之下，所有其他运输方式在同一时间段内都大约只有 10 亿~20 亿吨二氧化碳当量的小幅度增长。如果运输部门要真正减少温室气体排放，那么道路部门就必须成为未来遏制污染计划的重点[30]。

2.6　资产老化和基础设施投资缺口

世界上不断扩大的基础设施包括 6400 万 km 的公路和 400 万 km 的铁路[36]。

基础设施不足或性能不佳会阻碍经济增长，并给世界各地政府带来重大挑战。没有良好的维护和弹性的交通基础设施（公路、铁路和公共交通），城市无法实现其全部增长潜力和经济目标。与此同时，许多政府对新基础设施的投资和对现有资产的紧急维护是在预算有限的环境下运作，对稀缺资源有着竞争性需求之际。

这个问题同时影响着发展中国家和发达国家。从美国到欧洲，再到新兴国家，面临的工作包括对现有资产的升级，以及设计推动经济增长的新项目提案。发达市场和新兴市场的一个紧迫问题是，需要投资交通基础设施建设，提升可达性，增加就业机会。尽管现有技术在优化资产和利用资产方面发挥着重要作用，但许多城市仍然缺乏一体化和互联的交通运输系统网络。

尽管各地政府和行业机构一致认为，许多城市存在基础设施赤字，但对于全球基础设施缺口的大小，研究机构的看法却不一致。世界经济论坛（World Economic Forum）估计，全球每年需要 3.7 万亿美元的基础设施投资，而每年实际只有 2.7 万亿美元的投资，主要由世界各地政府投资[37]。麦肯锡全球研究所（McKinsey Global Institute）估计，未来 14 年（到 2030 年）基础设施缺口约为 57.2 万亿美元，这包括运输（公路、铁路、港口和机场）、电力、水和通信，运输设施的缺口总量约为 23.8 万亿（图 2.6）。这一时间段内，政府计划对所有基础设施资产的投资只有约 37 万亿美元[38]。然而，同一项研究也提出了减少所需投资的途径，并详细介绍了一些方法，以提高基础设施效率，节省 40% 的成本（例如优化项目组合、更高效地交付项目以及从现有资产中获取更多而不是构建新的资产）。普华永道估计基础设施需求缺口约为 78 万亿美元，并预测到 2025 年，资本项目和基础设施支出需求每年将超过 9 万亿美元，高于 2012 年的 4 万亿美元[39]；到 2030 年，赤字约为 20 万亿美元[39]。

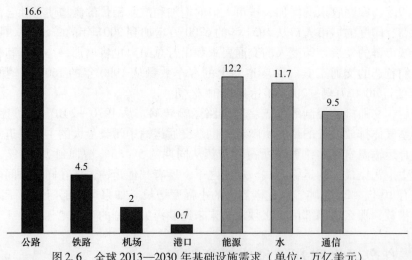

图 2.6 全球 2013—2030 年基础设施需求（单位：万亿美元）

注：数据来源于参考文献［38］。

发达市场和新兴市场的投资壁垒各不相同。在发达市场，这些障碍主要是公众对私有化或部分私有化模式的不满，以及政府在财政约束下采取措施减少债务。随着政府从交通活动中获得的收入面临更大压力，这在未来可能会变得更具挑战性。例如，澳大利亚的一些顶级机构，包括生产力委员会（Productivity Commission）认为，近几年来自燃料消费税的实际净收入稳步下降。收入下降的原因是重型车辆的信贷和补贴增加、新汽车燃料效率的提高。随着未来几年更多的节油和电动汽车进入市场，燃料消费税作为提高收入的一种机制可能将逐步失效。

在新兴市场，主要障碍是技术和经济能力的不足。在欠发达资本市场，提供投资者所需的长期金融和货币兑换保障具有挑战性。

全球对基础设施的需求非常大，尤其是在服务水平不高、连通性较差的新兴市场。今后，需要更加重视现有资产的维护，也需要更多地部署技术解决方案，以提高现有基础设施的性能，同时减少对建设新资产的依赖。未来的投资还应优先考虑促进低碳交通的项目，包括步行、自行车和公共交通。

2.7 基础设施弹性

城市关键基础设施（如交通网络）的弹性会影响其宜居性和经济增长。就本章而言，弹性是指交通系统（暴露于危险中）及时有效地抵抗、吸收、调整和恢复危险影响的能力，包括保护和恢复基本结构和功能的举措[40]。

有两种类型的干扰会影响城市的交通基础设施。第一种是长期压力，如人口增长、基础设施资产压力增加以及气候变化的逐渐影响；第二种是急性压力或"冲击"，指直接的短期事件，如自然灾害或人为压力（道路交通事故）[41]。这两种类型的干扰都会影响城市交通系统的可靠性和满足居民需求的能力。

一个城市的关键基础设施极易受到短期事故的影响，并会造成重大伤亡。在事故或灾难发生后，修复或更换基础设施通常是困难和昂贵的，这可能加剧受影响社区的负担。例如，在 2002 年 3 月—2010 年 11 月期间，澳大利亚政府每年花费 4.5 亿美元，用于在极端天气事件后恢复关键基础设施[40]。这相当于公共基础设施支出总额的 1.6%。此外，据估计由于自然灾害的影响，2015—2050 年期间需要 170 亿美元（按净现值计算）来直接更新关键基础设施[40]。

在世界各地的许多国家，人们已经认识到这些问题。例如，澳大利亚生产力委员会就自然灾害支出的有效性进行了公开调查[40]。调查发现，澳大利亚政府在灾后重建方面投资过多，而在降低自然灾害影响的措施方面投资不足。因此，自然灾害成本已成为各国政府日益增加的债务。

更具体地说，对于交通运行而言，出行时间可靠性是一个很好的衡量城市交通系统弹性的指标。出行时间可靠性是指出行时间在预期时间范围和服务水平内的一致性。通过最小化总出行时间的变化，可以实现一致的出行时间。出行时间的变化是由运输网络内的短期或长期压力引起的。

影响出行时间变化的事件有三类[21,42]。①交通影响事件（例如交通事故和碰撞、工作区活动以及天气和环境条件）；②交通需求（例如临时交通需求和特殊事件的波动）；③现实的道路特征（例如铁路平交道口和几何瓶颈）。

提高交通系统弹性的干预措施包括投资智能基础设施技术，使运营商能够快速应对短期压力，以及长期基础设施投资，以提高系统的容量和连接能力，防止中断并使系统更加稳定。

减轻和阻断灾难风险是维护现有和未来资产的重中之重。基础设施规划者和决策者在其项目中嵌入弹性的指导原则是可取的[40]。这些措施包括：①识别灾害风险；②应用稳健的成本效益分析方法；③协调、集中和提供关键数据和信息；④加强审批流程；⑤嵌入持续的弹性监测。

2.8 传统方法的局限性——预测和供给

过去几十年来，传统的交通基础设施建设方法（通过扩大运力来满足出行需求）收效甚微。这种方法将对经济增长的预测转化为对运输需求增加的预测，因此需要投资以增加运输网络的容量。该方法（预测和供给）若缺乏基础设施投资将造成严重交通拥堵，从而阻碍经济增长[43,44]。

这种方法的主要局限是产生诱导需求了[45]。诱导需求理论已被大众理解和接受。道路的改善缩短了出行时间，吸引了更多其他路线的出行，同时也鼓励了新增的出行，如果道路没有得到改善，这种出行将不会发生。这种额外的车辆交通量是诱导出行的一部分，与其他情况相比诱导出行的总 VKT 增加了[46]。如果道路通行能力增加，高峰时段的出行也会增加，直到拥堵延误阻碍额外的交通增长[46]。研究表明，产生的额外交通量通常会占新增通行能力的很大比例[46]。

2.9 机遇

越来越多的人认识到，通过增加道路通行能力来解决交通问题是不可持续的，它不能从根本上解决交通拥堵或改善城市的交通状况。

可持续交通政策和干预措施提供了满足城市环境中公民和企业需求的机会。要使一个城市走上可持续交通的道路，就需要一个路线图和全面的远景规划，其中包含了满足出行需求的不同战略，包括公共交通和积极的交通政策。近年来，科学技术提高了现有资产的性能，从而减少了建设额外基础设施的需求。

可持续交通系统是为满足人们出行需求，同时支持社区长期的社会、环境和经济目标发展的系统。加拿大温尼伯大学可持续交通中心认为可持续交通系统是能够实现以下目标的系统[47]：

1）允许以符合人类和生态系统健康的方式满足个人和社会的基本准入需求，并在各代人之间实现平等。

2）经济实惠，运营高效，提供可供选择的运输方式，并支持充满活力的经济。

3）把排放和废弃物限制在地球的吸收范围能力内，最大限度地减少不可再生资源的消耗，将可再生资源的消耗限制在可持续的产量水平，对其组成部分进行再循环利用，最大限度地减少土地使用和噪声。

可持续交通和低碳交通密切相关并相互联系。交通是在所有运输方式上进行的总出行量，与从起点到目的地的物理运动有关[48]。当使用机动化的交通方式时，会导致碳和其他有害污染物的排放。为了进行物理移动，需要提供运输基础设施，没有运输基础设施，出行就不会发生，基础设施为产生位移提供支持。在这种情况下，出行被视为基础设施允许其实现的交通需求[48]。

2.9.1　低碳出行

低碳交通被定义为"导致碳含量显著降低的出行"[48]。实现这一目标有 4 种关键策略，这将是第 3 章的重点。第一种是"避免"策略，该策略旨在改变社会规范和减少出行行为（例如，远程办公和更靠近商店和服务的生活）。第二种是"转移"出行方式，即从能源消耗较大的模式转变为不同的交通方式（例如从汽车到火车、自行车或步行）。第三种是"共享"交通和出行资源（例如拼车或共享汽车）。第四种是"改进"策略，该策略要求提高燃料效率和控制车辆排放（例如使用混合动力汽车和电动汽车），并最大限度地提高人员和货物流动所需的有形基础设施的效率。

低碳出行不是新兴主题，研究人员和政府相关人员曾试图推进出行的低碳化，但进展缓慢。如今，人们将研究重点转向出行的供需双方，并对出行者的行为有了更好的理解。这也得益于多种力量的融合，如共享出行、数字创新和颠覆性技术，通过使用可靠的技术平台为出行者提供了新的选择，如拼车和共享汽车。智能交通系统可以快速检测出交通基础设施中的事故，并快速将这些信息提供给出行者，为他们提供改变出行方式或出发时间的选择。

2.9.2　规划可持续交通解决方案

传统的交通规划方法侧重于提供道路交通供给，而没有把其他交通方式放在同样的地位。如今，交通专业人士认识到，一个城市今天做出的基础设施决策将对该城市的发展及其未来人们的出行行为产生深远影响。世界各地的许多城市都越来越重视综合交通规划和可持续的出行方式，如公共交通、自行车和步行。这些政策在减少温室气体排放和污染方面发挥了关键作用，同时可以改善城市环境结构，使城市更宜居。为未来城市规划完善的交通解决方案增加了就业机会的可及性，这是经济健康发展的先决条件，也是减少城市中心排放和污染的必要条件。

2.9.3　传统方法与可持续交通解决方案

成功实施可持续交通解决方案的城市采取了简单但彻底的方法来满足居民的出行需求。这些城市不再将重点放在促进私家车所需的基础设施上，而是转向不区分交通方式的人员和货物的流动上。也不再仅仅专注于促进长途出行和过境交通的运营战略，而是将重点转向为所有出行者提供交通便利[47]。

表 2.3 比较了可持续出行解决方案与传统方法之间的基本区别，后者侧重于机动化交通的主导地位。

表 2.3　城市交通向低碳出行转变的措施[44,48]

常规措施（交通规划与工程）	可持续和新兴的低碳出行措施
注重加强基础设施建设和增加交通供给	注重需求管理，最大限度地提高交通系统的效率、可靠性和灵活性
交通设施层面	社会层面（交通福利公平分配：所有收入群体都能公平获得交通基础设施和服务）
注重从起点到终点的出行或物品位移	可达性①：关注获得就业、机会、商品和服务的交通需求
大规模建设	按照地区级别确定规模
适应机动车行驶的街道	所有交通模式共享的街道
车辆导向	以人为本，以出行者为中心。均衡发展各种交通方式，转向公共交通、慢行交通等更清洁、更可持续的交通方式
机动化交通	步行和自行车优先
交通建模	场景开发和建模
交通预测	城市发展规划
重点应对拥堵和交通干扰	关注优势交通和运营成果
出行是派生需求	出行既是有价值的活动也是派生需求
出行时间最小化	出行时间的可靠性
关键指标：交通量和速度	关键指标：可达性、可持续性、社会公平、环境质量、健康和福利以及生活质量
专家规划	通过透明和全面的利益相关者协商进行规划
分离人和交通	人与交通一体化
交通效率和收益的经济评价	考虑环境和社会问题的多标准分析
通过汽油税、车辆登记和牌照费筹集资金	拥堵与道路定价，以及用户付费模式
私家车所有权	新的商业模式，促进公共交通和慢行交通，以及转向由技术平台支持的汽车共享和乘车共享
有形基础设施支出	在信息技术解决方案、数据融合、预测分析、集成、决策支持系统和自适应工具方面的支出
强调"知道和看到"，并根据关键绩效指标衡量过去的绩效	强调"预测和预期"，以提高灵活性并避免中断

①　可达和可达性的含义不同。可达性是指"到达提供服务、商品和机会的地点的可能性"，而可达是指"实现这一可能性的潜力"[49]。

2.10　本章小结

本章着重介绍了机动化交通的主导地位如何导致出行增加和城市扩张，进而使社会活动的出行量和出行距离增加，从而导致交通高碳化。传统上，交通投资的基础是系统容量不足，并且人们错误地认为通过建设额外的基础设施容量可以解决交通拥堵问题。基础设施投资旨在节约出行时间，但由此产生的干预措施可能导致更长的行程、使用更多的能源并对机动交通产生更多依赖。

我们需要新的方法来解决 21 世纪城市面临的挑战。减少交通碳排放的策略分为四类：避免、转移、共享和改进。这些战略如果计划周密，并与公众沟通，可能会达到预期的效果。现在来自全球各城市的数据表明，根据这些战略采取的低碳出行措施有助于减少机动车交通量，促进更高效、更环保的出行。这些城市实施的政策措施还提高了交通效率，改善了乘客出行的舒适性，提高了交通安全水平，减少了拥堵，改善了健康状况和空气质量。

第 3 章将更详细地讨论这些策略。

致　谢

感谢在本章准备过程中做出贡献的一些研究生。其中包括来自斯温伯恩理工大学的 Farid Javanshour、Jack Hill 和 David Leonard。

参 考 文 献

[1] Dobbs, R., Remes, J., Manyika, J., Roxburgh, C., Smit, S., Schaer, F. (2012). *Urban world: mapping the economic power of cities*, Seoul, South Korea: McKinsey & Company.

[2] Wilson, M. (2012). *By 2050, 70% of the world's population will be urban. Is that a good thing?, Fast Company*. Available: http://www.fastcodesign.com/1669244/by-2050-70-of-the-worlds-population-will-be-urban-is-that-a-good-thing. Accessed 17 May 2016.

[3] Winston, C., Mannering, F. (2014). Implementing technology to improve public highway performance: a leapfrog technology from the private sector is going to be necessary, *Econ. Transp.*, 3 (2), 158–165.

[4] Neumann, C. (2015). *Big data versus big congestion: using information to improve transport*, McKinsey & Company. Available: http://www.mckinsey.com/industries/infrastructure/our-insights/big-data-versus-big-congestion-using-information-to-improve-transport. Accessed 17 May 2016.

[5] World Health Organisation (2016). Road traffic injuries, United Nations, Fact Sheets, fs358.

[6] FIA Foundation (2016). *Road safety fund. FIA Foundation*. Available: http://www.fiafoundation.org/our-work/road-safety-fund. Accessed 13 May 2016.

[7]   European Commission (2011). *Roadmap to a single European transport area, European Commission: Mobility & Transport*. Available: http://ec. europa.eu/transport/strategies/facts-and-figures/transport-matters/index_en.htm. Accessed 13 May 2016.

[8]   International Transport Forum (2010). *Transport Outlook 2010, 'The 2010 International Transport Forum: Transport and Innovation: Unleashing the Potential'*, Leipzig, Germany: Organisation for Economic Co-operation and Development, 26–28 May 2010, pp. 1–28.

[9]   Armstrong, B., Davidson, G., de Vos Malan, J., Gleeson, B., Godfrey, B. (2015). *Delivering sustainable urban mobility final report*, Melbourne, Australia: Australian Council of Learned Academics.

[10]   United Nations (2014). *World urbanization prospects: the 2014 revision*, Department of Economic and Social Affairs, Population Division CD-ROM Edition.

[11]   Allianz (2015). *The mega city of the future is smart*. Available: https:// www.allianz.com/en/press/news/studies/151130_the-megacity-of-the-future-is-smart/, accessed 15 September 2016.

[12]   International Geosphere-Biosphere Program (IGBP) (2012). *The rise and rise of urban expansion*. Available: http://www.igbp.net/news/features/fea tures/theriseandriseofurbanexpansion.5.705e080613685f74edb800014.html. Accessed 22 June 2015.

[13]   Dobbs, R., Remes, J., Manyika, J., Roxburgh, C., Smit, S., Schaer, F. (2012). *Urban world: cities and the rise of the consuming class*, McKinsey & Company, The McKinsey Global Institute (MGI).

[14]   International Energy Agency (IEA), 2013. *A tale of renewed cities*. Paris, France: OECD.

[15]   World Health Organisation. *Projections of mortality and causes of death, 2015 and 2030*. Available: http://www.who.int/healthinfo/global_burden_ disease/projections/en/.

[16]   Bureau of Infrastructure, Transport and Regional Economics (2016). *Road Trauma Australia Annual Summaries*. Available: https://bitre.gov.au/ publications/ongoing/road_deaths_australia_annual_summaries.aspx.

[17]   National Highway Traffic Safety Administration (NHTSA) (2015). *Critical reasons for crashes investigated in the National Motor Vehicle Crash Causation Survey*. Available: https://crashstats.nhtsa.dot.gov/Api/Public/ ViewPublication/812115.

[18]   TomTom (2016). *TomTom Traffic Index: measuring congestion worldwide*. Available: https://www.tomtom.com/en_au/trafficindex/list.

[19]   Andersen, J., Bruwer, M. (2016). *TomTom 2015 Traffic Index: independent analysis report*. University of Stellenbosch. Available: http://www.tomtom. com/.

[20]   Wendell Cox (2016). *TomTom 2015 Traffic Index: independent analysis report*. Available: http://www.tomtom.com/.

[21]　Downs, A. (2004). *Still stuck in traffic coping with peak hour traffic congestion.* Washington, DC: Brookings Institute.

[22]　Schrank, D., Eisele, B, Lomax, T., Bak, J., 2015. *2015 urban mobility scorecard.* Arlington, TX: Texas A&M Institute and INRIX.

[23]　Asian Development Bank (2016). *Transport: facts and figures,* viewed 21 June 2016. Manila, Philippines: Asian Development Bank.

[24]　BITRE (2015). *Traffic and congestion cost trends for Australian capital cities.* Department of Infrastructure and Regional Development. Available: https://bitre.gov.au/publications/2015/files/is_074.pdf.

[25]　Infrastructure Australia (2015). *Australian infrastructure audit, our infra-structure challenges report – 1.* Canberra, Australia: Commonwealth of Australia.

[26]　International Council on Clean Transportation (2012). *Global transportation energy and climate roadmap.* Available: http://www.theicct.org/global-transportation-energy-and-climate-roadmap.

[27]　Righi, M., Hendricks, J., Sausen, R. (2015). *The global impact of transport sectors on atmospheric aerosol in 2030 – Part 1: Land transport and ship-ping.* Available: http://www.atmos-chem-phys.net/16/4481/2016/.

[28]　Uherek, E., Halenka, T., Borken-Kleefeld, J., *et al.* (2010). Transport impacts on atmosphere and climate: land transport, *Atmos. Environ.,* 44, 4772–4816, doi:10.1016/j.atmosenv.2010.01.002.

[29]　Eyring, V., Isaksen, I. S. A., Berntsen, T., *et al.* (2010). Transport impacts on atmosphere and climate: shipping. *Atmos Environ.,* 44, 4735–4771, doi:10.1016/j.atmosenv.2009.04.059.

[30]　Intergovernmental Panel on Climate Change (2014). *Climate change 2014 synthesis reoport.* Available: https://www.ipcc.ch/report/ar5/syr/.

[31]　Forster, P., Ramaswamy, V., Artaxo, P., *et al.* (2007). Changes in atmo-spheric constituents and in radiative forcing, in: *Climate Change 2007: The Physical Science Basis, Contribution of Working Group I to the Fourth Assessment Report of the Intergovernmental Panel on Climate Change,* edited by: Solomon, S., Qin, D., Manning, M., *et al.,* Cambridge, UK and New York, NY: Cambridge University Press, 129–234.

[32]　Pope, C. A., Dockery, D.W. (2006). Health effects of fine particulate air pollution: lines that connect, *J. Air Waste Manage.,* 56, 709–742, doi:10.1080/10473289.2006.10464485.

[33]　Chow, J. C., Watson, J. G., Mauderly, J. L., *et al.* (2006). Health effects of fine particulate air pollution: lines that connect, *J. Air Waste Manage.,* 56, 1368–1380, doi:10.1080/10473289.2006.10464545.

[34]　National Green House Gas Investory (2011). *Australian national green house gas accounts.* Available: http://bit.ly/1x0Qeec, accessed 20 November 2014.

[35]　International Transport Forum (2015). *Low-carbon mobility for mega cities: what different policies mean for urban transport emissions in China and India.* Available: http://www.itf-oecd.org/low-carbon-mobility-mega-cities, accessed 5 December 2016.

[36] Khanna, P. (2016). *How megacities are changing the map of the world. TED Talk.* Available: https://www.ted.com/talks/parag_khanna_how_megacities_are_changing_the_map_of_the_world.

[37] World Economic Forum (2016). *An 8-point plan for closing the infrastructure gap.* Available: https://www.weforum.org/agenda/2015/09/an-8-point-plan-for-closing-the-infrastructure-gap/.

[38] Dobbs, R., Pohl, H., Lin, D., *et al.* (2013). *Infrastructure productivity: how to save $1 trillion a year.* McKinsey & Company, Seoul, South Korea: The McKinsey Global Institute (MGI).

[39] PwC (2014). *Capital project and infrastructure spending Outlook to 2025. Research by Oxford Economics.* Available: http://www.pwc.com/gx/en/industries/capital-projects-infrastructure/publications/cpi-spending-outlook.html.

[40] Deloitte Access Economics (2016). *Building resilient infrastructure.* Available: http://www2.deloitte.com/au/en/pages/economics/articles/building-australias-natural-disaster-resilience.html.

[41] City of Melbourne (2016). *Resilient Melbourne: viable, sustainable, liveable, prosperous.* Available: http://resilientmelbourne.com.au/.

[42] Bhoite, S., Braulio, S., Birtill, K., *et al.* (2013). *City resilience index. Understanding and measuring city resilience.* New York: ARUP and Rockefeller Foundation.

[43] Giovani, M. and Banister, D. (2013). *Moving towards low carbon mobility.* Cheltenham, UK: Edward Elgar Publishing.

[44] Banister, D. (2007). The sustainable mobility paradigm, *Transp. Policy*, 15, 73–80.

[45] Goodwin, P.B. (1996). Empirical evidence on induced traffic: a review and synthesis, *Transportation*, 23, 35–54.

[46] Litman, T. (2016). *Generated traffic and induced travel implications for transport planning.* Victoria Transport Policy Institute. Available: www.vtpi.org.

[47] The Centre for Sustainable Transportation (2016). *Vision of sustainable transportation.* Available: http://cst.uwinnipeg.ca/about.html.

[48] Federal Ministry for Economic Cooperation and Development (2014). *Urban mobility plans: national approaches and local practice.* Available: http://www.eltis.org/resources/tools/urban-mobility-plans-national-approaches-and-local-practice.

[49] Sclar, E., Lonnroth, M., Wolmar, C. (2016). *Improving urban access: new approaches to funding transport investment.* Oxford, UK: Routledge.

术　语

AFOLU	农业、林业和其他土地利用
CDE	二氧化碳当量
GDP	国内生产总值
GtCO$_2$eq	十亿吨二氧化碳当量

30

IEA	国际能源署
MGI	麦肯锡全球研究所
PLDV	轻型乘用车
VKT	行驶车辆里程数

延 伸 阅 读

[1] Jaber, A., Glocker, D. (2015). *Shifting towards low carbon mobility systems. International Transport Forum*. Available: http://www.itf-oecd.org/shifting-towards-low-carbon-mobility-systems.

[2] Banister, D. (2008). The sustainable mobility paradigm, *Transp. Policy*, 15, 73–80.

[3] Newman, P., Kenworthy, J. (1989). Cities and automobile dependence.

[4] Newman, P., Kenworthy, J. (1999). *Sustainability and Cities: Overcoming Automobile Dependence*. Washington, DC: Island Press.

[5] Newman, P., Kenworthy, J. (2011). Peak car use: understanding the demise of automobile dependence, *World Transp. Policy Pract.*, 17 (2), 32–42.

[6] Nakamura, H., Hayashi, Y., May, A.D. (Eds.) (2004). *Urban Transport and the Environment: An International Perspective*. Oxford: Elsevier.

[7] Nakamura K. and Hayashi Y. (2013). Strategies and instruments for low-carbon urban transport: an international review on trends and effects, *Transp. Policy*, 29, 264–274.

第3章
低碳出行的政策原则

摘要：实现低碳出行需要在政策、行为和技术上进行重大变革。城市的管理部门将相关政策分为四大类："避免"出行；将出行"转移"到更有效的方式；促进车辆和交通工具"共享"；"改善"车辆和基础设施效率。本章分析了这些战略途径，并提出了有助于降低交通碳排放的政策建议，同时也解决了城市交通拥堵和空气质量差等问题。本章根据已有研究中的最佳实证，提出了一系列可用于影响出行行为的措施。

关键词：低碳出行；可持续交通；交通政策

3.1　引言

　　城市交通系统的效率、生产力和环境可持续性给全世界的城市管理者和决策者带来了巨大挑战。然而，这些挑战并非无法克服。尽管困难重重，从城市人口增长到交通拥堵，再到财政政策限制，许多城市已经成功地实现了城市交通能源效率的改善，并且已经证明了如何通过精心制定的政策以及与利益相关者协商来实现可观的收益[1]。每个城市的形态和交通特征各不相同，交通政策可以帮助管理者更好地规划和实现城市交通的可持续发展。为了达到这一目标，政策制定者必须考虑采取系统和长期规划措施来应对城市交通挑战。政府还应该综合考虑制定到2050年将容纳近63亿人口的世界级城市的战略[1]。

　　低碳城市交通系统的发展需要概念上的飞跃[2]和交通政策目标的重构。这种转变的核心是明确交通的目的，即为消费者提供到达目的地、服务、活动、商品和机会的途径。因此，"途径"成为政策工具应该追求的核心目标。因此，城市设计应考虑如何将人员和地点聚集在一起，开发交通和出行解决方案，其重点应是途径和可达性，而不是依赖于提高运输基础设施的能力。城市形式、土地综合利用和交通规划成为旨在实现可持续和低碳城市出行政策的主要关注点。

　　如今，交通规划者认识到，一个城市做出的基础设施决策会对塑造未来和人们的出行行为产生深远的影响。

　　大多数城市的传统交通规划方法主要受第2章所描述的经济发展需求的驱动。在公路上经历的交通堵塞是大多数城市交通战略和政策发展的必经过程。大多数战略中的解决方案是为车辆建造更多的基础设施，只有为数不多的城市以可持续的方式关注出行需求管理或改善人们的出行方式，强调可持续的出行模式，如公共交通、骑自行车、步行等，近年来依赖技术平台实现的共享汽车和拼车的颠覆性出行解决方案也是如此。

可持续的交通政策在减少温室气体排放和污染方面发挥着关键作用。它们为社区带来了广泛的益处，并可以改善城市环境的结构，使城市更宜居。为未来城市提供周密的出行解决方案，还可以增加就业机会，这是良好经济发展和减轻城市中心排放和污染的先决条件。

本章介绍了这些政策，并分析了一些案例。这些案例研究证明了这些政策如何有效和成功地在全球城市中实现低碳出行效益。

3.2　城市交通系统能源效率

高效的交通系统使城市中心具有竞争力[3]。它可以提供就业、服务、医疗保健、教育和其他活动，同时也有利于人们以特定形式或交通方式进行出行。

本章介绍的政策旨在帮助政策制定者提高城市的交通系统能源效率。国际能源署（International Energy Agency，IEA）[1]将交通系统能源效率定义为"通过土地利用规划、交通方式共享、能源强度和燃料类型的组合，以最低的能源消耗最大化出行活动"。

提高交通能源效率有多种方式。高度依赖私家车出行的城市可以促使其向自行车、步行和公共交通转变，也可以采用更高的车辆燃油经济性标准，并制定法规来促进土地利用与交通的融合。然而在实践中，提高交通能源效率要复杂得多。交通活动和出行高度依赖于出行需求，这在短期内难以改善，需要关注出行行为变化的长期政策。能否采用更有效的交通方式还取决于消费者的选择性以及使用这些方式的方便程度（可达性）。人们的出行选择和偏好会受到文化、价值观和社会经济因素影响，这同样决定了人们是否会选择更有效的

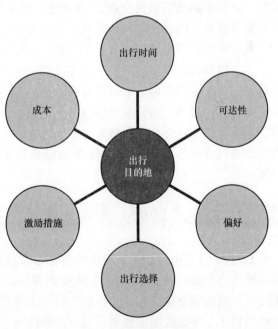

图 3.1　交通活动决策矩阵[1]

交通方式（图3.1）。

因此，能源效率政策一般定义为：①促进土地利用和自然交通网络的发展；②为出行者提供便捷的出行模式选择并改善其出行；③应用长期影响出行行为和模式选择偏好的出行需求管理策略。

在这个框架下，可以从能源和环境的角度影响交通活动和出行决策，从而提高交通中的能源效率。这反过来会导致更为广泛的城市交通系统能效的定义，可以表达为"最大程度促使城市地理－交通网络有机融合，以便通过模式共享、能源强度和燃料类型的组合，提供最佳的访问和选择，并最大限度地提高出行活动的效率"。根据这一定义，交通系统的能源效率可以通过优先考虑土地利用与交通系统一体化来实现，从而减少对能源密集型出行选择的需求[1,4]。

3.3 政策手段

严格而灵活的政策手段在低碳出行战略方面发挥着关键作用。在缺乏这些政策的情况下，出行方式多数是不能有效节能的机动车交通方式[1,4]。这将导致投资的优先顺序不佳，从而提高私家车的使用率，而对更有效的出行方式的重视程度则会降低。

IEA在该方面做了大量工作，并提出了若干政策来解决低碳出行问题。这些政策包括需求管理（例如拥堵和道路收费）、调控政策（例如停车限制）和供应方面策略（例如引入按需公共交通）。IEA还建议取消对私家车出行的激励措施，并用税收制度取代，以反映燃料和车辆的全部外部成本[4]。

监管框架薄弱也可能导致交通供给不足，Uber和Lyft拼车服务的例子证明了这一点。世界各地许多城市的政策和决策制定者仍在努力监管新兴共享商业模式和市场，它们在人们的城市出行中发挥着至关重要的作用。然而，这些服务在许多城市仍然被认为是非法的，现有的政策阻止而不是支持这些有可能起到限制私家车使用的颠覆性的交通方式。通过改进或引入支持创新的交通供给监管政策，政策制定者可以提高交通系统效率，提升交通服务质量，同时促使向更高效出行模式的转变。

3.4 "避免、转移、共享和改善"框架

在过去12年中，作为实现可持续交通改善的必要政策工具，人们提出了一整套措施，合称为"避免、转移共享和改善"方法[1,4]。提出这一框架的目的有：①尽可能避免机动化出行；②将出行转变为更高效的方式；③提高车辆的能源效率和燃料技术，并最大限度地利用现有基础设施[5]。

本章介绍了包括汽车共享和拼车服务在内的最新发展（图3.2）。最近的研究

表明，这些按需协同出行服务已经开始影响汽车拥有模式，并正在减少满足人们出行所需的车辆总数（第 10 章）。在拼车方面，也有越来越多的证据表明，"汽车合乘"类型的拼车服务正被逐步引入到世界各地的城市，并在减少车辆行驶总里程数、降低排放和污染方面产生了巨大的效益[6]。

　　总之，这些政策有助于大幅度减少排放，同时也有助于解决城市交通拥堵等问题。接下来将分析这些政策的主要特点。

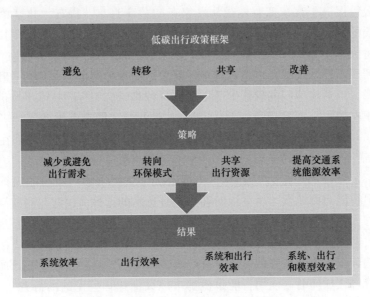

图 3.2　避免、转移、共享和改善框架[1]

3.4.1　避免

　　避免政策旨在通过综合土地利用、交通规划和出行需求管理来减缓出行需求增长[1,4]。这些政策包括：①虚拟出行计划（如远程办公）；②缩短出行距离（高密度和混合土地利用开发）；③减少出行需求或愿望（拥堵收费、推广共享汽车和拼车计划）。其他包括在线购买和类似的商业模式的例子有助于消费者避免购物出行。第 4 ~ 6 章分析了这一政策的不同形式。

3.4.2　转移

　　这类政策鼓励出行者将他们的出行从私家车转向更有效的方式，如公共交通、步行和自行车。政策内容包括综合公共交通和土地利用规划、改进公交路线和服务、限制私家车使用的定价策略（道路使用定价、拥堵收费、车辆配额或车牌投标制度，例如新加坡的拥车证等）和道路空间分配（自行车专用道或公交专用道）。例如，提高公共交通的可靠性和承载能力，也可以促使公众更广泛地选用公共交通工具而不是私家车。同样的道理也适用于让人们更能负担得起电动汽车（Electric Vehicle，EV）的激励措施。这一政策原则在第 4 ~ 7 章中有更详细的分析。

3.4.3 共享

共享政策促进了汽车拥有模式从私家车向共享汽车、拼车、共享单车（甚至在资源有限的城市中心共享车辆停车位）的转变。如今的消费者，尤其是年轻一代，不再将汽车作为一种"身份象征"，也不再对拥有一项停放时间超过 90% 以上的昂贵资产感兴趣。消费者也越来越多地要求更高水平的服务、更高效和更少污染的出行选择，以适应他们的现代生活方式。一种基于应用程序技术平台的共享出行商业模式正在颠覆出行的趋势（第 13 章），有可能从根本上改变消费者和汽车之间的关系。在过去的几年里，像 Airbnb、Zipcar 和 Uber 这样的公司都在推广协作或共享经济，这种经济的崛起似乎预示着未来十年的快速增长[7]。从"出行运营商"为城际、郊区和"最后一公里"出行解决方案提供的门到门的出行服务选择中，获得出行能力而非汽车所有权使客户拥有更多的选择。因此，对共享交通模式下集体转移人、货物和服务运输来说，交通共享经济是一个机遇。从长远来看，这将有助于改善交通拥堵、减少排放和空气污染，并使新型的众包式按需出行方式成为可能。随着按需出行服务的推进（不考虑固定的公交路线或公共交通时刻表），未来的消费者在任何时候使用智能手机都可以灵活选择特定的出行方式。第 10 章将全面讨论这一问题，以及共享出行如何影响世界各地的城市交通。

3.4.4 改善

"改善"政策包括促进高效燃料和高效内燃机车辆的倡议。这些政策还包括政策响应，如交通和城市信息技术的应用、电动汽车的引入和智能交通系统（Intelligent Transport System，ITS）的采用、绿色驾驶、低碳发电和电动汽车充电站的智能电网的使用。近年来，这一政策得到了人们的广泛接受。如今，除了提高车辆性能和能源效率外，人们更多地依赖于使用技术来优化现有基础设施的性能，而不是增加道路通行能力。政策干预的例子见第 6 章、第 7 章和第 10 ~ 13 章。

3.5 "避免、转移、共享、改善"框架的十项关键原则

以下原则总结了运用"避免、转移、共享、改善"框架的十项关键原则[8]：

1）规划密集的城市。1989 年，纽曼和肯沃西[9]进行了一项影响广泛的研究，比较了全球 32 个城市的密度。他们发现，人口稠密城市比向外扩张城市的汽车使用率要低，这一观点已经被广泛接受。规划密集的步行城市是城市规划的新范式。

这一概念的核心是城市和交通发展的一体化（第 4 ~ 6 章）。这种方法支持创建小型城市群、混合城市小区和无车住宅。

2）发展公交城市。以公交为导向的发展策略可以成功解决一系列问题，包括交通拥堵、城市蔓延加剧、空气污染和能源消耗增加[10,11]。这是一项旨在将公共交通枢纽或走廊（铁路、轻轨、公共汽车）附近或周围的高密度、混合商业和住宅开发项目分组的战略。其特点是设计鼓励使用步行、自行车或公共交通等替代性交通方式，较低的停车供给、购物中心和步行设施是突出的设计特征[12]。这些将在第 4 ~ 7 章中进行分析。

3）优化道路网络及其使用。这一措施增强了城市的连通性，并减少了始发地和目的地之间的距离和出行时间。它还使用交通技术及 ITS 解决方案，通过网络管理系统、事故管理和出行者信息系统优化性能，使出行者了解交通状况，特别是在因事故或其他意外事件而延误的情况下（第 5 章、第 6 章和第 10 ~ 13 章）。

4）改善公共交通。该措施着眼于加强现有公共交通，以确保公共交通用户的高质量服务。它可以包括引入快速公交（Bus Rapid Transit, BRT）和其他高性能公共交通服务、整合互通式立交，使出行者更容易在不同模式之间转换，以及将小汽车共享、出租车和换乘共享服务整合到公共交通选项组合中，尤其是互通式立交。本主题是第 7 章的重点，但在第 4 ~ 13 章中也进行了介绍和分析。

5）鼓励步行和骑自行车。该措施包括建立完整的城市自行车网络，以及高质量的人行道和自行车道设计标准，确保自行车和行人的安全设施。它还包括加强交通信号控制策略和交叉口设计，以提高行人和自行车在道路交叉口的机动性和安全性。该主题在第 4 ~ 9 章中有更详细的介绍。

6）控制车辆使用。该措施包括拥堵收费和用户按千米或一天中的时间收费的道路收费策略，以及通过自行车、公共交通和远程办公进行通勤的激励措施。世界各地的一些城市也尝试在市中心实行全面的汽车禁令。本章中的案例研究提供了更多的细节，第 13 章将进一步进行分析。

7）停车管理。该措施包括制定停车收费策略、限制停车时间、更好地执行停车规则、停车信息系统（包括显示停车可用性或共享停车位的移动应用程序），并鼓励房地产开发商致力于汽车共享，用更少的专用停车位取代开发中的停车场（第 4 ~ 6 章、第 11 章和第 13 章）。

8）推广清洁能源。该措施包括对电动汽车和清洁燃料汽车实行激励措施和奖励，并在市中心推广低排放区。它还包括推广电动汽车充电基础设施和改进运输燃料征税方法（第 4 章和第 6 章）。

9）利益相关者协商沟通。该措施包括加强与公众和决策者的接触、为改善公共交通而开展的营销活动、共享汽车和拼车。这将在本章后面的章节中介绍。

10）全面部署监督。该措施包括建立负责监督低碳出行方案的机构，将交通纳入气候变化行动计划，制定低碳城市出行计划并监控实施和绩效。这也将在本章后面介绍。

3.6 效益

世界上许多城市已经采取了成功的措施来减少机动化交通，促进更有效的出行方式。这使得运输效率提高、乘客出行机会提升、道路更安全、交通拥堵减少、健康和空气质量改善。根据国际能源署的估计，到 2050 年提高交通系统的能源效率可以为世界经济节省 70 万亿美元。综合"避免"和"转移"政策有可能使全球交通部门的支出（到 2050 年）减少近 30 万亿美元。如果进一步与"改善"政策结合，那么到 2050 年，"避免、转移和改善"方法将使支出减少近 70 万亿美元[1]。国际能源署的研究是基于全球 30 多个城市的实例，展示了如何通过更好的土地利用、交通一体化规划、出行需求管理和基础设施技术来提高交通效率和能源利用率。第 13 章提供了一些基于颠覆性出行干预的技术价值分析。

3.7 城市环境与城市需求

不同的城市需要不同的应对政策。干预措施将取决于城市中心的类型、现有的基础条件、当前的交通挑战以及人口的出行需求驱动因素。国际能源署确定了 4 个城市背景，描述了全球城市面临的一般出行特征和挑战[1]。

3.7.1 发展中城市

这些城市的特点是对交通服务的高需求和私家车的快速增长，其交通基础设施常常不足，尤其是步行和自行车，公共交通服务也很薄弱。这些城市的扩张鼓励私家车的增长，从而导致道路拥挤、道路引发的车祸和伤害上升以及有害气体排放增加。这些城市在交通、就业和社会服务方面也存在不公平现象。

3.7.2 扩张中城市

这些城市通常密度低，城市核心区界定不清，商业和商业中心遍布整个大都市地区。在这些城市中，使用公共交通、自行车和步行的出行比例通常较低，而私家车出行是主要的出行方式。由于目的地之间距离遥远，难以提供高效的公共交通服务。另外，由于资产老化，道路基础设施需要大量投资和维护，高峰时段交通拥堵严重。排放和道路交通事故是主要问题[13]。

3.7.3 拥堵城市

这些城市的交通量很大，尤其是在高峰时段。它们有中高密度和强大的城市核心，通常拥有良好的公共交通系统和较高的公共交通占比。这些城市的特点是由于交通拥挤和对私家车的依赖，每天都会发生交通堵塞。排放、道路交通事故和受伤也是主要问题[5,14]。

3.7.4　多元化城市

这些城市的特点是公共交通、自行车和步行方式普及率高。它们的交通网络相互连接，人们可以更高效地出行，综合土地利用发展和高质量的公共交通服务为出行者提供了不同的出行方式选择。它们的非机动化基础设施也很发达，包括自行车道和足够的步行空间。这些城市拥有著名的公共交通枢纽，包括火车站和公共汽车换乘站。其中一些城市还将实施需求管理策略，以减少开车（例如道路收费、拥堵收费和停车限制）[15,16]。

3.8　与城市需求相匹配的政策

"避免、转移、共享、改善"的政策适用于多种情况，但响应的程度或强度可能因具体的当地需求和所面对的挑战而有所不同[1]。

3.8.1　发展中城市的政策

在这些城市中，一些潜在的政策包括：限制大规模发展的法规，优先考虑密集城市中心（如交通导向型发展）的土地利用政策。步行空间和公共交通网络等基础交通设施的升级，也有助于改善目的地的可达性。为使效益最大化，基础设施和土地利用政策应与出行需求管理相协调，以确保所改善的措施与私家车相比更具竞争力。其他措施包括更好地监管公交运营，提高公共交通的服务质量和频率。

3.8.2　扩张中城市的政策

对扩张中城市进行政策干预的长期目标，是将它们转移到人口更密集的城市中心，以支持更高效的交通。中期和长期目标包括出行需求管理和土地利用政策，以促进更密集的发展。较短期的政策包括改善现有系统，优先考虑将出行者从私家车出行转向其他出行方式。这些政策包括停车改革、道路收费和应用交通管理工具等措施，以帮助提高已有资源效率，例如自适应交通信号控制。

3.8.3　拥堵城市的政策

对于拥堵城市，可选的政策措施很多，具体包括：出行需求管理可以使出行方式向更节能的方向转变，除了不鼓励汽车购买（例如新加坡的车辆配额和拥车证）之外，实时出行信息等 ITS 提供的解决措施也有助于提高出行效率，共享汽车和拼车激励措施可以鼓励更多人采取更高效的出行方式。短期政策可以解决道路网络的不足，有助于鼓励人们减少私家车的使用量。这些干预措施与出行需求管理措施相结合时会加更有效。

3.8.4 多元化城市的政策

多元化城市的发展不仅受益于改善交通流和获得更多出行选择的政策，包括节能模式专用设施（如公共汽车和自行车道）和车辆技术改进投资，还受益于出行需求管理政策。ITS 的广泛使用和按需共享出行也可以帮助改善城市交通，包括道路状况和公共交通到达和驶离时间的实时更新。

3.9 政策措施能否结合起来增加影响?

以提高交通效率为重心的改善措施，如果在规划时采用共同效益的方法即解决交通与其他城市问题（如健康和幸福）之间的关系，则会产生更大的影响[17]（第9章）。通过在交通和其他城市政策之间建立这样的互动，决策者可以影响交通部门的变化，这有助于为交通方案提供更广泛的支持（表 3.1）。

表 3.1 可持续城市交通政策的益处示例[12]

政策选择	益处				
	减少温室气体排放	改善空气质量和健康	减少交通拥堵	提高可达性	提高道路安全性
快速公交（BRT）或公交专用道	中	中	高	高	中
轻轨或地铁	中	中	高	中/高	中
铁路	中	低	中/高	中	低
低碳汽车	中/高	高	低或负	低或负	无
非机动交通方式	低	中	中/高	中/高	中
土地利用计划	中	中/高	高	高	中

3.10 政府和社会各界的协商

城市交通政策的成功在很大程度上依赖于公众的支持和受政策影响的利益相关者的支持。通过征求利益相关者的意见，确保这些政策在未来可以实行。涉及的利益相关者包括城市和地区选举的官员、公务员和政府（如果他们参与超出市政管辖范围项目的规划、融资和实施）。利益相关者还包括非政府机构、专业组织、消费者团体和私企。地方政府官员，特别是市长，在城市交通改善方面起着非常重要的作用。城市通常拥有城市道路的直接所有权，并有能力制定和执行与城市交通系统相关的政策。这种能力使市长能够引入自行车专用道、拥堵收费、道路收费制度、BRT、公交专用道和 EV 充电基础设施。市长们通常也通过制定规章制度和政策来控制主要的公共交通服务[18]。

3.11 案例研究

实施低碳出行对社会和经济造成的影响可以改变世界各地的城市。本节将介绍一些案例研究，以展示本章所述的一些政策手段的使用。这些案例研究分析了城市对低碳交通战略的投资如何使人们获得更实惠、更高效和更安全的出行，从而将人们与更多的就业、社会和商业机会联系起来。同时还阐述了城市如何通过选择低碳交通政策和项目来为城市居民提供更多的社会和经济利益。

3.11.1 伦敦、斯德哥尔摩、哥德堡、新加坡和米兰的拥堵收费

长期以来，规划者、经济学家、政策制定者和顶级机构一直建议将拥堵收费作为改善出行的一种可能解决方案，特别是在拥堵的市中心[19]。在澳大利亚等一些国家，道路收费和拥堵收费也是围绕税收改革展开的激烈辩论的焦点，他们需要重新思考城市居民如何为支持其出行需求的交通基础设施支付费用。目前，这些国家的交通融资模式主要依靠从燃油税、车辆登记费和牌照费用中获取收入，这种模式是不公平的，也不太可能产生足够的资金来满足未来的基础设施支出要求。随着消费者将目光转向电动汽车和更省油的汽车，未来燃油税收将会随之下降，这种模式将面临更大的压力。

在拥挤的城市地区[19]，拥堵收费也是最有可能抑制交通排放的解决方案。通过这种方法，驾驶员将直接通过用户付费来支付进入拥挤区域的交通费（在一个区域内驾驶且不导致城市拥堵的道路使用者将不支付费用）。收费可以是动态的，以反映当前的拥堵水平（高峰时段收费会更高）。这将是全面税收改革的一部分，该改革将取消或减少其他运输税（例如，车辆登记本质上是一种"财产"税，因为它不是与运输数量相关的费用）。

该计划还将激励拼车、共享汽车和其他共享模式，鼓励人们不要开车进入拥堵地区。同时还将采取措施，以提供更多的公共交通和改善服务。用户收费产生的收入将用于维护和运营道路以及运输服务，并改善出行者的出行选择。

英国皇家工程师学会（Royal Academy of Engineers）最近的一份报告[20]指出，拥堵收费是解决道路拥堵的最佳选择。在澳大利亚，道路收费在过去几年里一直被标榜为解决交通问题的关键方法。2009 年的亨利税务审查[21]、2014 年的生产力委员会公共基础设施审查[22]和 2014 年的哈珀审查[23]都敦促各地政府优先考虑道路收费。这些审查还建议各地政府进行试点研究，以证明对道路使用者的好处。

一些城市已经实施了拥堵收费，其中包括伦敦、斯德哥尔摩、哥德堡、新加坡和米兰。

报道显示，这些城市的效益令人瞩目。自伦敦启动该计划以来的12年里，中心城区的交通拥堵减少了10%左右[24]，具体表现为进入该地区的私家车减少了34%，骑自行车的人数增加了28%。该计划还使收费区内的排放量减少了16%，每年减少3万吨。最近的一项研究还发现，该计划在2000—2010年期间减少了40%的交通事故。据报道，除了节省金钱和拯救生命，拥堵收费每年还将筹集超过3亿美元用于改善城市交通服务。

在斯德哥尔摩，拥堵收费方案使高峰时段车辆减少了20%，刺激公共交通客流增加大约9%[25]。在人口稠密的城市中心，排放量减少了10%~14%。据报道，该系统还减少了9%的颗粒物和7%的氮氧化物。它还为该市每天创造50万~270万美元的收入，这些资金将再投资用于扩大自行车道和新的公共汽车服务。

据报道，瑞典在哥德堡实施的鲜为人知的拥堵收费计划也取得了成功[26]。这项计划有效减少了高峰时段12%的交通量，促使许多旅客改乘公共交通工具。

新加坡的拥堵收费经验可以追溯到1975年，这是一种基于统一费率收费的地区许可证制度（Area License System，ALS）的形式，该方法减少了45%的交通量和25%的车祸。1998年，ALS被电子道路收费系统取代，促使进入中央商务区的交通量进一步减少15%[27]。

这些国外的成功案例为城市实施拥堵收费提供了独特的视角。尽管这些措施最初被认为是决断且有争议的，但随着该方法带来的益处逐渐明显，越来越多的人逐渐接受了这一做法。

3.11.2 广州、艾哈迈达巴德、拉各斯的快速公交系统

快速公交系统（BRT）或公交专用道项目有助于减少出行，提高出行效率，减少温室气体排放。

广州市于2010年推出了BRT。该系统每天载客85万人次，成功地转移了私家车出行量的10%~15%。据报道，除了每年节省1400万美元和减少86000吨二氧化碳的排放，乘客个人还节省了1.03亿美元的自付出行费用和3000万h的出行时间[28]。

自艾哈迈达巴德2009年使用BRT以来，每天运送超过140000名乘客，预计在2040年前，城市的二氧化碳排放量将减少30%[28]。一些具有成本效益的项目（如指定入口和出口点）为该系统带来79%的安全评级。

尼日利亚拉各斯的BRT也是一个成功的案例。它为当地居民提供了一种高效、经济的服务，通过这种服务，贫困家庭收入中用于公共交通的部分从17%降至11%，BRT票价比传统公交低30%[28]。

3.11.3　单车共享系统：巴黎

巴黎的单车共享计划有约 20600 辆自行车，分布在全市 1451 个车站。市政府正在通过道路安全活动、限速区和大约 125mile（1mile＝1.609km）的新自行车道来支持这一计划，以改善连通性。自该计划实施以来，增加了 70％ 的客流量，每年减少 32330 吨二氧化碳的排放量[28]。

3.11.4　无车城市中心：奥斯陆、米兰、都柏林、巴黎和马德里的计划

一些欧洲城市正考虑在部分中央商务区执行禁止私家车通行的计划[29]。这项计划极具争议，许多人认为这是对他们选择自由的侵犯。

尽管如此，一些城市还是将其作为限制中央商务区车辆交通的最后手段。自 2014 年初以来，至少有 5 个城市宣布了将其市中心的部分地区改造成行人专用空间的目标。

3.11.4.1　奥斯陆

挪威首都奥斯陆计划在 2019 年前禁止在中心地区使用私家车。该市计划加强自行车基础设施建设，改善公共交通服务[29]。

3.11.4.2　米兰

米兰市中心已有一项拥堵收费计划。2016 年 7 月，该市宣布计划限制汽车进入老城区中心。该计划提议将斯卡拉广场与另外两个市中心步行区连接起来，并逐渐向外延伸到城市的其他部分[29]。

3.11.4.3　都柏林

2016 年，爱尔兰首都都柏林提出了 1.5 亿欧元的计划，即最早在 2017 年禁止私家车进入市中心的部分地区。该市希望使用私家车通勤到中央商务区的人达到 25％。该市的目标是将公共交通的模式份额提高到 55％，其中自行车占比 15％、步行占比 10％[29]。

3.11.4.4　巴黎

2014 年春天，法国首都巴黎对奇数号私家车试行了为期一天的禁令。试验结果表明，交通拥堵和污染均大大减少。紧随其后的是 2016 年的另一个临时无车日。据报道，该市在未来几年将考虑进行更多的试验和研究[29]。

3.11.4.5　马德里

马德里禁止汽车进入市中心计划是世界上最耗资的计划之一。2015 年，西班牙首都马德里开始向不住在中心地区或在官方停车场没有固定停车位的驾驶员发放罚单。该市希望严格控制城市的面积，从而划出更多的区域供行人使用[29]。

3.12 政策途径

政策途径旨在提供实用指南，帮助国家和地方决策者提高对城市交通系统能源效率的反应速度。改进城市出行的能源效率并不容易，但是世界各地的许多城市都使用了本书所述的政策手段，并在能源效率方面取得了实质性的进展，如第2章所述。

政策途径包括支持所述政策的制定、融资、实施和评估的详细步骤。国际能源署（IEA）的一项研究[1]结果记录了全球30多个城市的成功案例。这些途径包括4个阶段（图3.3）：规划、实施、监控和评估，其中10个关键步骤是根据世界各地城市成功实施政策的经验与教训而制定的。

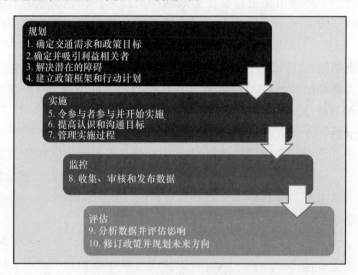

图3.3　低碳出行的政策途径[1]

政策途径的4个阶段和IEA[1]确定的10个详细步骤总结如下。

3.12.1 规划

规划阶段包括行政、技术和财务准备，来确定拟议政策的实施阶段。利益相关者的磋商以及与公众和决策者的接触是这一阶段的重要特征。这不仅有助于确保该政策能够征求社区的广泛意见，包括交通可达性、经济、社会和环境需求等方面，也有助于确保政策一出台就被接受。

本阶段包括10个关键步骤中的第1~4步[1]：

第1步，确定交通需求和政策目标。这包括确定提出政策的社区的问题和需求；确定愿景、目的和目标，并阐明满足这些需求的政策响应。在确定用户需求时，需要收集并整理以下内容：有关家庭出行需求的数据和信息；社会经济地位与获得服务和机会之间可能存在的关系；现有交通条款的限制；未来需求；现有和期望的模式份额；交通基础设施的状况；公共交通服务的利用率；服务的安全性和可靠性；该地区的土地利用规划；城市经济结构的性质；管理；现有人口和人口发展趋势。

一旦确定了用户需求和问题，政策制定者就需要阐明一个愿景，并确定解决这些问题的目的和目标。在这个阶段，短期和长期目标都可以在单一愿景下确定。此外，政府还向社会公布了公众期望通过这些政策看到的服务水平的预期改善情况。

在确定政策响应时，基于其他的经验和教训，可以实施多个特定政策。这包括通过实施多重利益法来考虑共同效益和配套措施，这种方法利用了多个城市的共性问题[1]。例如，道路安全计划和出行需求政策的结合可以改善人员和货物的安全流动，同时也可以解决拥堵和能源效率问题。

第 2 步，确定并吸引利益相关者。利益相关者提供的支持与反馈，可能会对项目产生有价值的影响。利益相关者的数量各不相同，但通常包括：道路和运输机构、地方市议会、公共交通运营商和代表其成员的专业组织。这一步骤找到了可能有助于决策的利益相关者，有权威和权力支持干预措施的利益相关者，受政策影响的利益相关者以及推动决策进行的因素。来自参与者和利益相关者的真实反馈是任何新政策干预取得成功的关键。

第 3 步，解决潜在的障碍。无论政策制定如何，有效政策的实施都会存在障碍。如果从一开始就确定潜在障碍（例如财务限制、法律限制和不充分的监管框架），并事先进行预测和规划，将可以帮助降低其影响。所涉及的步骤包括：确定潜在障碍；准备应对障碍；与利益相关者取得合作，在特定时间段内做出回应。例如，在这些障碍对城市发展产生负面影响之前，可以先发制人地启动立法审批并取得与被剥夺权利群体之间的联系[1]。在此步骤中，确定成功实施政策所需的技术、机构和财政资源也很重要。

第 4 步，建立政策框架和行动计划。这一步骤包括确定需要完成的任务、角色和责任、时间框架和预期结果[1]。这有助于建立一个逐步实施和实现政策目标的框架。行动计划应得到执行机构和利益相关者的直接投入，以确保步骤和时间是可行的。这一步骤还包括准备一份强有力的经济影响分析报告、应急预案、如何衡量进展程度的框架以及用于判断政策效力的关键绩效指标。这可能包括对以下因素的影响评估：能源利用、汽车保有量及公共交通乘客量、泊车位和需求、人口密度、排放、噪声和事故影响以及政府收入。

3.12.2　实施

本阶段包括 10 个关键步骤中的第 5~7 步[1]：

第 5 步，令参与者参与并开始实施。这包括明确需要落实的合同和项目管理程序，以便衡量绩效，并设置明确的沟通渠道、角色和责任。这有助于整个过程顺利实施并取得成功。规划过程完成后，即可启动该政策。政策发布是向公众通告变化的重要事件，也可以提高公众对政策目标的认识。

第6步，提高认识和沟通目标。这是确保公众接受政策变化和倡议的重要步骤。通过沟通政策措施的目的和目标，可以提高公众对政策的认识，得到他们的支持。宣传活动还可以通过有效的沟通，帮助消除任何误解，并促进拟议政策的真正益处。这一步也是政策制定者向公众传达其出行选择真实成本的一个机会，从而鼓励人们转向更节能的交通方式。

第7步，管理实施过程。这是一项项目管理任务，确保负责项目执行的各方遵守好其各自的角色，并确保项目正常实施。管理不善的项目可能会削弱人们对政府实施变革能力的信心[1]，并可能会破坏政策目的。该步骤还包括验证项目进度，确保项目交付及时、成果合规。最后，这一步也是提供技术培训和能力培养的机会，为所有利益相关方提供执行政策变更和向公众传播信息所需的支持。

3.12.3 监控

该阶段包括10个关键步骤中的第8步：

第8步，收集、审核和发布数据。为了确定政策措施的影响，应分别在政策启动之前和之后收集数据以评估影响。有效和有意义的数据不仅需要评估收益，还需要对规划阶段最初没有预见到的所有负面影响进行评估。数据收集过程和目标还应反映机构需求和资源限制，包括预算问题和融资。由于数据收集和分析成本高昂，因此需要精心计划，以确保能够收集到正确的数据类型和数量来衡量政策措施的影响。收集数据后，则需要根据已确定的关键绩效指标对其进行审查、预处理和分析，以此来判断项目是否成功。应对所有的分析进行验证，且结果应具有可重复性。现在人们越来越期望将所收集到的数据对公众和其他相关方进行公开。

3.12.4 评估

最后一个阶段包括第9步和第10步。本阶段旨在确定工作方案在实现政策目标方面的有效性，这也有助于确定如何在将来实施改进策略、哪些是成功或失败的因素，以及如何减轻这些因素。

第9步，分析数据并评估影响。收集和对数据进行预处理之后，就可以对其进行分析并用于评估政策的有效性。有许多关键的性能指标可以用于评估，其中包括[1]相关性（即项目是否达到了政策目标）、有效性（达到目标的程度）、影响（已实现的改进）、效率（成本效益）和可持续性（长期可保持效益）。评估还确定了使项目成功或失败的因素、应该效仿的项目优势以及应该避免的劣势。这一步骤的另一个重要组成部分是成果交流和信息传播，这对于提高对利益的认知和增加公众支持至关重要。

第10步，修订政策并规划未来方向。这一步骤包括定期审查政策，以确保即使系统发生变化或发展，仍能继续实现预期目标。这有助于深入了解出行需求与政策措施之间的相互作用，有助于了解公众对这些措施的改变意愿。同时，规划后续步骤也有助于继续推进现有方案。

3.13 本章小结

本章为制定低碳出行解决方案提供了政策指导，确定了可用于引导城市实现可持续出行的新兴趋势和政策。从"避免、转移、共享、改善"方面将这些解决方案分为四大类。本章还研究了低碳出行的战略途径，并提出了有助于提高效率的政策原则。其中包括规划密集城市、发展公交和步行城市、优化道路网及其利用、改善公共交通以及规划步行和自行车出行。

这些战略的核心是认识到综合土地利用交通规划的关键作用（第5章），其中涉及设施和服务的优化分配，使城市居民能够获得服务和经济机会，同时最大限度地减少私家车的使用，这有助于确保交通和城市发展政策的有效整合。

本章中的案例研究表明，低碳出行的优越性，不仅体现在减排降污方面，而且可以有效减少拥堵并改善就业机会。本章认为，可达性应成为实现环境可持续发展、社会公平的城市形态的所有政策措施的核心焦点。

参 考 文 献

[1] International Energy Agency (2013). "A Tale of Renewed Cities. A Policy Guide on How to Transform Cities by Improving Energy Efficiency in Urban Transport Systems. OECD/IEA". Available from http://bit.ly/1rPpWPq.

[2] UN-Habitat (2012). "Planning and Design for Sustainable Urban Mobility: Global Report on Human Settlements 2013". Available from http://unhabitat.org/planning-and-design-for-sustainable-urban-mobility-global-report-on-human-settlements-2013/. Accessed 17 September 2016.

[3] GIZ (2013). "Urban Mobility Plans: National Approaches and Local Practice". Available from http://www.eltis.org/resources/tools/urban-mobility-plans-national-approaches-and-local-practice. Accessed 17 September 2016.

[4] Banister, D. (2007). "The Sustainable Mobility Paradigm", *Transport Policy*, vol. 15, 2008, pp. 73–80.

[5] IEA (2012), *Energy Technology Perspectives: Tracking Clean Energy Progress*, OECD/IEA, Paris.

[6] Dia, H. (2016). Mapping the value of collaborative mobility. *Proceedings of the ITS World Congress*. Melbourne, Australia.

[7] Kaas, H.-W. *et al*. (2016). "Automotive Revolution – Perspective Towards 2030". McKinsey & Company. Available from http://www.mckinsey.com. Accessed 17 September 2016.

[8] Bongardt, D. (2016). "10 Principles SUT". Available from https://prezi.com/7ufnp8crzc1l/10-principles-sut/. Accessed 18 September 2016.

[9] Newman, P. and Kenworthy, J. (1989). *Cities and Automobile Dependence: An International Sourcebook*. Gower Publishing, Brookfield, VT, USA.

[10] Cervero, R., Ferrell, C. and Murphy, S. (2002). *Transit-oriented develop ment and joint development in the United States: a literature review*. Research Results 52, Transit Cooperative Research Program, Washington, DC.

[11] Nahlik, M.J. and Chester, M.V. (2014). "Transit-Oriented Smart Growth Can Reduce Life-Cycle Environmental Impacts and Household Costs in Los Angeles", *Transport Policy*, vol. 35, pp. 21–30.

[12] Chatman, D.G. (2013). "Does TOD Need the T?", *Journal of the American Planning Association*, vol. 79, no. 1, Winter 2013, pp. 17–31.

[13] Benfield, K. (2012). "Can Nashville Shake Its Sprawling Past?", Atlantic Cities. Available from www.theatlanticcities.com/commute/2012/02/can-nashville-shake-its-sprawling-past/1241/.

[14] UTIP (International Association of Public Transport) (2012). "PTx2 Showcase: Doubling the Market Share of Public Transport Worldwide by 2025". Available from www.ptx2uitp.org/.

[15] Wien (Stadtentwicklung Wien) (2006). "Transport Master Plan Vienna 2003, City of Vienna, Municipal Department 18 (MA 18) – Urban Development and Planning, Wien". Available from www.impacts.org/cities/vienna/smart-moves.pdf.

[16] Winkler, A. and Hausler, D., eds. (2009). "Smart Moves: Strategies and Measures of Vienna's Transport Policy, City of Vienna, Municipal Department 18 (MA 18) – Urban Development and Planning". Available from www.impacts.org/cities/vienna/smart-moves.pdf.

[17] Ang, G. and Marchal, V. (2013). "Mobilising Private Investment in Sustainable Transport: The Case of Land-Based Passenger Transport Infrastructure", OECD Environment Working Papers, No. 56, OECD Publishing. Available from http://doi.org/10.1787/5k46hjm8jpmv-en. Accessed 17 September 2016.

[18] ARUP (2011). "Climate Action in Megacities: C40 Cities Baseline and Opportunities". Available from www.greenbiz.com/sites/default/files/Climate%20Action%20in%20Megacities.pdf.

[19] Crawford, D. (2015). "Road Pricing Best for Congestion, Say Engineers". Available from http://www.transport-network.co.uk/Road-pricing-best-for-congestion-say-engineers/12372#.VmmErjwVmaQ.linkedin. Accessed 18 September 2016.

[20] Dia, H. (2015). "How to Fix Traffic Congestion in Australia". Available from http://www.gizmodo.com.au/2015/12/how-to-fix-traffic-congestion-in-australia/. Accessed 18 September 2016.

[21] Department of Treasury and Finance (2010). "Australia's Future Tax System". Available from http://taxreview.treasury.gov.au/.

[22] Productivity Commission (2014). "Public Infrastructure Inquiry". Available from http://www.pc.gov.au/inquiries/completed/infrastructure.

[23] Commonwealth of Australia (2014). "Competition Policy Review". Available-

from http://competitionpolicyreview.gov.au/files/2014/09/Competition-policy-review-draft-report.pdf.

[24] Davies, A. (2015). “London’s Congestion Pricing Plan Is Saving Lives”. Available from https://www.wired.com/2015/03/londons-congestion-pricing-plan-saving-lives/.

[25] Jaffe, E. (2012). “Traffic Jams, Solved”. Available from http://www.citylab.com/commute/2012/12/traffic-jams-solved/4160/.

[26] Börjesson, M. and Kristoffersson, I. (May 2015). “The Gothenburg Congestion Charge. Effects, Design and Politics”, *Transportation Research Part A: Policy and Practice*, vol. 75, pp. 134–146, ISSN 0965-8564. Available from http://dx.doi.org/10.1016/j.tra.2015.03.011.

[27] DAC & Cities (2014). “Singapore: The World’ First Digital Congestion Charging System”. Available from http://www.dac.dk/en/dac-cities/sustainable-cities/all-cases/transport/singapore-the-worlds-first-digital-congestion-charging-system/.

[28] Yadav, N. and Lefevre, B. (2016). “Beyond Emissions: 5 Cities Achieve Social and Economic Development by Reducing GHG Emissions from Transport”. Available from http://thecityfix.com/blog/beyond-emissions-5-cities-development-reducing-ghg-emissions-transport-neha-yadav-benoit-lefevre/.

[29] Jaffe, E. (2015). “6 Big European Cities with Plans to Go Car-Free”. Available from http://www.citylab.com/cityfixer/2015/10/6-european-cities-with-plans-to-go-car-free/411439/.

术 语

BRT	快速公交系统
COE	拥车证（新加坡）
EV	电动汽车
GHG	温室气体
IEA	国际能源署
ITS	智能交通系统
TOD	以公共交通为导向的开发

延伸阅读

[1] Changing Course: A New Paradigm for Sustainable Urban Transport (ADB).

[2] Climate Action in Megacities: a comprehensive analysis of what mayors in the C40 megacities are doing to tackle climate change (ARUP).

[3] Eco-Efficient and Sustainable Urban Infrastructure Development Toolkit (UNESCAP).

[4] Guidelines and Toolkits for Urban Transport Development (ADB).

[5] Principles for Transport in Urban Life (ITDP).

[6] Sustainable Transport: a sourcebook for policy makers in developing cities (GIZ).

[7] Sustainable Urban Transport Project: guides for policy makers (GIZ).

[8] Urban Passenger Transport: framework for an optimal modal mix (ADB).

[9] Urban Transport and Energy Efficiency: a sourcebook for policy makers in developing cities (GIZ).

[10] Urban Transport Policy and Planning Documents (GIZ).

[11] Arthur D. Little (2014). The future of urban mobility 2.0. Available from http://www.sutp.org/en/news-reader/the-future-of-urban-mobility-20.html.

第4章
低碳出行与减少对汽车的依赖

摘要：城市低碳出行的实现依赖于交通方式结构的优化和低碳相关技术的发展。本章概述了全球城市减少汽车依赖性的新兴政策和技术趋势。这些技术和政策可以在2050年实现100%的城市不再需要燃油，在2100年实现100%的城市全部使用可再生能源。

关键词：交通；石油；汽车依赖性；高峰用车；城市结构

4.1 引言

20世纪的最后70年是基于内燃机（Internal Combustion Engine，ICE）和石油的城市时代；由此产生了我们称之为汽车依赖的现象[1,2]。到21世纪，随着石油量的急剧下降，技术和城市结构都在转变对石油的需求。然而，ICE技术的统治地位需要一段时间才能逐步消失。ICE技术的局限性激发了许多技术专家和监管机构的思想，他们一直在努力减少城市的空气污染，使城市变得更清洁、更环保。但现在这些变化是由一个经济体推动的，这个经济体不仅需要摆脱所有化石燃料，还需要找到让更多人摆脱汽车的方法。

近40年来，我们一直在收集有关城市、交通、能源和土地使用的数据[3,4]。在最近的数据中，我们看到汽车使用量增长率开始出现了下降的趋势，在20世纪90年代，经过几十年的快速增长后，人均汽车使用量达到了稳定水平。值得关注的是从21世纪初开始，美国、欧洲和澳大利亚的人均汽车使用量在100年来首次出现下降（考虑到一些灾难的发生）[5-7]。在澳大利亚得到的数据中，包括堪培拉、达尔文和霍巴特等无拥堵城市在内的每个城市都在人均汽车使用方面发生了逆转。

在东欧、拉丁美洲、中国和印度中的新兴城市也可以看到上述趋势的最初迹象[7]。因此，我们看到世界石油消费放缓并且其历史增长趋势也开始扭转，特别是石油与经济增长脱钩[7,8]。这些趋势似乎表明了影响城市性质的结构正在发生变化。

对技术、全球气候变化治理、城市规划、城市经济和城市文化变化趋势的解读表明，以可再生能源和电力运输为基础的新型城市是未来发展的趋势，城市居民对汽车的依赖性显著降低[7]。这种趋势有望创造出比以前想象中更低碳出行的城市。这些城市现在可以实现无石油化，其地区和城市之间的联系将随之而来。本章将进一步介绍这些趋势以及如何看待这一进展。

4.2 历史机遇

在工业历史的每个阶段，不同的创新浪潮塑造了城市。从 Hargroves 和 Smith[9]提出的创新浪潮（图 4.1）中可以看出，创新性先是上升的，然后伴随着每个工业阶段的经济衰退，又有所下降。不同的交通和相关的燃料与每一次创新浪潮都有联系，而这些反过来又改变城市的性质，从而促进了这些经济时代的发展。可以看到，第六轮创新浪潮的兴起与运输和燃料绿色经济有关，这使无油城市和地区进入下一个时代。

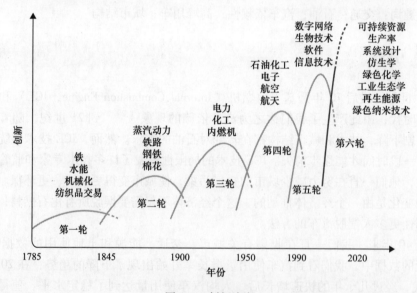

图 4.1　创新浪潮

城市最初是步行城市，密集、混合的土地利用以狭窄弯曲的道路和紧贴建筑红线的建筑物为基础。每当一个非正式的贫民窟定居点以这种形式建立起来，这种步行城市的城市结构就会从早期（包括工业革命的早期阶段）一直延续到今天。第一轮工业创新浪潮始于水运相连的古老的步行城市，并开始利用水力生产工业产品。

到 19 世纪 40 年代，这一限制在空间和材料上开始显现。因此，下一创新阶段（即第二轮创新浪潮）中出现了蒸汽机和铁路。城市开始沿着铁轨分布，并基于蒸汽动力和钢铁进行城市扩张。蒸汽锅炉产生了极其严重的污染，它们以煤为燃料产生的空气污染造成全球性的大萧条，由此产生了令人惊叹的电力创新，于是第三轮创新浪潮在 19 世纪 90 年代出现了。这使有轨电车和电力列车能够沿着通道散步整个城市，并使生产系统与动力源分开，也使城市照明得以实现。这次浪潮极大地增加了燃煤发电量，产生的后果也越来越严重。它创造了一个以有轨电车和火车为基础的线性、中等密度的城市结构。

到了 20 世纪 30 年代，这种城市结构已经无法继续扩张。围绕着汽车、廉价石油和高速公路开启了一个新时代，使城市能够向各个方向更远地发展，从而形成了低密度、土地利用功能分离、道路容量大的汽车城市结构。但是如同以往的城市一样，现在这些城市的发展也达到了极限。如下文所述，这些城市无法再负担起其空间效率低下的城市扩张成本，它们的交通速度和出行时间预算变得不正常，因此，随着石油成为一种逐步被淘汰的商品，城市正逐渐摆脱对汽车的依赖，新型城市正在兴起。

4.3　21 世纪的城市

从 20 世纪 60 年代开始，在全球城市数据库中追踪到汽车依赖性的增长和下降。在影响汽车依赖性方面，城市形态（尤其是密度）和运输水平是 20 世纪城市增长的主要统计指标[10]。这两个因素已经趋于稳定，现在正在逆转。

4.3.1　密度下降的逆转

城市是由交通构成的。Marchetti[11]、Zahavi 和 Talvitie[12]首次证明平均每人每天有大于 1h 的普遍出行时间预算，平均通勤时间约为 30min。这一出行时间预算适用于所研究的每一个城市，在全球城市数据库约 100 个城市[3]以及 600 年来英国城市的数据[13]中，这一点都是正确的。

出行时间预算有助于了解上述三种城市结构，以及如何根据低碳出行等要求将其转化[2,7,14]。根据人们在城市中的移动速度，城市可发展为"一小时交通圈"。如果城市超出了这一范围，它们的功能就会失调，需要开始改变基础设施和土地利用[15]。

因此，三种主要的城市类型或城市结构都是基于这一原则：由于步行速度的原因，步行城市向外扩展了 3~4km，因此街道密集且狭窄；由于交通的速度使得城市发展的中密度走廊变长，车站的步行中心密集，过境城市可以向外扩展约 20km；随着汽车的普及，汽车城市向外扩展了 50km 左右。最后一个时代出现了低密度汽车依赖现象。

现在的大多数城市都是三种城市结构的混合体，如图 4.2 所示。

那些主要建于汽车时代的城市严重依赖石油，如图 4.3 所示，这表明汽车使用或燃料使用与城市密度之间存在指数关系。

然而，在城市化发展进程中，出现了一个新的概念：再城市化。过去 100 年来，城市的密度一直在下降，因为快速交通带来的好处已经围绕机械化交通重新创造了城市发展机会，首先是铁路运输，然后是公路运输。

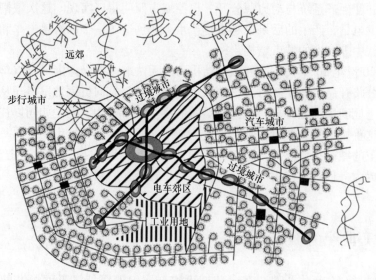

图 4.2　基于交通方式的三种城市类型的增长

　　图 4.4 显示了 1960—2005 年全球城市数据库中的数据，以及城市密度是如何停止下降到趋于平稳以及后来上升的。

　　如果一个城市开始增加密度，那么在结构方面，它将减少其汽车使用和燃料使用，事实上会呈指数地减少。再城市化是一种支持低碳出行的结构性改变，可以解释高峰用车和运输增长的现象。但为什么会这样呢？

　　由于城市扩张和交通拥堵，澳大利亚城市的出行时间预算增长非常明显，如图 4.5 所示。这些城市都开始结构性地失调，其平均通勤时间超过了 30min。不难理解为什么城市会通过以下方式对这种出行时间的增长做出反应：

　　1）实现再城市化，使人们能够生活在离工作更近的地方，从而节省时间。这表明工作正在集中，因此需要考虑居住和交通因素。

　　2）使铁路项目能够绕行、上跨或下穿城市交通，真正实现出行时间的节省。

4.3.2　运输下降趋势的逆转

　　在以汽车为基础的城市扩张和高速公路时代，城市轨道交通陷入了停滞状态。然而，从 20 世纪 90 年代开始到 21 世纪，城市轨道交通的数量急剧增加[17]。欧洲的传统交通城市、北美和澳大利亚的近期汽车城市以及中东、亚洲和拉丁美洲的新兴城市都出现了城市轨道交通的快速增长。在全球城市数据库中，1995—2005 年的客运里程增长率为欧洲城市 22%、亚洲城市 20%、澳大利亚城市 11%、加拿大城市 12% 和美国城市 16%。这种增长率几十年来从未出现过，事实上它们大多在下降。

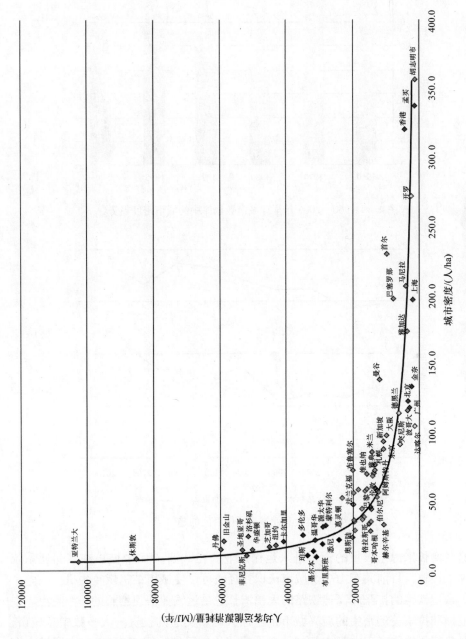

图 4.3　全球城市的交通燃料使用和城市密度 [7]

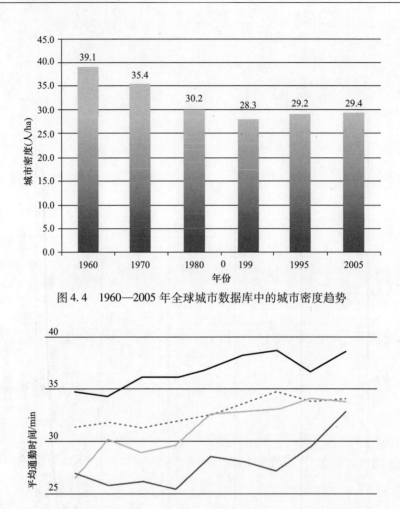

图 4.4　1960—2005 年全球城市数据库中的城市密度趋势

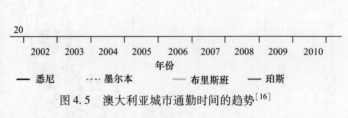

图 4.5　澳大利亚城市通勤时间的趋势[16]

　　这些增长来源于大量的资本进入运输产业。在欧洲，65 个城市在其交通系统中增加了轻轨，目前共有 160 个城市认识到轻轨可以使城市结构恢复生机。在整个欧洲，重型铁路的扩张和高速铁路的大幅增长也是运输业快速增长的一个特点。中东、亚洲和拉丁美洲密集的新兴城市正在加大对新交通的投资。大多数中东城市，甚至是沙特阿拉伯，现在都在其城市建设快速地铁系统。现在有 81 个中国城市在建造地铁；在莫迪总统宣布每个超过 200 万人口的城市都将拥有地铁之后，有 52 个印度城市在建造地铁。

在汽车城市中，也有很明显的交通运输投资迹象，大多数澳大利亚、加拿大和美国城市都承诺新建城市轨道交通线路。在美国，根据 18 个城市的扩建或新建项目，1993—2011 年间的轻轨增长了 190%，还有几十个城市正在建设中。在这一时期，尽管公交乘客减少了 3%，但重型铁路增长了 68%，这表明在这些依赖汽车的城市中，交通速度已经变得至关重要，而这些城市现在面临交通堵塞。

全球城市数据见表 4.1，该表展示了与交通系统相比（尤其是在有轨道交通可选择的地方），汽车速度是如何降低的。

表 4.1　1960—2005 年城市总体平均公共交通系统和轨道速度与常规道路交通速度之比[7]

年份	1960	1970	1980	1990	1995	2005
公共交通系统总速度与道路交通速度之比						
美国城市	0.46	0.48	0.55	0.50	0.55	0.54
加拿大城市	0.54	0.54	0.52	0.58	0.56	0.55
澳大利亚城市	0.56	0.56	0.63	0.64	0.75	0.75
欧洲城市	0.72	0.70	0.82	0.91	0.81	0.90
亚洲城市	—	0.77	0.84	0.79	0.86	0.86
全球所有城市的平均水平	0.55	0.58	0.66	0.66	0.71	0.70
地铁/郊区铁路速度与道路交通速度之比						
美国城市	—	0.93	0.99	0.89	0.96	0.95
加拿大城市	—	—	0.73	0.92	0.85	0.89
澳大利亚城市	0.72	0.68	0.89	0.81	1.06	1.08
欧洲城市	1.07	0.80	1.22	1.25	1.15	1.28
亚洲城市	—	1.40	1.53	1.60	1.54	1.52
全球所有城市的平均水平	0.88	1.05	1.07	1.11	1.12	1.13

从 1960—2005 年，整个公共交通系统与常规道路交通的速度比率从 0.55 提高到 0.70；铁路系统与常规道路交通的速度比率已从 1960 年的 0.88（铁路平均速度低于汽车）上升到 2005 年的 1.13（铁路平均速度快于汽车）。这种趋势一直在稳步增长。

在全球的不同区域，如美国和加拿大城市，公共交通的总体速度只有常规交通速度的一半，而其轨道交通系统的速度大约为常规交通速度的 90%~95%，这意味着在许多情况下，它们都能与汽车竞争，尤其是在交通密集的城市中心，堵塞的公路一次又一次地输给了快速轨道系统。澳大利亚城市做得稍微好一点，公共交通总体速度仅比汽车慢 25%，而现在轨道交通系统比汽车平均快 8%，而且自 20 世纪 60 年代和 70 年代以来，轨道交通和公共交通的竞争地位一直在提高。当考虑进入市中心的主要走廊时，轨道交通系统具有明显的优势。

在速度方面，欧洲城市的铁路系统具有很强的竞争力，从近 45 年的时间跨度来看，它们的平均速度比汽车快28%，达到了很高的水平。其快速轨道系统使得整体公共交通系统平均速度达到了汽车的90%。然而，有趣的是，在20世纪60年代，欧洲城市的铁路速度相对于城市交通速度的比率从1.07降到了0.80，在这期间他们修建了许多道路，促进了汽车领域的发展。在澳大利亚的城市里也可以看到类似的情况，但在那之后，相对于汽车来说，铁路的速度持续上升。

与拥挤的道路系统相比，多数亚洲城市拥有非常快的铁路系统，2005年的铁路速度比道路系统大约快52%。几十年来，这种情况有所波动，但铁路平均速度高于汽车速度的比例从未低于40%，甚至在20世纪70年代也是如此。这些数据给许多正在为汽车而挣扎的新兴城市带来了希望，铁路系统可以帮助他们发展一种完全不同的、不被汽车制约的整体城市交通系统。在新兴城市，交通速度非常慢（约为20km/h的低速度），公共汽车的速度比这还慢。1990年曼谷的交通速度为14km/h，公共汽车速度为9km/h。因此，随着这些新兴城市修建铁路（通常在城市交通道路的上方或下方），交通速度将显著改善。

以北京为例，图4.6展示了一个新兴城市是如何摆脱汽车使用增长的。从图中可以看出，2005年左右汽车的快速增长遇到了瓶颈，随着北京地铁和相关公交系统的发展，汽车的增长率逐渐下降。据统计，北京地铁现在每天有约900万乘客。

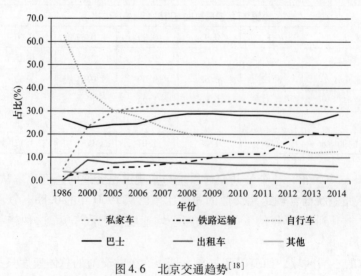

图4.6　北京交通趋势[18]

城市之间的快速铁路正处于高速发展阶段，特别是在中国和欧洲。日本为了应对早期石油危机建立了自己的体系，而现在美国和澳大利亚等其他国家也认识到，在重大基础设施投资困难的情况下，这一过程非常缓慢，但他们必须进行。

密度和运输趋势的逆转表明城市正在发生重大的结构性变化。这似乎是一个时代正在结束，尤其是当通勤时间超过30min时。对这种出行时间增长的趋势城市应对措施如下：①使铁路项目能够绕行、越过或下穿过交通流，节约实际的出行时间；②再城市化，这样人们可以更近距离地工作，从而节省时间。这表明工作正在集中化，那么推动这些变化的经济因素是什么呢？

4.4　降低汽车依赖性的经济驱动力

如果城市的合理出行时间是由交通基础设施决定的，那么影响工作和住房的因素有以下两点：知识经济的兴起和文化变迁中数字技术的兴起。

4.4.1　知识经济与城市形态

自从汽车使用量下降和铁路增长以来，经济中最大的变化是数字转型和随之而来的知识/服务经济。尽管这是全球性的，并且能够进行远距离通信，但实际上它已经成为城市结构和组织的集中力量。上述有关全球城市的数据显示，城市密度普遍增加，当看到知识经济工作如何集中在城市中心和副中心时，这一点更为明显[7,19]。

知识经济和数字工作主要集中在城市中心，因为在这些中心，人们之间会产生创造性的、面对面的协同效应[20]。旧的中央商务区（Central Business District，CBD）已重新转变为功能性步行城市，那些发展最好的城市吸引了最多的资本和年轻人才到那里工作[21,22]。美国六大步行城市的国内生产总值（Gross Domestic Product，GDP）高达38%[23]。在波士顿，70%的知识经济工作者生活在可步行的地方。

公交系统和步行是最具空间效率的交通方式。如果将一条1km长的道路作为是一个出行单位，那么在郊区街道上，汽车交通每小时可容纳大约800人，高速公路可达2500人，公交专用道可达5000人，轻轨可达10000～20000人，重轨可达50000人。这些空间效率的显著差异正转化为竞争优势，其核心思想是需要将人们高密度地聚集在道路上。

由于需要在30min的通勤时间内提供住房和工作地点，这使得中心和副中心之间的联系得以实现，公交城市走廊也在不断更新。公交城市的复兴是因为需要将大学、健康校园和IT工作集群联系起来。这些地方建立了自己的就业中心，并且吸引住房和交通来有效地将它们联系在一起。在这些地方，城市停车空间和大容量道路的浪费已经成为影响其竞争优势的主要问题。只有可持续的交通方案才能帮助解决这一问题。

经济的其他部分，如制造业、小型工业、大型工业、货运和仓储业，仍然以汽车为基础，不属于这种新的知识经济。它们将继续作为消费经济的一部分，但它们不是就业增长或财富增长发生的地方。因此，汽车城市的经济和文化已经与以步行和公交城市为基础的知识/服务的新兴城市经济有所不同。

4.4.2 数字技术、文化与城市形态

与许多经济变化一样，这种变化也有文化层面，它可以解释上述变化的迅速性以及变化的人口结构。年轻人（尤其是那些从事知识经济工作的人）正以比任何其他群体都快的速度减少汽车使用并转向使用替代交通工具（第10章、第11章和第13章）。这与社交媒体设备的使用有关[24]。在乘坐公共交通或步行时（甚至在骑自行车的时候），年轻人可以通过智能手机和平板计算机相互联系，但是在开车时却很难做到。戴维斯等人[25]的报告显示，对于年轻人来说，手机比汽车更重要。这是一场文化的革命，在一定程度上是铁路革命和再城市化的基础。

婴儿潮一代获得了自由，并与汽车建立了联系，但是新生代不需要拥有汽车。他们喜欢在快速列车上节省时间，但他们也喜欢建设性地利用与朋友联系的时间，并通过智能技术设备工作。他们不会对人口密度反感，因为他们知道这能使他们生活在离城市更近的地方，在那里所有的活动和工作都是最好的。他们也更倾向于成为共享经济的一部分，比如优步拼车，它声称从2015年11月开始，在6个月内使伦敦汽车行驶里程减少了70万mile。

这种变化的结构表现为年轻人正移居到步行城市或公交城市，这些地方更容易让他们获得渴望的城市体验和文化[24,25]，并节省宝贵的时间。因此，他们为市场提供了动力，使高峰用车、铁路复兴和市中心重建得以继续，是终结汽车依赖的领导者。

4.5 接下来会发生什么?

人们认为影响未来的因素有3个：城市经济、石油和气候变化。

4.5.1 城市经济

城市经济作为未来发展的基础，其增长不受约束。其中一组创新与绿色经济有关，以提供可再生能源、高效住房和建筑以及低碳出行行为基础。这些都是前面所描述的第六轮创新浪潮的一部分，并且其重要性并未减弱。因此，从经济角度来看，这有可能继续推动减少对汽车的依赖，并朝着降低交通碳排放的方向发展。

4.5.2 石油

减少对汽车的依赖意味着减少石油需求，如今石油需求反映在石油价格上。多年来，人们一直在争论石油开采的局限性以及开采更深、更危险矿床的必要性。2008年，Murray和King[26]提出石油峰值（至少是传统石油来源）会在石油价格翻了3倍的时候发生，并且城市发展或扩张到正常通勤时间之外的地区会因为缺少公共服务、工作岗位和公共交通系统而崩溃。此外，次贷危机对汽车依赖程度最大

的地区产生的影响更加明显。其中许多郊区现在已经废弃，一些城市甚至在考虑放弃部分城市街区，这些街区超出了可以修复的范围。或许金融机构会冒险对高度依赖汽车的城市发展进行投资，但他们大多会看到，此类投资的弹性并不大。

4.5.3　气候变化

各级气候变化治理现在都要求实施减少温室气体排放的方案。到 2050 年，全球的目标是减少 80% 的温室气体排放量；到 2100 年的目标则是减少 100% 的温室气体排放量。这种方案破坏了大多数基于第四轮经济发展的长期规划，其中化石燃料的使用率会呈指数级增长。自从 2015 年 12 月的巴黎协议和 2016 年 4 月 170 个国家批准纽约协议以来，逐步淘汰石油成为各国的共识。

根据图 4.1 中 Hargroves 和 Smith 的预测，创新浪潮的下一阶段是数字经济和可持续经济的融合。对于交通运输方面，主要的创新是基于可再生能源的电力运输和电动汽车。这会产生哪些选择？它们对城市和地区的发展意味着什么？

4.6　低碳出行过渡的选择

结合包括电力交通和电动汽车在内的技术，我们的城市将受到出行需求减少、需求管理以及区域生物燃料和可再生天然气投资等问题的影响。

4.6.1　电气化轨道交通投资

由可再生能源驱动的电力运输系统可以显著减少汽车使用及相关的石油需求。当城市提供有利于低碳发展模式的交通运输系统和土地使用选择的组合，并且能节省大量出行时间时，那么转换交通出行方式则是不可避免的。这意味着只要电力交通系统在主要交通工具中具有相当的竞争力时，那么人们就会转而使用它。如前文所示，运输速度相对较快的城市是那些合理支持发展电力交通系统的城市。原因很简单，它们可以节省出行时间。

澳大利亚珀斯市首先开始发展现代化快速铁路，其传统铁路系统则于 1979 年被关闭。目前，该市拥有 172km 的快速郊区铁路，经过短短 10 年的运营发展，南部铁路就拥有了 8 条轨道线路，这一成就主要基于公交整合[27]。

拥有快速铁路系统后，欧洲和亚洲最高的城市交通速度已经要比城市主干道上行驶的汽车更快了。在 84 个城市样本中，每个城市的铁路系统都要比公交系统快 10 ~ 20km/h，因为公交车的平均车速很少超过 20 ~ 25km/h。其中，有专用车道的公交交通系统要比交通饱和城市中的私家车出行更快，但在汽车依赖度比较低的城市中，有必要建立优于汽车出行的铁路交通系统。这就是为什么美国许多城市建设铁路系统的关键原因之一，这些城市在第四轮创新浪潮开始时就关闭了高质量的铁路系统，现今却对其交通系统的不平衡感到遗憾。

铁路在车站周围具有密度诱导效应，这有助于形成克服汽车依赖性的交通枢纽。使用这种土地价值获取方法的新资金和融资方案，为新的城市轨道交通系统提供了重要的私人投资[28,29]。因此，重建具有汽车依赖性的城市所需的变革将来自于新的电气化铁路，因为它们提供了比乘坐汽车更快的选择，并且可以帮助建立以公交为导向的运输中心。

如果想要向低碳出行城市及其相关经济转型，就需要停止扩大道路容量并大幅提高运输能力。围绕汽车和货车的融资系统并不容易实现。

改变城市有多大的可能性？可以想象城市中汽车的使用量若出现指数级下降，这可能会导致汽车行驶总里程减少50%。其中，关键机制是土地利用模式的相关变化和公共交通系统质量的飞跃。

图4.7展示了全球城市数据库中公共交通乘客人均里程数与汽车乘客人均里程数之间的关系。这种关系中最重要的一点是：随着公共交通使用量的线性增加，汽车乘客里程数呈现指数级下降。这源于一种称为运输杠杆的现象，由于更加直接的出行（特别是在火车上），在通勤时段中，一个乘客的公共交通里程数会取代3~7个乘客的汽车里程数。在出行链（以购物或服务访问等为目的的通勤）中，一个家庭放弃一辆汽车（这种情况很常见，这会减少许多个人出行活动），并会最终改变人们居住的地方，因为他们更喜欢在交通便利的地方居住或工作。

利用这种关系，已经证明城市可以预测其持续的交通增长量，并期望大幅减少汽车使用量[30]。事实上，每个城市都可以制定公共交通人均乘客里程数增长计划，以实现减少50%汽车使用量的目标，这是他们致力于实现到2050年减少80%的温室气体排放量的全球目标的一部分。

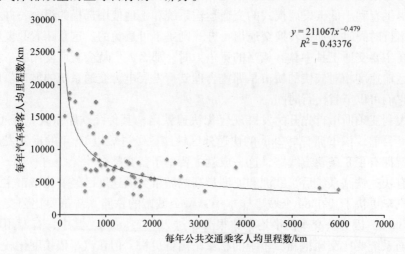

图4.7　公共交通和汽车使用之间的指数关系
注：数据来源于全球城市数据库。

在注重资源利用效率的新时代，最大的挑战是找到一种方法将快速铁路系统建设到分散的依赖汽车出行的郊区之中。由于没有铁路预留区，许多城市选择隧道或在地面上建高架——这两者都很昂贵。珀斯、波特兰和俄勒冈州提供了较好的解决方案，即沿着高速公路建造快速铁路系统，使其能够深入依赖汽车出行的城市郊区中。在道路中间建造快速电气化铁路比在其他任何地方都要容易得多，因为道路具有通行权，并且它们二者在坡度和桥梁工程方面是兼容的。如果没有中央分隔带，那么车道可能被铁路取代，但在汽车使用量下降的时代，这应该是可行的。它们在构建以公共交通为导向的开发（Transit – oriented Development，ToD）能力方面并不理想，但仍然可以通过使用高层建筑作为隔音墙来完成这项任务。公共汽车、电动自行车、停车和骑行之间的接驳很容易提供，从而使得到达该系统的本地出行既短又方便。

交通系统中速度是关键，在珀斯，新南部铁路的最高速度为130km/h，平均速度为90km/h，要比普通交通系统快至少30%。这造成了赞助商的数量急剧增加，远远超出了规划者的期望，规划者们认为这些郊区的人口密度太低，不值得拥有铁路系统。其中南部郊区的铁路线于 2007 年 12 月开通，现在每天可以运送 75000 人，而公交系统每天仅能运载 14000 人。在许多依赖汽车出行的城市郊区，几乎没有什么能够与这种创造未来的选择进行竞争。

通过获取土地使用价值，可以在依赖汽车出行的城市郊区中建造轻轨（重轨）[8,31]。最近，提出了一种新的模型，即基于城市改造的"企业家铁路模型"[29]。在这种模型中，首先规划城市改造，以便确定当前郊区中新的最佳中心；然后再评估为轻轨提供资金的能力，该轻轨可以提升当前土地的价值空间。实现这些最好的办法是向财团寻求投标，这些财团可以通过投资城市重建来建造、拥有、运营和融资轻轨。这也是城市轨道系统最初在日本部分城市、中国香港建造的方式，并且正在加拿大的一些城市中开展。这是城市轨道系统在公交城市时代首次建造的一种方式，城市轨道系统这一新市场也许可以开启 21 世纪新的多中心城市的发展。

4.6.2　减少出行

有很多科技方式能帮助人们减少出行需求（第 3 章）。一旦基于宽带的远程呈现技术开始大规模使用，并能实现高质量成像，那么在城市内通过长途甚至短途出行与人们见面的交通出行方式可能会大大减少。在城市的创新会议中，总是需要面对面地进行交流，但对于许多常规会议来说，基于计算机的远程会议将会迅速发挥其作用。那些有吸引力的城市（适宜步行，安全并充满活力）在这样的条件下会更加繁荣，而那些只有零星房屋的郊区则会发现自己的经济受到了破坏。

如前文所示，城市密度与汽车使用量之间也呈指数关系。如果一个城市开始缓慢增加其密度，那么对汽车使用量的影响可能比预期更大。城市密度的增加有助于加大公共交通、步行和骑自行车的使用，并能减少出行距离。它的增加可以使土地利用更加广泛，以满足附近居民的需要。例如，随着居住人口的增加和方便步行购物需求的增加，小型超市将会逐步回归到城市的 CBD 中。总之，这种城市扩张的逆转将会破坏汽车使用量的增长。

发展城市中心的需求现在转移到了发展依赖汽车出行的城市副中心上，以帮助人们减少使用汽车，目的是为了创建 TOD。最终将导致多中心城市即一系列郊区组成的副中心或小城市的出现，它们都将通过高效的交通方式联系在一起，但每一部分都能提供城市中心的地方设施。

澳大利亚所有城市和大多数美国城市在其城市发展战略中均认可了 TOD 的便利性[32]。TOD 的主要需求不再像以前的交通建设那样集中在城市内部，而是集中在依赖汽车出行的新郊区中。随着越来越多的穷人被困在高交通支出的边缘地带，这里存在真正的公平问题。2008 年，一项针对 TOD 中心的研究显示，TOD 地区的居民开车的次数要比传统郊区的居民少 50%[33]。在不断变化的房地产市场压力下，澳大利亚和美国位于 TOD 地区的房屋价值最高或升值速度最快。报告显示，TOD 在上涨市场中升值最快，而在下跌市场中保持较好的价值。这就是为什么TOD 可以像上述的企业家铁路模型那样，在铁路项目中建立公私合作伙伴关系。

因此，TOD 可以说是应对低碳出行的一项基本政策，尤其是当它们包括经济适用房时。TOD 中心和"重新连接美国"非政府组织评估了这种方法的经济效益。在对几个州进行的一项详细调查中，这些非政府组织通过评估发现希望住在 TOD 半英里以内的家庭有 1460 万户，这是目前生活在 TOD 里的人数的两倍多。市场基于这样一个事实，即那些现在生活在 TOD 里的家庭（更小的家庭，平均年龄和收入与那些不在 TOD 的人相同）由于不需要拥有那么多的汽车，节省了大约 20% 的家庭收入；与 TOD 地区外每个家庭拥有 1.6 辆汽车相比，那些生活在 TOD 地区内的家庭平均拥有 0.9 辆汽车，这样平均每年将会节省 4000 ~ 5000 美元[34]。在澳大利亚，计算结果也显示出了类似的私人储蓄值[35]。最重要的是，这些额外收入将会用于当地的城市服务中，这意味着 TOD 方法是一种当地的经济发展机制。

TOD 还必须是以行人为导向的开发（Pedestrian - orientated Development，POD），否则它们将会失去对企业和家庭建立无车环境这一关键的吸引力。城市设计师需要确保公共空间充满活力、安全和吸引力。Jan Gehl 对哥本哈根、纽约、伦敦和墨尔本等中心地区的改造展示了如何改善 TOD 空间的原则，使它们更适合步行，具有经济可行性，并且更具社会吸引力和环境意义[36-41]。经过 10 年的发展，Gehl 在墨尔本和珀斯的评估工作显示，这两个城市的步行能力都有了显著的提高。此外，在市中心工作、购物、接受教育，尤其是娱乐的行人数量都有了大幅增加。对于那些想要证明自己有能力建设分散城市的绿色开发商来说，除非他们是在建造对行人友好的 TOD 地区，否则，无论他们的建筑和可再生基础设施多么环保，在低碳交通环境中都将被视为失败者。

与此同时，ToD 已经被进一步改进为 PoD，也将需要秉承以绿色发展为导向（Green – oriented Development，GoD）的理念。ToD 将确保它们能够利用太阳能、使用智能电网提供可再生能源、具有水敏设计、使用可回收和低影响的材料以及使用绿色屋顶等创新技术。

4.6.3　减少对汽车的需求

一个 100% 不使用燃油城市的真正考验是：如何通过新技术和城市出行需求设计，改变人们的行为方式，减少人们驾车出行的需求，从而减少石油的消耗量。对任何考虑建设无油城市的城市建设者来说，必须同时提供物质基础设施和精神基础设施。

每个国家和城市都有让人们更方便、更简单的生活方式，而不是更多消费性的生活方式。然而就汽车而言，一个城市对汽车的依赖程度越高，就越难以利用税收激励政策来改变人们的生活方式。欧洲城市的汽油税要比美国和澳大利亚城市高得多，因此欧洲城市的汽车使用量更少[42]。

在汽车占主导地位的北美和澳大利亚城市中，减少汽车对全球和当地环境影响的主要公共政策是通过对汽车的监管，来促使它们变得更加清洁与环保。现在，汽车的节能性越来越高[43]。随着这些政策的引入，虽然车辆体积不断增大、燃料消耗量也在持续增加，但大多数城市的空气已经变得更加清洁了。法规也同样适用于安全和拥堵管理，但如果越来越多的人选择使用汽车，城市交通情况将会继续恶化。仅靠法规并不能改变人们的行为，而被称为反弹效应或 Jevons 悖论的经济学原理——提高效率意味着增加消费量，这一原理同样适用于汽车。如果人们购买了耗油量更少的汽车，他们驾驶的次数只会更多，从而破坏了新技术带来的大部分收益[44]。

如果没有关于汽车角色转变的教育，那么所有这些必要的政策措施都将被浪费。因此，如果一个城市要面对发展可持续低碳出行系统的挑战，那么引导人们减少开车次数的文化变革就需要成为其城市政策智囊团的一部分。"智慧出行"就是这样的一个项目，它证明了这种想法确实是可行的[45,46]。

开发了"智慧出行"系统的德国社会学家 Werner Brög 基于这样一种信念：如果以社区为基础、以家庭为导向，那么试图减少人们对汽车的依赖行为是可以实现的。在欧洲进行了一些试验之后，"智慧出行"被珀斯的大型工程项目所采用。自那以后，它已在澳大利亚的大部分城市和其他欧洲城市（特别是在英国）进行推广，目前已在美国的 6 个城市进行试点。

良好的行为改变计划不需要借助媒体。"智慧出行"直接针对单个家庭，询问他们是否愿意找到减少汽车使用的方法。对此感兴趣的居民会收到信息，对于少数需要额外支持的居民，会收到"智慧出行"负责人或生态教练的访问，他们鼓励人们从当地出行开始，特别是儿童学校出行。此外，加强社区里年轻人的归属感是健康发展战略的一个重要组成部分，这同样对降低年轻人的肥胖率有帮助。

据估计，"智慧出行"可以使整个社区中的车辆行驶里程减少12%～14%，且这一结果可以在该项目结束后持续5年以上。如果交通状况不佳，目的地分布较广，那么该计划可能仅会减少8%的汽车使用量；但如果交通状况良好，那么这一数值可达15%[47]。

行为改变项目可以开发社会资本，以此帮助人们离开汽车出行，这可以逐渐改变当地的文化。人们在向朋友展示这一方法节省了多少钱的同时，也让他们觉得自己在为气候变化和石油枯竭问题尽一份力。在澳大利亚的布里斯班市，有证据表明，与最初的家庭访谈相比，至少有50%以上的人在调查完成时真正参与了该项目；换句话说，人们把这个消息传播给了他们的朋友和同事[48]。当人们开始改变他们的生活方式并从中受益时，他们就会成为可持续交通政策的倡导者。当社区开始改变时，政策变化就更容易管理。

在珀斯市，铁路系统向远郊的延伸速度比预期更快，在政策上也更容易实现。其中，南郊铁路在最后阶段获得了90%的支持率。与此同时，珀斯市还有大约20万个家庭正在参与"智慧出行"项目。在开展"智慧出行"项目的城市郊区中，公共交通客流量增加了83%，而没有开展"智慧出行"项目的地区则仅增加了59%[49]。

"智慧出行"项目目前已服务于珀斯市45万多名居民，人均费用不到36澳元。在全球范围内，"智慧出行"项目针对出行需求管理的个性化方法已惠及约500万人。如果考虑到公共和私人汽车使用成本的降低，那么该计划每减少1美元，实际就能节省30美元[50]。

行为改变项目也可以在工作场所发挥其作用。成立"智慧出行"俱乐部，则可以让人们分享经验，吸引当地的演讲者，就自行车骑手的淋浴设施和过境通行证取代停车位问题进行游说，在这种情况下，"智慧出行"运转良好。例如，珀斯市的伍德赛德（Woodside）天然气公司让员工参与了新办公大楼的规划；来自伍德赛德的"智慧出行"俱乐部的强大代表们促成了当地良好的自行车设施落地。该公司现在骑车上班的员工比开车上班的员工多，因此节省的停车位数量也相当可观[51]。

"智慧出行"项目还利用步行校车的概念，让孩子们能够安全地到达学校。另一种转变则是自行车巴士，成年人可以监督孩子们骑自行车上学。步行或骑车上下学为孩子们提供了宝贵的锻炼机会，它能使孩子们尽早了解到步行和骑自行车是非常实用、愉快和健康的本地出行方式。与此同时，步行校车计划所提供的成人监督服务确保了儿童——尤其是幼童的安全，从而克服了父母阻止孩子步行或骑车上下学的障碍。步行或骑自行车的经历能教会孩子们如何了解他们的邻居和生活环境，同时可以让他们获得道路安全技能，并让他们在长大后具备独立出行的能力。最后，如果这些方案由父母或志愿者监督，则几乎不需要任何费用。

在世界各地，特别是美国的城市中，年轻人的行为正在发生变化，这表明协助这一进程的方案可能在进一步减少汽车使用需求方面取得较大的成功[52]。这种文化上的转变在很大程度上是因为年轻人通过社交媒体设备而不是汽车与外界进行联系，而且越来越多的人使用 Skype 和远程呈现技术来取代出行的需求。

4.6.4　电动汽车

即使像上文建议的那样，通过巨大的努力将汽车使用量减少了 50%，但仍然需要减少另外 50% 汽车使用的石油和碳。因此，要提出的问题是：下一个最佳的机动车运输技术是什么？越来越多的共识似乎是插电式电动汽车（Plug – in Electric Vehicle，PEV）可能会提升自动驾驶汽车的性能。

由于锂离子电池和混合动力发动机等新型电池具有显著的灵活性，因此插电式电动汽车现在是可行的替代品。在转型时期，插电式电动汽车对市场的吸引力越来越大，世界各大城市的充电基础设施正在建设中。插电式电动汽车不但能够降低石油的使用量以及温室气体的排放量，而且在可再生能源如何成为城市电网的重要组成部分这一问题上，也扮演着关键的角色。

太阳能存储正迅速进入主流家庭能源供应领域，以珀斯市为例，太阳能光伏发电（PV）已经是城市电网中最大的发电站[53]。因此，每户家庭不但可以在电力消费中实现零碳排放，而且白天利用太阳能发电所生产的能源也远远超过了他们的需求。珀斯市通过监测发现，一户家庭仅仅使用 3kW 的屋顶光伏系统，所生产的电量就要比实际所需的电量多 24%[53]。电动汽车可以很容易地插入这种太阳能存储设备，用多余的电量来充电。插电式电动汽车的电池还可以作为住宅的能源存储设备，在系统需要帮助时，可以为电网提供可再生能源。因此，在城市如何摆脱石油和煤炭使用这一问题上，电动汽车发挥了重要的作用[54]。

同样，也可以使用电动巴士、电动自行车和滑板车。但是在低碳交通中，下一个有趣的阶段是轻轨列车转向使用锂离子电池。这不但意味着轻轨不再需要架空接触网系统，而且轻轨列车还可以通过与每个车站的太阳能电池系统相连，利用感应来快速充电。因此，上述的 TOD – POD – GOD 城市再生项目可以实现零碳排放，太阳能光伏和电池设备也可以直接投入到零碳排放的轻轨运行系统中。

在博尔德、奥斯汀、谷歌位于加利福尼亚的 1.6MW 太阳能园区（拥有 100 辆插电式电动汽车）以及石油公司正在收购电力设施等示范项目中，都出现了向电力运输转型的迹象。

这样会产生什么直接的影响呢？根据一项研究显示[55]，插电式电动汽车与电网整合后，每年可以减少 850 亿 USgal（1USgal = 3.78541dm³）的汽油消耗量。这就相当于：

- 美国温室气体总量减少 27%。
- 石油进口量减少 52%。

- 在汽油购买上可以节省 2700 亿美元。

4.6.5　可再生燃料

生物燃料给人们带来了很大的希望，但当谷物被转化为燃料时，却因为对粮食价格的影响而受到了批评。然而，它们在一些农作物过剩的地区仍然具有发展潜力，当技术得到改进后，就能够从纤维素材料（农业和林业废料）和蓝藻中制造生物燃料了。在未来，生物燃料很有可能被用作农场的自制燃料[56]。因此，生物燃料在农业地区可以作为一种帮助农民的燃料而发挥其作用；但作为一种广泛应用于城市的燃料来说，它还不是一种值得认真考虑的选择。

在低碳出行方面，飞机最难实现。它们可以通过一系列提高效率的措施来减少燃料的消耗量，尽管目前只有生物燃料看起来能够作为石油的替代品（见参考文献［8，57］中的运输章节）。但是在现阶段，使用生物燃料的成本似乎使航空公司望而却步。Gilbert 和 Perl[58]提出了一些航空出行可以采用的方式，但大多数情况下，他们认为除了区域高速铁路和返航出行之外，没有什么其他的发展潜力。也许区域性的运输技术可以让飞艇卷土重来。这些飞艇能够以 150 ~ 200km/h 的速度在低空飞行，并用 1/10 的飞机燃料运载大量货物[59]。目前，飞艇已经被用于向偏远地区运送大量采矿货物，并像普通游轮一样能够搭载 200 多个生态旅游团。或许这是生物燃料的一种可能用途，因为生物燃料在区域出行中的成本要远远小于目前的航空燃料。

在城市外围电网很难给车辆供电，这时该如何处理货物运输和区域运输？那么现在还在使用石油的工业呢？它们也能不使用石油吗？

4.6.6　货运可再生气体

物流也是未来竞争激烈的领域。随着虚拟经济的发展，货运量也有可能会减少，比如现今手机拥有 20 多种功能，取代了 20 多种实体设备[57]。随着当地饮食文化的发展，食材的运输里程可能也会减少，但是货车、火车和区域运输仍将继续存在。

对于货运的发展前景来说，人们有各种各样的预测，包括使用电池驱动或者架空连接的电动货车来进行货物运输，但在考虑所需基础设施的规模后，其实现的可能性微乎其微。大型车辆、工业和区域运输发展的过渡阶段正倾向于更多地使用天然气，并辅以一些生物燃料。货车、火车和渔船可以在其柴油发动机（由于柴油成本高，其回收期需要几年）中使用压缩天然气或液化天然气（Liquefied Natural Gas，LNG），用于区域运输的汽车也可以进行更换（特别是如果国家使其成为标准，就像瑞典政府承诺为其车队提供天然气汽车一样）。最吸引人的地方是，天然气供应所需的基础设施已基本完善，在大多数发达国家中，接近 80% 的人口可以接入天然气供应网。

近年来，由于页岩压裂技术的发展，全球天然气产量得到了显著提升，但这也存在环境争议。因此，对天然气生产峰值的估计已经延伸至遥远的未来。然而，随着这些新能源的出现以及越来越多的类似于石油的近海天然气的使用，开采天然气的成本将不断攀升。但最终，碳减排问题将破坏化石天然气的长期前景。天然气在现实中只能是石油产品过渡时期的一个短期替代品，不能被视为长期的替代品。然而，天然气可以明显缓解柴油供应的压力，这也有助于创建低碳城市（天然气公交车和柴油公交车相比，在空气质量方面已显示出巨大的优势），提升能源安全性以及缓解在危险地区开采石油的压力。

向天然气过渡只是短期目标，长期目标则是利用氢气为城市供能。然而，还有一个比使用氢气更具有发展潜力的计划，那就是使用可再生天然气。生物质可以通过气化产生沼气，这在未来可能会发挥巨大的作用。然而，为了在未来创建无石油世界，还需要一个重要的过程，即催化过程。在甲烷和氧气的反应过程中加入二氧化碳和水，就像光合作用一样，通过在阳光下使用叶绿素来催化二氧化碳和水生成碳水化合物。在世界各地，许多研究型实验室都在竞相研发催化剂，使之在商业上能够成为一个比较成熟的产品。因此，如果能够开发利用可再生能源发展二氧化碳加氢，那么天然气本身就可以作为一种可再生燃料，并可以接入目前的天然气管网中，甚至能够以 LNG 作为出口项目[60]。这一项目拥有巨大的发展潜力，以至于远远超过了所谓的"清洁煤"，因为它的开采不再需要全新的基础设施（大多数煤田和燃煤发电厂距离能吸收二氧化碳的深洞穴很远）。在燃煤发电厂逐步淘汰的过渡时期，可以配备可再生天然气的生产设施；最终，能够将二氧化碳直接从大气中提取出来，用作可再生燃料。

货运、工业和区域运输很有可能继续向天然气领域发展，并逐步过渡到使用可再生天然气。因此，天然气的发展前景很广阔，可以成为低碳交通"无油"转型的一部分。

4.7　本章小结

针对城市和地区未来的发展，并没有太多的政策措施考虑到在应对气候变化挑战时，人们出行可能会发生的变化。本章基于以下几个方面进行了研究：第一，针对石油使用量减少和汽车依赖性降低，评估发展趋势；第二，基于对技术、城市规划和人们行为变化的了解，想象一个没有石油的未来世界。所有替代方案都需要做出实质性的承诺，以改变人们的生活方式，保障人们在城市和地区的基础设施使用权。这一转变需要一定的时间，但比较明显的是世界各地城市中的先行者们正在努力使其在经济方面具有竞争力。

现在可以看到这些新兴技术发生变化的最初迹象：城市的再城市化；电力运输的发展十分迅速；电动汽车和太阳能技术开始得到广泛的应用，全球可再生能源每年增长 30% ~ 40%；天然气和生物燃料有了新的用途；出现了 Skype 和虚拟现实等新技术。在德国的康斯柏格和沃邦、阿联酋的玛斯达尔以及中国的低碳城市，这种技术正在大规模的城市示范中得到应用。

建造无油城市的潜力就在这里。通过上述技术和实践表明，到 2050 年，城市就可以实现无油化；到 2100 年，就能够以可再生能源为基础，为城市供应足够的能源。

参 考 文 献

[1] P. Newman and J. Kenworthy. *Cities and Automobile Dependence*; 1989.

[2] P. Newman and J. Kenworthy. *Sustainability and Cities: Overcoming Automobile Dependence*, Island Press: Washington, DC; 1999.

[3] J. Kenworthy and F. Laube. *The Millennium Cities Database for Sustainable Transport*, UITP: Brussels; 2001.

[4] J. Kenworthy, F. Laube, P. Newman, *et al. An International Sourcebook of Automobile Dependence in Cities, 1960–1990*, University Press of Colorado: Boulder; 1999.

[5] P. Jones. The Evolution of Urban Mobility: The Interplay of Academic and Policy Perspectives, *IATSS Research*, 2014, doi: 10.1016/j.iatssr.2014.06.001.

[6] P. Newman and J. Kenworthy. Peak Car Use: Understanding the Demise of Automobile Dependence, *World Transport Policy and Practice*, 2011;17(2):32–42.

[7] P. Newman and J. Kenworthy. *The End of Automobile Dependence: How Cities are moving Beyond Car-based Dependence*. Island Press: Washington, DC; 2015.

[8] International Energy Agency. *Decoupling of Global Emissions and Economic Growth Confirmed, Press Release*, IEA: Paris; 2016. https://www.iea.org/newsroomandevents/pressreleases/2016/march/decoupling-of-global-emissions-and-economic-growth-confirmed.html.

[9] C. Hargroves and M. Smith (eds). *The Natural Advantage of Nations*, Earthscan Books: London; 2004.

[10] J. McIntosh, R. Trubka, J. Kenworthy and P. Newman. The Role of Urban form and Transit in City Car Dependence: Analysis of 26 Global Cities from 1960 to 2000. *Transportation Research Part D: Transport and Environment*, 2014;33: 95–110.

[11] C. Marchetti. Anthropological Invariants in Travel Behaviour, *Technical Forecasting and Social Change*, 1994;47: 75–78.

[12] Y. Zahavi and A. Talvitie. Regularities in Travel Time and Money Expenditures, *Transportation Research Record*, 1980;750: 13–19.

[13] Standing Advisory Committee on Transport. 'Trunk Roads and the Generation of Traffic' (Report to the Department of Transport, Government of the United Kingdom), London; 1994. 86 Low carbon mobility for future cities: principles and applications Dia-6990298 2 February 2017; 10:36:39

[14] P. Newman and J. Kenworthy. Urban Design and Automobile Dependence: How Much Development Will Make Urban Centres Viable, *Opolis*, 2006;2: 35–52.

[15] B. Van Wee, P. Rietveld and H. Meurs. Is Average Daily Travel Time Expenditure Constant? In Search of Explanations for an Increase in Average Travel Time, *Transport Geography*, 2006;14: 109–122.

[16] BITRE. *Traffic and Congestion Cost Trends in Australian Cities, Information Sheet 74*. Bureau of Industry and Transport Research: Canberra; 2016.

[17] P. Newman, G. Glazebrook and J. Kenworthy. Peak Car and the Rise of Global Rail, *Journal of Transportation Technologies*, 2013;3(4): 272–287.

[18] Y. Gao, P. Newman and J. Kenworthy. Are Beijing and Shanghai Reaching Peak Car? *Journal of Urban and Regional Research*, under review, 2016.

[19] P. Newman and J. Kenworthy. Peak Car Use: Understanding the Demise of Automobile Dependence, *World Transport Policy and Practice*, 2011;17(2): 32–42.

[20] M. Kane. 'Linking the Knowledge Economy, Urban Intensity and Transport in Post Industrial Cities with a Case Study of Perth', PhD Thesis, Curtin University; 2016.

[21] J. Gehl. *Cities for People*, Island Press: Washington, DC; 2012.

[22] A. Matan and P. Newman. *Green Urbanism in Asia*, World Scientific: Singapore; 2012.

[23] C. Leinberger. 'Foot Traffic Ahead: Ranking Walkable Urbanism in Americas Largest Metros' (report prepared for American Federal, State and Local Policy Makers and Private Clients), The George Washington University, Centre for Real Estate and Urban Analysis, School of Business: Washington, DC; 2014.

[24] R. Florida. *The Great Reset: How New Ways of Living and Working Drive Post-Crash Prosperity*, Harper Collins: New York; 2010.

[25] E. Glaeser. *The Triumph of the City, How Our Greatest Invention Makes Us Richer, Smarter, Greener, Healthier and Happier*, Penguin Press: London; 2011.

[26] D. Murray and D. King. Climate Policy: Oil's Tipping Point has Passed, *Nature*, 2012;481: 433–435.

[27] J. McIntosh, P. Newman and G. Glazebrook. Why Fast Trains Work: An Assessment of a Fast Regional Rail System in Perth, Australia, *Journal of Transportation Technologies*, 2013;3: 37–47.

[28] J. McIntosh, R. Trubka and P. Newman. Can Value Capture Work in a Car Dependent City? Willingness to Pay for Transit Access in Perth, *Western Australia Transportation Research – Part A*, 2014;67: 320–339.

[29] P. Newman, S. Davies Slate and E. Jones. The Entrepreneur Rail Model: Funding Urban Rail through Majority Private Investment in Urban Regeneration, *Research in Transportation Economics*, 2017 (in press).

[30] P. Newman, J. Kenworthy and G. Glazebrook. How to Create Exponential Decline in Car Use in Australian Cities, *Australian Planner*, 2008;45(3): 17–19. Low carbon mobility and reducing automobile dependence 87 Dia-6990298 2 February 2017; 10:36:41

[31] R. Cervero. Transit-Oriented Development in America: Strategies, Issues, Policy Directions. In: T. Haas, ed. *New Urbanism and Beyond: Designing Cities for the Future*, Rizzoli: New York; 2008, pp. 124–129.

[32] C. Curtis, J. Renne and L. Bertolini. *Transit Oriented Development, Making It Happen*, Ashgate: London; 2009.

[33] CTODRA. *Hidden in Plain Sight: Capturing the Demand for Housing Near Transit, Center for Transit Oriented Development and Reconnecting: America*; 2004. www.reconnectingamerica.org.

[34] H. Dittmar and G. Ohland (eds). *The New Transit Town, Island Press: Washington, DC. CTODRA (2004) Hidden in Plain Sight: Capturing the Demand for Housing Near Transit, Center for Transit Oriented Development and Reconnecting: America*; 2004. www.reconnectingamerica.org.

[35] R. Trubka, P. Newman and D. Bilsborough. Costs of Urban Sprawl (2) – Greenhouse Gases, *Environment Design Guide*, 2010;84: 1–16.

[36] J. Gehl. *Life between Buildings: Using Public Space, translated by Jo Koch*, Van Nostrand Reinhold: New York; 1987.

[37] J. Gehl. *Cities for People*, Island Press: Washington, DC; 2010.

[38] J. Gehl and L. Gemzøe. *New City Spaces*, The Danish Architectural Press: Copenhagen; 2000.

[39] J. Gehl and L. Gemzøe. *Public Spaces, Public Life*. The Danish Architectural Press: Copenhagen; 2004.

[40] J. Gehl, H. Mortensen, P. Ducourtial, *et al. Places for People: Study Report*. City of Melbourne/Gehl Architects: Melbourne/Copenhagen; 2004.

[41] J. Gehl, A. Modin, J. Wittenmark, *et al. Perth 2009: Public Spaces and Public Life: Study Report*. City of Perth/Gehl Architects: Perth/Copenhagen; 2009.

[42] G.P. Metschies. Prices and Vehicle Taxation (Germany: Deutsche Geslleschaft fur Technische Zusammenarbeit GmbH, in: R. Porter, (1999)) *Economics at the Wheel: The Costs of Cars and Drivers*, Academic Press: London.

[43] M. Sivak and B. Schoutl. *What Individual Americans Can Do to Meet the Paris Agreement, UMTRI-2016-7*, University of Michigan: Ann Arbor; 2015.

[44] P. Litman. Changing Vehicle Travel Price Sensitivities: The Rebounding Rebound Effect, *Transport Policy*, July 2013; 28:2–10.

[45] R. Salzman. Travel Smart: A Marketing Program Empowers Citizens to be a Part of the Solution in Improving the Environment, *Mass Transit*, 2008.

[46] R. Salzman. Now That's What I Call Intelligent Transport … SmartTravel, *Thinking Highways*, 2008.

[47] C. Ashton-Graham, C. TravelSmart + TOD = Sustainability and Synergy. In: C. Curtis, J. Renne and L. Bertolini, eds. *Transit Oriented Development, Making it Happen*. Ashgate: London; 2009.

[48] I. Ker. *North Brisbane Household TravelSmart: Peer Review and Evaluation, for Brisbane City Council*, Queensland Transport, and Australian Greenhouse Office, Brisbane; 2008.

[49] Department of Transport. *TravelSmart Household Final Evaluation Report Murdoch Station Catchment (City of Melville 2007)*, Socialdata Australia, Department of Transport: Perth; 2008. 88 Low carbon mobility for future cities: principles and applications Dia-6990298 2 February 2017; 10:36:43

[50] C. Ashton-Graham. *TravelSmart and Living Smart Case Study in Garnaut Climate Change Review*; 2008. www.garnautreview.org.au/CA25734E0016 A131/WebObj/Casestudy-TravelSmartandLivingSmart-WesternAustralia/ %24File/Case%20study%20-%20TravelSmart%20and%20LivingSmart% 20-%20Western%20Australia.pdf.

[51] D. Wake. *Reduced Car Commuting through Employer-based Travel Planning in Perth*, Australia, TDM Review, 2007;(1).

[52] B. Davis, T. Dutzik and P. Baxandall. *Transportation and the New Generation: Why Young People Are Driving Less and What It Means for Transportation Policy*, Frontier Group and US PIRG: Santa Barbara; 2012.

[53] J. Green and P. Newman. *Citizen Utilities: The Emerging Power Paradigm*, Energy Policy; 2016 (in press).

[54] A. Went, W. James and P. Newman. *Renewable Transport, CUSP Discussion Paper*; 2008. www.sustainability.curtin.edu.au/renewabletransport.

[55] M. Kintner-Meyer, K. Schneider and R. Pratt. *Impacts Assessment of Plug-in Hybrid Vehicles on Electric Utilities and Regional U.S. Power Grids, Part 1: Technical Analysis*, Pacific Northwest National Laboratory: US; 2007. DoE, DE-AC05-76RL01830.

[56] L. Mastny (ed). *Biofuels for Transportation*, Worldwatch Institute, GTZ, German Ministry of Agriculture: Washington, DC; 2006.

[57] IPCC. *Climate Change 2014: Mitigation of Climate Change*. Contribution of Working Group III to the Fifth Assessment Report of the Intergovernmental Panel on Climate Change, Cambridge University Press: Cambridge; 2014.

[58] R. Gilbert and A. Perl. *Transport Revolutions: Making the Movement of People and Freight Work for the 21st Century*, New Society Publishers: Vancouver; London; 2006.

[59] D. Bradbury. *Airships Float Back to the Future*. BusinessGreen.com (accessed 2 September 2008).

[60] C. Creutz and E. Fujita. *Carbon Dioxide as a Feedstock in Carbon Management: Implications for R&D in Chemical Sciences*, CPSMA, National Research Council: Washington, DC; 2001.

术　语

AV	自动驾驶汽车
CBD	中央商务区
CNG	压缩天然气
GDP	国内生产总值
GOD	以绿色发展为导向
ha	公顷
ICE	内燃机
LNG	液化天然气
MJ	兆焦耳

PEV   插电式电动汽车
POD   以行人为导向的开发
PPP   公私合作模式
TOD   以公共交通为导向的开发

延 伸 阅 读

[1] D. Banister. The sustainable mobility paradigm, *Transport Policy*, 2008;15: 73–80.

[2] *Changing Course: A New Paradigm for Sustainable Urban Transport*, ADB: Metro Manila, Philippines.

[3] *Eco-Efficient and Sustainable Urban Infrastructure Development Toolkit*, UNESCAP: Bangkok, Thailand.

[4] M. Givoni and D. Banister (eds). *Moving Towards Low Carbon Mobility*, Edward Elgar Publishing: Cheltenham, UK; 2013.

[5] International Energy Agency. 'A tale of renewed cities: a policy guide on how to transform cities by improving energy efficiency in urban transport systems'. Policy Pathway Report, International Energy Agency, Paris, 2013. Available: www.iea.org.

[6] A. Jaber and D. Glocker. Shifting towards low carbon mobility systems. *International Transport Forum*, 2015. Available: http://www.itf-oecd.org/shifting-towards-low-carbon-mobility-systems.

5 第5章
未来城市土地利用与交通规划一体化：慢行交通的重要性

摘要：土地 - 利用 - 交通一体化规划（Land – use – transport Integration，LUTI）涉及城市交通系统的开发、管理和运营，可以为城市的发展带来持续的效益。LUTI 主要关注的是城市设施和服务的最优分配，以便在居民使用设施和享受服务时降低对环境的不利影响，同时最大限度地促进经济的可持续发展和增加社交的机会。LUTI 是能否实现低碳出行的关键因素，而实现这一目标的主要途径是鼓励居民采用慢行交通方式出行，即步行和自行车（通常需要步行或者骑自行车到达公共交通的服务点）以及公共交通。事实上，LUTI 是城市发展的基本驱动力，即可达性。在城市规划中，可达性是指公众和企业从事日常生活工作所需达到目的地的能力。交通和土地利用的一体化规划可以在使用慢行交通方式的基础上实现高水平的可达性。在一体化规划的过程中规划人员面临许多问题，包括当地环境影响（如噪声和空气质量）和全球环境影响（气候变化和温室气体排放）、经济生产力、资源节约（尤其是土地利用）、交通拥堵、区域分割和公共卫生。能够从长远角度解决这些问题的一条系统性途径是在城市规划过程中遵循 LUTI 既定的原则和惯例，虽然这可能与城市以往实践并不一致。本章将解释原因以及如何实现这一目标。

关键词：土地利用规划；交通规划；一体化；可达性；出行行为；环境影响

5.1 引言

诸如澳大利亚之类的新型城市通常由低密度、分散的郊区组成，且这些郊区的居民对汽车具有高度依赖性，造成了高密度的碳排放和资源浪费，从长期来看不利于城市的可持续发展[1,2]。因此，澳大利亚迫切需要推动低碳交通发展的有效措施或方法，以实现更好的碳排放效果。低碳城市必须提高其土地利用与交通系统的能源效率[3]，同时加强它们之间的联系，而实现这一过渡的关键就是交通运输；同时，低碳化需求的水平和强度在很大程度上取决于土地利用制度和规划措施。因此，以城市可持续发展为目标的土地利用和交通规划政策与实践的整合必不可少。

交通运输系统能够指引我们实现出行机动性，即满足我们从一个地方移动到另一个地方参与活动和使用当地设施的需求能力，而这些设施的位置取决于整个区域

75

的土地利用分布和密度。例如，交通提供了就业、教育和社交的机会，所有这些都是人类社会发展的基础[4]。公众对低碳交通意识及认知的缺乏是当前交通运输方式向低碳型过渡的两个主要障碍。Banister[5]强调，与其他类型的活动不同，研究出行问题时，研究者需要意识到时间的重要性，了解人们在出行中的时间规划。Aditjandra 等[6]表明居民必须充分了解可用的信息，以选择有利于可持续发展的出行方式。

在澳大利亚许多城市中，乘用车的使用是温室气体（Greenhouse Gas，GHG）排放的一个重要来源，与建筑环境的布局、形态直接相关。由国家温室气体清单（National Greenhouse Gas Inventory，NGGI）数据[7]可知，澳大利亚温室气体排放总量的 15.3% 来自交通运输部门。对 NGGI 数据的分析表明，城市内部的乘用车排放占交通运输排放的 55.5%，占澳大利亚总温室气体排放量的 8.5%（543.2Mt 二氧化碳当量中含有 39.3Mt）。具体情况详见图 5.1。

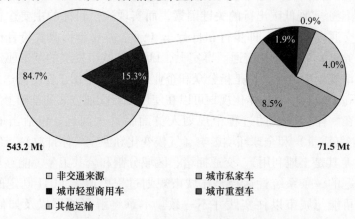

图 5.1　城市乘用车对澳大利亚温室气体排放总量的贡献[7]

城市建筑环境的布局与形态，以及生活方式的选择，严重影响了私家车的使用。Newton 和 Newman[8]在考虑城市碳效益时谈到了这一问题，更为紧凑的城市布局能够提升碳效益，通常公共交通和慢行交通出行产生的碳效益最高。他们探讨了澳大利亚城市规划设计创新的必要性，主要侧重于住房和交通方面的能源需求，以及现有的替代能源技术和燃料类型。"战后"郊区，那些在 20 世纪后半叶发展起来的严重依赖汽车的城市，未来在向低碳过渡的过程中面临着最大的挑战。本书第6 章讨论了 Newton – Newman 的低碳技术干预框架，该框架考虑了适用于郊区和内城地区住房、交通的低碳技术。

5.2　可持续土地利用和交通

规划者在进行城市规划时面临着众多问题，包括当地（噪声和空气质量等）

和全球（气候改变和温室气体的排放）环境影响、经济生产力、环境保护（特别是土地的使用）、交通拥堵、区域分割和公共卫生。由于社会对温室气体排放、全球变暖和社会公平等方面越来越关注，因此在城市里使用更加可持续的出行方式的需求日益突出，这也是社会所有群体（特别是青少年和老年人）在出行方面对社会公平的诉求，以及对节约液态化石燃料方面的需要。我们的任务是找到并充分利用能够替代私家车出行的其他公平的出行方式。同时，我们可以通过这些可持续的交通和城市发展来改善环境和生活质量。

城市交通环境下的可持续性可根据两个广泛特征来定义：①包括当今社会以及未来社会的福利；②这种可持续意味着对自然资源的保护。因此，自然资源不仅应被视为可以消费的商品，还应被视为有益于我们的储藏，即使在未被使用时也是如此。Minken[9]将可持续的城市交通和土地利用系统定义为：

- 能够为城市地区的所有居民提供有效的服务和商品。
- 能够为当代人保护环境、文化遗产和生态系统。
- 不会危及子孙后代获得至少与当代人相同福利水平的机会，包括从自然环境和文化遗产中获得的福利。

随后参考文献［10］确立了可持续发展城市交通政策的九大目标：①经济效益；②宜居街道；③环境保护；④公平、包容和可达；⑤安全与保障；⑥经济增长；⑦金融发展；⑧可行性；⑨代际公平。这些目标和策略以及为实现这些目标而设计的策略组合将在参考文献［10］中详细描述。

最近，澳大利亚提出了以公共交通为导向（Transit - oriented Development，ToD）的发展倡议[11,12]，即选择慢行交通（步行和骑自行车）和公共交通方式出行，符合可持续交通和"环境友好型"（集体运输模式）的理念，其目的是为居民出行提供更好的选择，以取代相同出行情况（开）乘汽车的选择。然而，对于以公共交通为导向的定义有多种解释。最简单的一种是"公交村"，这是一个以公交站为中心的紧凑的多用途社区，旨在提倡居民、工人和购物者少开车，多乘坐公共交通工具。公交村使社区更接近中转节点，车站是社区的门户。因此，人们可以将TOD定义为"一个充满活力、相对密集和有利于步行出行的混合使用开发区"，具有高质量的公共空间和快速接入高频公共交通的通道[11]。另一种观点认为TOD是服务于大都会地区的交通交汇处，并且与高密度的土地利用开发相关，但以接驳服务为特色，接驳至长途公共交通系统。接驳服务可能包括"接送临时停靠"和"停车换乘"，因此，这意味着相当一部分的设施将用于机动车通行和车辆停放。每种TOD的功能因其位置而异，但并不相同。此外，可以预期，实际的发展必然是这两种形式的组合。城市规划者和交通规划者面临的一个重要问题是，TOD能够在多大程度上为城市可持续性和低碳出行提供解决方案（第4章）。本章节建议应该在土地利用交通一体化（LUTI）方面采取广泛的举措。

要了解LUTI如何应用于改善城市可持续性和鼓励低碳出行，首先需要了解个人的出行行为和影响这种行为的因素，以及将可达性作为规划目标的城市规划概念。要提高低碳迁移率，LUTI 是必须考虑的关键因素。

5.3 出行行为

出行是一种衍生的需求，几乎所有出行的目的均非出行本身。更确切地说，出行是用来在不同的空间位置获得服务、使用设施，或参与某些活动。个体出行决策是涉及多方面因素和综合决策过程，且有些因素之间存在一定的联系。是否进行一次出行只是一个初步决定，还可以进一步决定一天的某个时间出行，或者推迟出行，甚至可能用其他替代方法来满足出行目的（比如通过电话或互联网与对方联系），也可能让其他人代替完成出行或将出行需求添加在他人的出行行程中。

一旦决定出行，就需要选择目的地（活动、服务或基础设施所在位置，如果有若干个选择，则还需确定首选目的地）、出行方式、出行时间和出行路线。

许多出行选择之间是相互关联的，例如，在选定目的地后，可能会产生一个能够在指定时间内到达该目的地的可选模式集，而这些选择也将受到出行费用（包括出行时间、距离、票价和过路费、燃料价格、目的地费用如停车收费）、预期的交通拥堵和拥堵程度、舒适性、安全性和安全保障等影响。

定期出行的出行决策，如通勤出行，往往发生在生活中的特定时间（时代事件），且出行者将长期遵守该出行规则，除非出行环境发生重大变化（或被认为已经发生，因为一些事情是逐渐变化的）。重大事件包括搬家、换工作、家庭状况变化（离家、结婚、为人父母、分居和离婚等）。改变一旦发生，可以从下列选项中看出变化，简单排序如下：

• 出行时间的改变，即改变（定期）出行的起始时间，例如在上班出行时，由于出行时间较长或交通拥堵而提早出行。

• 出行路线的改变，即在目的地不变的前提下，由于交通拥堵或为了获取新的交通设施及其服务而改变出行路径。

• 目的地的改变，即在有其他可选目的地的情况下，例如前往一个较近的购物中心，虽然这种做法通常并不可取，但在交通日益拥堵的情况下，可以更方便地到达目的地。

• 出行频率的改变，即当到达某目的地相对困难时，会导致前往该目的地的出行次数减少（回家吃午餐即为一个典型例子，这种行为通常出现在农村，但很少出现在城市；第二个例子是前往购物中心购买必需品，比如食物）。

• 车辆占有率的改变，当两个或两个以上的人前往相同或邻近的目的地时，可以考虑共用车辆。

• 出行方式的改变，主要是因为出行费用的增加和初始选择的出行方式的不便，例如，交通拥堵加剧或出行成本的变化。

● 出行起点的改变（例如居住地），这一改变可能是由出行条件的重大变化或个人生活中的重大事件引起的。

Hills[13]详细讨论了个人出行行为的潜在变化及其影响因素，并采用多种强大的数学工具来建模、分析出行行为及出行方式选择。基于效用微观经济学理论的离散选择模型[14]或许最能证实这些工具的可靠性，在该理论中，效用是个人对给定选项的内在感受。离散选择模型可用于估计个体 n 从一组相似的选项 R 中选择选项 r 的概率 p_{rn}（例如出行方式、目的地或出发时间）。U_{rn} 是个体 n 选择 r 的效用，通常以线性形式定义为

$$U_{rn} = \beta_{r0} + \sum_j \beta_{jr} X_{jrn} + \varepsilon_{rn} \tag{5.1}$$

式中，X_{jrn} 是个体 n 在变量 X_{jr} 的影响下选择选项 r 的值；β_{r0} 是选择 r 的常数；β_{jr} 是 X_{jrn} 的系数；ε_{rn} 是误差项，它包括个体 n 的感知误差，并对影响变量集合中的潜在因素进行解释。

变量 X_{jrn} 可能与选项的特性（例如特定出行方式下的出行费用）和个人的社会经济特征（如年龄或收入）有关，表示效用函数的确定性分量（可观测属性）可表示为

$$V_{rn} = \beta_{r0} + \sum_j \beta_{jr} X_{jrn} \tag{5.2}$$

给定选项集 R 中每个选项 r 的效用函数，则可以使用一系列选择模型来估算概率 p_{rn} 的数值[14]。这些模型中最常见、最简便的是多项 Logit（MNL）模型，可表示为

$$p_{rn} = \frac{\exp(V_{rn})}{\sum_r \exp(V_{rn})} \tag{5.3}$$

由式（5.3）可得一个特定的个体从许多相似的选项中选择一个选项的概率。将这个概率进行聚合，形成比例，这个比例便可表示一个群体（比如某个特定地区的居民）可能做出的选择。

5.4　可达性

可达性是隐藏在 LUTI 背后的一个重要概念，是城市发展的根本驱动力。在城市规划中，可达性是指城市居民每天为实现通行所克服的阻力。交通规划中的可达性概念可以通过一个基本定义加以说明：可达性是"到达理想目的地的难易程度"[15]。在提供有关低碳出行和多样化交通出行方式的情况下，这一广泛的定义可以根据相关因素（如实际应用中可能改变某相关因素的时间依赖性）进行修改。例如，在评估公共交通用户的可达性程度时，公共交通的服务水平在一天中的几个小时或一周中的几天变化很大。因此，Primerano 和 Taylor[16,17]将可达性定义为

"人们在特定时间使用交通方式从特定地点到目的地的活动的便利性"。此定义适用于城市研究，因为在城市研究中，不同区域的公共交通服务水平不同。城市发展过程（包含土地利用和交通系统之间的相互作用）的"Wegener's Wagon Wheel"模型[18]（图5.2）说明了可达性在关键决策中的重要作用。因此，可达性是城市发展和活动的基础。

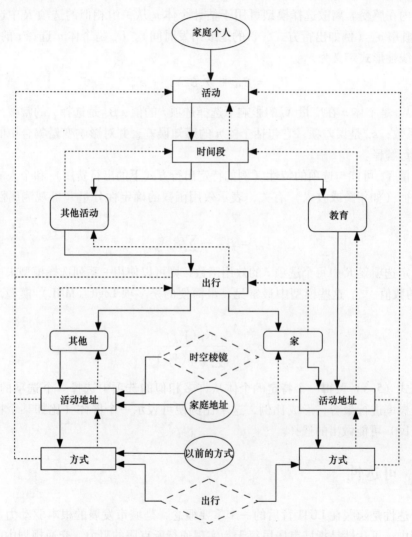

图 5.2　Primerano－Taylor 多模式城市交通系统可达性框架

城市发展或演变在图 5.2 中是一个连续的过程。图中的中央部分包括土地利用系统和交通运输系统，二者通过可达性和城市地区开展的活动连接。此外，图中还包括不同使用者做出的各类决定及由此产生的结果，结果用菱形虚线框表示。开发商和消费者的选址决策是基于不同区域的相对可达性（结果的"吸引力"），包括其对不同活动（服务和设施）的适宜性。某一地点的可达性取决于消费者的出行选择（何时、何地和如何出行，当然也是关于私家车拥有和使用的基本决定），出行者的出行选择导致交通拥堵的改变，从而导致地区间的实际出行状况与理想出行状况（时间、距离和成本）的差距。这些差距影响了人们实际体验到的可达性，从而促成了系统的不断演变。地理位置、车辆保有量和出行都取决于（或受到）广泛的城市特征影响，包括其自然环境、历史文化、社会和经济环境，以及现有技术。城市环境中的这些因素在宏观、中观和微观层面上影响着城市发展体系中参与者的选择，尽管受到外部冲击（如地缘政治、能源、价格和总体经济情况，包括地区和城市之间的竞争和气候变化）的影响，但是该系统实际上是封闭的，并且是不断进化的。

LUTI 政策和规划做法可以影响城市的土地利用和出行决策，以实现城市可持续性和低碳出行的目标。通过促进慢行交通和公共交通的使用，以及将服务设施设置在靠近住宅的地方，来减少某些出行起讫点的出行距离和提高广泛用于长途出行的大容量公共交通工具的便利性。

虽然目前还没有表示可达性的物理量，但规划人员已经考虑并使用了一些替代指标，这些指标可以衡量不同地点或不同个人和群体在可达性方面的相对差异。

5.4.1　可达性指标

整体可达性的度量方法给出了从指定位置到所有明确的可到达目的地的整体可达性水平。当 i 在研究区域中有确定的空间位置时，假设 A_i 是对象 i 的整体可达性度量。对象 i 可以是一个已定义的区域、城镇或城市、该城镇或城市或已定义区域内的子区域、一群人、一个家庭，甚至一个人。对象类型的选择取决于特定的应用环境，在战略层面上，目标 i 很可能是一个城镇或城市；在城市层面上，它可能是一个地区、地块、家庭或个人；而在区域（农村）层面上，则可能是一个交通小区或定居点。

根据 Morris 等人[19]提出的概念，整体可达性指数是衡量对象 i 对研究区域内所有相关活动位置的整体可达性的指标。此外，求和公式 $TA = \sum_i A_i$ 提供了研究区域总体可达性水平的测算依据。在定义或选择合适的可达性指标方面，Morris 等人[19]对适合交通运输规划者使用的可达性指标提出了一系列要求：

- 该指标应包括对交通运输系统性能变化做出反应的空间隔离元素。
- 有良好的行为基础。
- 技术上可行，操作简单。
- 易于解释，最好是通俗易懂。

目前有几种可达性指标符合这些标准。众所周知的 Hansen 综合可达性指数[20]就是一个适用于国家、州和区域运输网络的指标，例如，研究区域内一个城市相对于所有其他城市的可达性[21-24]。

然而，Hansen 指数在城市内部的研究中用处不大。该指数采用离散度量方法，即假设人群可以用研究区域网络中的点位置（即节点）表示。在具有多种交通方式的连续城市区域内，Hansen 指数显然是不合理的，因为不同的群体具有不同的可达性水平。

因此，这就需要其他合适的指数来进行正确的测量。基于效用和消费者剩余（Consumer Surplus，CS）的微观经济学理论，利用 Primerano 和 Taylor[16,17] 定义的可达性指标，可以建立一个适用于上述情形的可达性测量框架。

5.4.2　城区可达性测量

可达性可通过多种方式来衡量，包括：

● 拓扑可达性，与网络中的连通性有关。

● 时空框架，当一个人在该地区可获得的交通基础设施、出行方式和服务受到限制时，那么他在有效出行时间和出行速度方面可能受到限制（一个人是否可以使用一种特殊的交通工具在规定的时间内到达指定的地点）。

● 基于机会（或阻抗）的可达性，与个人和他希望参加的活动之间的距离，以及这些活动在不同地点的密度或强度相关。

基于机会的可达性适合应用于城市内部，同时为多式联运系统的应用提供了有力的工具。基于机会的可达性有很多解决问题的方法，包括行为效用（例如应用于离散选择模型[14,25]）和微观经济学理论中的 CS 值。CS 是个人在消费选择过程中获得的金钱利益，它也可以被称为衡量商品支付意愿的一种标准，因为它是指一个人愿意为一种商品支付的价格和他们实际支付的价格之间的差别。此外，当情况发生变化（例如价格变动）时，个人愿意支付的价格与他实际支付的价格之间的差额同样可以用 CS 值表示。这两种情况下，个人愿意支付的金额与实际支付金额之间的差额代表了 CS 的变化。

Primerano 和 Taylor[16,17] 利用多项离散选择模型得出"包容值"（Inclusive Value，IV）参数，以此作为可达性 CS 测度来研究交通基础设施改善[16]和土地利用变化[17]的影响，并在研究过程中建立了可达性框架。以上研究都考虑到了阿德莱德城市交通可达性的变化，造成这种变化的原因之一是新阿德莱德的主要道路基础设施项目（新 Adelaide – Crafers 高速公路）的建设，其次是 Adelaide 东北部地区就业机会的大幅增加。

可达性的 IV 和 CS 测度可应用于研究区域的各种空间聚集级别，例如澳大利亚[26]的统计区域级别（SA1、SA2、SA3），或将这些较小的区域聚集到更广泛的区域级别。从理论上来说，如果有合适的数据，这些标准也适用于个人或他们所属的家庭。

Ben – Akiva 和 Lerman[25] 以及 Train[27] 阐述了 IV 和 CS 可达性测度的理论，

Primerano 和 Taylor 探索了它们在可达性框架方法中的应用[16,17]。从多项 Logit 模型中的边际选择概率中导出的可达性度量，也被称为 IV 或对数和[14,25]，如下式所示

$$V_n = \log \sum_{r \in R_n} \exp(V_{rn}) \tag{5.4}$$

式中，V_n 是个体 n 的最大效用的确定性分量（可观测属性）；V_{rn} 是选择集合 R_n 中备选方案 r 的确定性分量，见式（5.2）。

这个衡量标准用一个值表示个人从一组备选方案中获得的总体利益。当运用 MNL 模型时，可以使用表示成本的 IV 和系数来估计 CS，如下所示

$$E(\mathrm{CS}) = \frac{1}{\alpha} \log \left[\sum_{n=1}^{N} \exp(V_n) \right] + C \tag{5.5}$$

式中，对数和部分等于式（5.4）；α 是效用函数确定性分量的时间或成本系数的负值；C 是未知常数，表示 CS 的实际值与估计值[27]的差值。

CS 的估计变化值如下

$$\Delta E(\mathrm{CS}^{AB}) = \frac{1}{\alpha} \left\{ \log \left[\sum_{n=1}^{N^A} \exp(V_n^A) \right] - \log \left[\sum_{n=1}^{N^B} \exp(V_n^B) \right] \right\} \tag{5.6}$$

式中，上标 B 和 A 表示"前"和"后"情景；两个对数和项则表示从这两种情景下的行为模型派生出来的 IV。

因此，式（5.6）给出了 CS 的估计变化量，其测量单位（例如小时或美元）取决于 α[27]的取值。

图 5.3 所示的可达性框架的完整描述见[16,17]。该框架的制定是为了结合现有可达性措施的优点，以便在运输和城市规划中应用。其目的是建立一个框架，在这

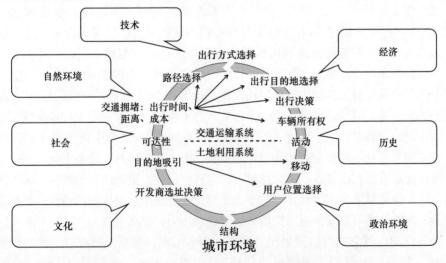

图 5.3　城市发展的"韦格纳车轮"概念模型与可达性作用图[18]

个框架内可以测试和执行与运输和城市形态有关的政策措施，从而改善社会经济群体的可达性。此外，该框架开发方法是基于活动的而不是仅仅基于位置。这意味着可达性框架确定的是个人对某个活动的可达性，而不是位置之间的可达性。以这种方式考虑可达性意味着可达性依赖于三个因素，即

- 出行者（个人或团体）。
- 交通系统（出行方式、路线、道路、服务水平及拥堵程度）。
- 土地利用（土地来源和目的地的土地利用特点）。

阿德莱德可达性框架的实现模拟了五种出行选择，包括：活动选择、时段选择、出行选择、位置选择和出行方式选择。除出行方式选择模型是嵌入的 Logit 模型外，所有模型均为 MNL 模型。框架及其应用详见参考文献［16，17］。

5.5 政策与实践一体化实现条件

LUTI 关注的是能够促进城市可持续发展的城市交通系统的发展、管理和运营，主要涉及城市基础设施与服务的最优分配，能够在最大限度地减少环境负面影响下使所有居民获得这些设施和服务，同时最大限度地促进可持续经济发展，并增加社交的机会。

目前，郊区的交通需求大多是通过私家车出行来满足，因此需要在权衡住房类型与位置和兼顾出行需求基础上，针对降低城市碳排放量的政策提供实质性的替代出行方式（如：公共交通和慢行交通方式）。为使这一发展方向稳步推进，需要深入解析建筑布局、出行方式、土地利用及其发展、土地混合利用、服务设施及其配套基础设施的建设位置及密度、区域规划和设计（包括邻近区域之间的关系，以及区域与主要活动中心之间的关系）等因素之间的关系。上述组合规划问题可以根据 LUTI 进行统一描述，LUTI 政策及其实施为城市可持续发展提供了实施路径。

城市可持续发展需要土地利用规划决策支持选择公共交通和慢行交通方式，如步行和骑自行车（第3章）。慢行交通的出行方式灵活、及时，非常适合短途出行。大多数涉及公共交通工具的出行都包括使用主动运输方式出行去中转站，即使只是步行到公共汽车站。但是这种慢行交通出行方式并不稳定，很大程度上在传统的交通规划和城市设计中被忽视了。因此，在后续城市可持续发展过程中需要给予其足够重视，需要提升步行的城市空间和通道等场所吸引力，并保证行人能够安全、高效地穿行。慢行交通需要积极鼓励，例如通过定位选择离出发点更近的目的地从而减少出行距离，这不仅能够减少出行对环境的负面影响，也可以增加身体的活动量，使公众更加健康，此外，还可以减少道路拥堵和缓解群众压力，提高生产力。

公共交通出行方式可以通过土地利用规划来实现，包括规划现有土地的新发展（"绿地"用地）及管理（或重建"棕地"）现有的土地，这样可以①改善公共交通服务有效运行的条件；②为更多的人提供更广泛的目的地，提高交通可达性。这

些措施有助于增加居民对公共交通的需求，特别是能够引导居民改变依赖私家车出行的出行方式选择模式。促成这些转变的一般方法是把土地利用类型和活动的位置相结合，以适应公共交通的使用。公共节点可以通过创建适合行人和自行车的活动中心，推动土地深度利用。与那些建筑物密度较低、分布更均匀的地区相比，这样规划区域可以使人们减少私家车出行次数。较高的公交出行频率为公共交通服务质量的提高提供了条件，公交运营商会提供更高水平的服务（例如增加发车班次），从而形成公共交通供给与需求之间的正面反馈。因此，土地利用规划可以通过以下两种具体且相互关联的方式鼓励公众使用公共交通：

- 在公交路线附近确定出行的起讫点，这意味着从设施建成之日起便可为其提供高效的公共交通服务。
- 确保出行密度足够高，保证当地高效的公共交通服务的合理性（不会供过于求）。

出行行为的潜在变化对温室气体排放有重要影响，本文基于 NGGI 方法和数据（如引言所述）进行一系列敏感性分析来观察其影响效果，并通过悉尼家庭出行车辆占用率、行程生成和行程长度分布数据进行补充[28]。三种敏感性分析如下：

- 改变交通出行方式，把 10% 的私家车转变为公共交通，每年二氧化碳排放量净减少 0.78t。
- 私家车平均里程每减少 10%，二氧化碳排放每年减少 2.74t。
- 用步行和骑行代替所有长度小于 2.0km 的私家车出行，二氧化碳排放量每年减少 0.35t。

这些敏感性分析不能完全代表实际情况。尽管如此，这些分析提出了出行里程是影响温室气体排放总量的一个重要因素，此外，可以通过提供更近的目的地来减少温室气体排放。

5.6　一体化——政策与实践

实现一体化的一个重要手段是鼓励选择步行、自行车出行和公共交通出行等慢行交通出行方式出行，因为乘坐公共交通通常需要借助步行和自行车方式。这就需要合理规划和设计服务设施以及公共交通服务的位置、路线、终点站、公交车站和停靠站，为人们提供便捷服务。

城市布局对个体出行的碳排放量有显著影响，有些城市布局在降低人均碳排放量上具有显著的优势。Newton 等[29]强调了土地利用和交通规划一体化对发展中城市的重要性，并举例说明了由于交通规划和城市发展规划彼此独立，会导致对私家车依赖性较强，或对公共交通服务的压力过大。因此，交通规划的实施方式需要进行深层次的改变，可以通过采取新的办法改善城市环境和宜居性，并重点关注交通运输系统和城市区域的碳效率[30]。

除了减少碳排放外，城市发展和交通规划的方式转变还可以产生其他重要的长期效益，例如保护休憩用地、促进发展、改善空气质量和公共卫生、减少基础设施投资、提高城市地区的生活质量[4]。

研究发现人们的出行决策与周围的建筑环境因素密切相关，如建筑物密度、位置、土地的混合使用状况和区域规划设计[31]。随着城市对汽车使用率增长的限制，传统的城市文化和经济模式正在发生转变，城市结构也开始发生变化[32]。因此，城市设计和规划对未来的低碳交通建设有着举足轻重的作用。

关于低碳城市布局的理论有很多，但理论与实践之间仍存在着巨大的差距[31]。目前现状是城市的形态和布局为出行提供了"可能性"，而住宅布局和配套设施与居民的态度、偏好和观念有着复杂的关系[6,31]。"紧凑型城市"试图使活动地点更接近居民，以便他们能够使用低碳的出行方式来满足出行需求，如主动出行或公共交通。在人口密度高的环境中保持生活质量和空间存在一定难度，在无法实现高密度居住的情况下，有哪些可供选择的建筑环境的布局措施？Aditjandra 等人[6]的结论是低碳社会中城镇的具体布局尚不明确。

Santos eSantos 等人[33]考虑了一系列低碳交通政策备选方案，分为如下三类：

- 考虑基础设施和服务的实践政策。
- 旨在引导出行行为转变的软政策。
- 强调研究和开发投资对未来可持续交通作用的知识政策。

他们认为，政策一体化是实施低碳交通的关键，相互促进的政策最佳结合至关重要。Banister[34]讨论了可持续交通范式的定义，这同样需要一套综合的、相互支持的政策。他进一步提出了一个可行的低碳交通系统政策框架[5]，然而，这仍然需要相关政策的制定。因此应该考虑哪些政策，以及如何优化政策设置非常关键。Nakamura 和 Hayashi[35]回顾了国际低碳政策和战略的发展情况，他们认为各个城市的发展进程对不同政策的可行性和有效性产生了显著影响。

Taeihagh 等人[36]开发了一个虚拟环境系统，用于探索和分析各种政策措施的不同组合，以便建立和评估备选的一体化政策。诸如此类的一体化措施和决策的支持系统，能够协助决策者制定关于低碳交通的有效政策，使得低碳交通成为现实。

制定低碳交通政策一体化方案的一个有效方法是"避免 - 转移 - 改善"（Avoid - shift - improve，ASI）框架[35,37,38]。ASI 框架在欧洲和日本得到了广泛的认可，该框架为可替代交通解决方案和可持续交通运输系统的一体化政策的制定提供了蓝图。

正如在第 3 章中所讨论的，ASI 框架在本书中得到了扩展，包括汽车共享和拼车服务的最新发展。扩展的框架"避免，转移，共享，改善"详细说明如下（第 3 章）：

- 避免，考虑采取适当措施和政策，以减少或避免出行需求，从而提高交通运输系统的效率。对 LUTI 的规划和出行需求的管理可以减少个体出行活动的总体需求，特别是在出行里程方面。

● 转移，旨在提高出行效率，通常将高能耗出行方式（如私家车出行）转变为更环保的出行方式，如慢行交通（步行出行和自行车出行）和公共交通。

● 共享，启用并促进从汽车所有权模式和私家车出行模式转向汽车共享、拼车、自行车共享（甚至资源约束下的车辆停车位共享）。

● 改善，其中考虑的措施侧重于技术和基础设施的使用，特别是在车辆、动力系统以及能源和燃料效率方面，包括运输替代能源的潜力。

请读者参阅第 3 章，以进一步了解和分析这些政策。

5.7　案例分析

理解 LUTI 的概念和应用的一个有效方法是进行一体化规划和设计思想的案例研究。这里提供了三个案例研究，案例中包括一个绿地开发项目（澳大利亚阿德莱德北部的莫森湖），一个主城区郊区的棕地开发项目（澳大利亚珀斯的苏比亚科），以及美国俄勒冈州波特兰市。这些案例研究以总结的形式呈现，并给出如何收集更多关于案例信息的方法。

5.7.1　莫森湖案例

莫森湖开发项目是一个大型混合用途、混合密度的郊区开发项目，位于阿德莱德北郊，距 CBD 约 12km。该项目于 20 世纪 90 年代末在一片绿地上动工，包括因比邻加勒市郊区线火车站的市中心混合密度的住宅区、就业中心和科技园。它紧邻南澳大利亚大学的 MawsonLakes 校区，开发面积为 $6.37ha^2$。莫森湖目前居住人口约为 12000 人，在开发区、科技园和大学里大约有 5000 个工作岗位。总居住密度约为 1750 人/km^2。

规划中的交通线路网，旨在利用整个区域的绿地空间和干道为区域内的行人及骑行者提供独立通道，集中设置在市中心及火车站。在住宅区和市中心的设计中，采用了以公交交通为导向的发展原则，但开发项目属于"混合型"TOD，因为火车站被设计成周边郊区的交通枢纽，其内部包括接驳公交车通道、临时停靠接送区以及作为停车换乘场所的大型停车场。这种 TOD 模式导致车站与主要发展区（特别是市中心）之间存在某种程度的分离。更多关于莫森湖项目的细节见参考文献 [39]。

5.7.2　苏比亚科案例

苏比亚科是珀斯的近郊区域，位于中央商务区以西 3km 处，处在弗里曼郊区的轨道线上。振兴后的市中心 Subi Centro 围绕火车站发展，以车站和铁路线为基础，为市镇中心提供大量发展空间，并消除了因铁路而造成的南北苏比亚科之间的历史分隔。重建是城市再生的典型模式，应注意保护区内的历史和文物。此次重建促进了附近广受欢迎的罗基街的零售业发展，建造了近 1500 套中等密度的符合该地区历史发展规划的新住宅，并额外增加了大量的商业楼盘，新增了 300 多个就业机会。通过最佳实践设计理念提供高质量的公共空间是新苏比亚科的一个主要特点。更多关于这种土地开发的详细信息见参考文献［40］。

5.7.3　波特兰市案例

俄勒冈州波特兰市被誉为"转型发展的国际先驱"，并被许多人视为北美基于 LUTI 原则的可持续交通规划的重要城市。它的"TriMet"公共交通系统以轻轨、公交车和一些郊区轨道为基础，是美国最成功的公共交通运营系统之一，大约 140 万居民提供服务。波特兰大都市的交通政策自 20 世纪 70 年代末以来一直支持以公共交通为导向的发展，这些政策与强有力的土地利用和城市发展政策相结合，坚持了大都市周围严格的建设"城市增长边界"，并设法鼓励 TOD。这些均通过"TOD 和中心"的方案来完成，该方案旨在为 TOD 项目建立公共 – 私人伙伴关系，其中包括建设有活力的城市中心，鼓励公交、步行和骑行出行，从而创造强烈的地方社区认同感。

有关波特兰的公交系统及其基于 LUTI 的规划理念和系统实施的更多信息，请参见参考文献［41］。

5.8　本章小结

实现可持续交通和低碳交通对城市未来的发展至关重要。坦率地说，对于交通运输系统来说，这意味着要把重点放在人员和货物的运输上，而不是关注于使用汽车和货车来进行运输。土地利用规划及交通规划在城市建设和实现社会、经济和环境可持续性方面发挥着关键作用。要成功地实现这些成果，就必须将土地利用和交通运输规划紧密地结合起来。只有这样，我们才能建立一个以低碳为特征的可持续城市土地利用和交通运输系统。LUTI 系统可以通过以下方式促进城市的可持续发展：

- 减少出行需求。
- 缩短出行里程。
- 使人们更方便、更安全地获得服务和设施。
- 减少交通对社区的影响。
- 向企业和社区提供高效率的货物运输和服务分配。
- 提供更多的出行方式的选择。
- 确保现在和将来的出行灵活性，以应对经济和社会需求的变化。

基于本章分析，LUTI 能为实现低碳交通做出的最重要的贡献是将设施和服务在社区进行重组，使得出行目的地更接近出行起点，缩短出行距离，使得慢行交通的出行方式更可行、更有吸引力。将住宅区集中建设在交通节点周围，并使之具有良好的可达性，促使人们选择慢行交通的出行方式出行，这对长途出行也很重要，目的地的邻近性是土地利用和交通运输系统一体化的一个关键特征。

规划者面临着许多问题，例如环境影响（包括当地和全球）、经济生产力、资源节约（特别是土地利用）、交通拥堵、区域分割和公共卫生。规划时应遵循 LUTI 的既定原则和实践，尽管这些可能与城市过去已有的原则和实践不一致，但其提供了一个长远解决这些问题的系统途径。

参 考 文 献

[1] V. Rauland and P. Newman, "Decarbonising Australian cities: a new model for creating low carbon, resilient cities", in *MODSIM2011: 19th International Congress on Modelling and Simulation*, F. Chan, D. Marinova and R.S. Anderssen, Eds. Sydney: Modelling and Simulation Society of Australia and New Zealand, 2011, pp. 3073–3079.

[2] M. Philp and M.A.P. Taylor, "A research agenda for low carbon mobility: issues for 'new world' cities", *International Journal of Sustainable Transportation*, 2016, http://dx.doi.org/10.1080/15568318.2015.1106261.

[3] A. Chavez and A. Ramaswami, "Progress toward low carbon cities: approaches for transboundary GHG emissions' footprinting", *Carbon Management*, vol. 2 (4), 2011, pp. 471–482.

[4] P. Donoso, F. Martinez, and C. Zegras, "The Kyoto Protocol and sustainable cities – potential use of clean-development mechanism in structuring cities for carbon-efficient transportation", *Transportation Research Record*, vol. 1983, 2006, pp. 158–166.

[5] D. Banister, "City transport in a post carbon society", in *Moving Towards Low Carbon Mobility*, M. Givoni and D. Banister, Eds. Cheltenham, UK: Edward Elgar Publishing, 2013, pp. 255–266.

[6] P. Aditjandra, C. Mulley, and J.D. Nelson, "The influence of neighbourhood design on travel behaviour: empirical evidence from North East England", *Transport Policy*, vol. 26, 2013, pp. 54–65.

[7] DCCEE, *Australian National Greenhouse Accounts: National Inventory Report 2010*, vol 1, Department of Climate Change and Energy Efficiency, Canberra, 2012, www.climatechange.gov.au/emissions.

[8] P.W. Newton and P. Newman, "The geography of solar photovoltaics (PV) and a new low carbon urban transition theory", *Sustainability*, vol. 5, 2013, pp. 2537–2556.

[9] H. Minken, "A sustainability objective function for local transport policy evaluation", in *World Transport Research*. Selected Proceedings from the

Eighth World Conference on Transport Research, vol. 4: Transport Policy, H. Meersman, E. Van De Voorde and W. Winkelmans, Eds. Oxford: Elsevier-Pergamon, 1999, pp. 269–279.

[10] KonSULT, *Knowledgebase ON Sustainable Urban Land use and Transport*. Institute for Transport Studies, University of Leeds, 2016, www.konsult. leeds.ac.uk.

[11] C. Hale and P. Charles, "Making the most of transit oriented development opportunities", Papers of the 29th Australasian Transport Research Forum, 2006, www.atrf.info/papers.

[12] L. Meng, M.A.P. Taylor and D. Scrafton, "Combining latent class models and GIS models for integrated transport and land use planning", *Urban Policy and Research*, 2016, http://dx.doi.org/10.1080/08111146.2015. 1118372.

[13] P.J. Hills, "What is induced traffic?", *Transportation*, vol. 23 (1), 1996, pp. 5–16.

[14] D.A. Hensher, J.M. Rose and W.H. Greene, *Applied Choice Analysis: A Primer*. Cambridge: Cambridge University Press, 2005.

[15] D. Niemeier, "Accessibility: an evaluation using social welfare", *Transportation*, vol. 24, 1997, pp. 377–396.

[16] F. Primerano and M.A.P. Taylor, "An accessibility framework for evaluating transport policies", in *Access to Destinations*, D.M. Levinson and K.J. Krizek, Eds. Oxford: Elsevier, 2005, pp. 325–346.

[17] F. Primerano and M.A.P. Taylor, "Increasing accessibility to work opportunities in metropolitan Adelaide", *Journal of the Eastern Asia Society for Transportation Studies*, vol. 6, 2005, pp. 4097–4112.

[18] M. Wegener, "Reduction of CO_2 emissions of transport by reorganisation of urban activities", In *Transport, Land-Use and the Environment*, Y. Hayashi and J.R. Roy, Eds. Dordrecht: Kluwer Academic Publishers, 1996, pp. 103–124.

[19] J.M. Morris, P.L. Dumble and M.R. Wigan, "Accessibility indicators for transport planning", *Transportation Research A*, vol. 13, 1979, pp. 91–109.

[20] W.G. Hansen, "How accessibility shapes land use", *Journal of the American Institute of Planners*, vol. 25, 1959, pp. 73–76.

[21] M.A.P. Taylor, S.V.C. Sekhar and G.M. D'Este, "Application of accessibility based methods for vulnerability analysis of strategic road networks", *Networks and Spatial Economics*, vol. 6 (3–4), 2006, pp. 267–291.

[22] C. Curtis and J. Scheurer, "Benchmarking public transport accessibility on Australasian cities", Papers of the 35th Australasian Transport Research Forum, 2012, www.atrf.info/papers.

[23] A. Reggiani, P.J. Nijkamp and D. Lanzi, "Transport resilience and vulnerability: the role of connectivity", *Transportation Research Part A: Policy and Practice*, vol. 81, 2015, pp. 4–15.

[24] K.T. Geurs and J. Östh, "Advances in the measurement of transport impedance in accessibility modelling", *European Journal of Transport and Infrastructure Research*, vol. 16 (2), 2016, pp. 294–299.

[25]　M.E. Ben-Akiva and S.R. Lerman, *Discrete Choice Analysis: Theory and Application to Travel Demand*. Boston, MA: MIT Press, 1985.

[26]　ABS, Canberra, *ACT: Australian Bureau of Statistics*, 2016, www.abs.gov.au/websitedbs/D3310114.nsf/Home/Geography.

[27]　K. Train, *Discrete Choice Methods with Simulation*, 2nd ed. Cambridge, UK: Cambridge University Press, 2009.

[28]　BTS, *NSW Bureau of Transport Statistics*, Sydney, 2016, www.bts.nsw.gov.au.

[29]　P.W. Newton, A. Pears, J. Whiteman and R. Astle, "The energy and carbon footprints of urban housing and transport: current trends and future prospects", in *Australia's Unintended Cities: The Impact of Housing on Urban Development*, R. Tomlinson, Ed. Melbourne: CSIRO Publishing, 2012, pp. 153–189.

[30]　R. Hickman and D. Banister, "Looking over the horizon: transport and reduced CO_2 emissions in the UK by 2030", *Transport Policy*, vol. 14, 2007, pp. 377–387.

[31]　R. Hickman, "Urbanization and future mobility", in *Moving Towards Low Carbon Mobility*, M. Givoni and D. Banister, Eds. Cheltenham, UK: Edward Elgar Publishing, 2013, pp. 60–74.

[32]　P. Newman, J. Kenworthy and G. Glazebrook, "Peak car use and the rise of global rail: why this is happening and what it means for large and small cities", *Journal of Transportation Technologies*, vol. 3, 2013, pp. 272–287.

[33]　G. Santos, H. Behrendt and A. Teytelboym, "Part II: policy instruments for sustainable road transport", *Research in Transportation Economics*, vol. 28 (1), 2010, pp. 46–91.

[34]　D. Banister, "Cities, mobility and climate change", *Journal of Transport Geography*, vol. 19 (6), 2011, pp. 1538–1546.

[35]　K. Nakamura and Y. Hayashi, "Strategies and instruments for low-carbon urban transport: an international review on trends and effects", *Transport Policy*, vol. 29, 2013, pp. 264–274.

[36]　A. Taeihagh, R. Banares-Alcantra and M. Givoni, "A virtual environment for the formulation of policy packages", *Transportation Research Part A: Policy and Practice*, vol. 60, 2013, pp. 53–68.

[37]　H. Nakamura, Y. Hayashi and A.D. May, Eds. *Urban Transport and the Environment: An International Perspective*. Oxford: Elsevier, 2004.

[38]　Deutsche Gesellschaft für Internationale Zusammenarbeit (GIZ) *Sustainable urban transport: avoid-shift-improve (A-S-I)*, 2016, www.giz.de/transport.

[39]　Mawson Lakes Living, 2016, http://mawsonlakesliving.info

[40]　Heart Foundation of Australia, 2016, www.healthyplaces.org.au/site/case-studies.php.

[41]　Center for Transit-Oriented Development, 2016, www.ctod.org/portal/Portland-Metros-TOD-Strategic-Plan.

术　语

ABS	澳大利亚统计局
ASI	旨在促进替代性交通解决方案和可持续交通系统的一揽子政策的"避免-转移-改善"模式
CBD	中央商务区
$CO_2 - e$	二氧化碳当量，温室气体（GHG）排放总量的度量单位
CS	消费者剩余
GHG	温室气体
IV	包容值，从一组离散选择模型中提取的参数
LUTI	土地-利用-交通一体化规划
MNL	多项式 Logit 模型，一种离散选择模型
NGGI	国家温室气体清单
SA1	1 级统计区域，澳大利亚统计局人口和住房普查的最小产出区域
SA2	2 级统计区域，由 SA1 组成的中型通用区。他们被 ABS 用来代表一个在社会和经济上相互作用的社区
SA3	3 级统计区域，澳大利亚统计局用于输出区域数据的地理区域。SA3 用于创建一个标准框架，通过对具有相似区域特征的各 SA2 组进行聚类，在区域级分析澳大利亚统计局数据
TOD	以公共交通为导向的发展模式

延伸阅读

[1] B. Armstrong, G. Davison, J. de Vos Malan, B. Gleeson and B. Godfrey, *Delivering sustainable urban mobility. Report for the Australian Council of Learned Academies*, Canberrra ACT, 2015, www.acola.org.au.

[2] F. Creutzig, "Evolving narratives of low-carbon futures in transportation", *Transport Reviews*, 2015, http://dx.doi.org/10.1080/01441647.2015.1079277.

[3] C. Curtis, "Integrating land use with public transport: the use of a discursive accessibility tool to inform metropolitan spatial planning in Perth", *Transport Reviews*, vol. 31 (2), 2011, pp. 179–197.

[4] M. Givoni and D. Banister, Eds., *Moving Towards Low Carbon Mobility*. Cheltenham, UK: Edward Elgar Publishing, 2013.

[5] International Energy Agency, "A tale of renewed cities: a policy guide on how to transform cities by improving energy efficiency in urban transport systems". Policy Pathway Report, International Energy Agency, Paris, 2013, www.iea.org.

[6] D.M. Levinson and K.J. Krizek, Eds., *Access to Destinations*. Oxford, UK: Elsevier, 2005.

[7] R.L. Mackett, A.D. May, M. Kii and H. Pan, Eds., *Sustainable Transport for Chinese Cities*. Bingley, UK: Emerald Group Publishing, 2013.

[8] OECD, *Greening household behaviour: overview from the 2011 survey –* revised edition. OECD Studies on Environmental Policy and Household Behaviour, OECD Publishing, Paris: Organisation for Economic Cooperation and Development, 2014, http://dx.doi.org/10.1787/9789264214651-en.

[9] J. Stanley and P. Brain, *Urban land use transport integration and the vital role for Australia's forgotten inner/middle suburbs*. Bus and Coach Industry Policy Paper 5, Canberra ACT: Bus Industry Confederation, 2015, www.ozebus.com.au.

6 第6章
郊区出行的低碳化

摘要： 实现低人口密度城市郊区出行低碳化需要在城市出行需求和供给方面进行跨越式变革。供给侧的创新至关重要，这样才能为汽车依赖型的郊区居民提供更多出行机会和出行方式选择，让他们接受更有效的、积极的低碳出行方式。本章顶层路线图说明了在城市交通的每个关键供给侧领域实现低碳转型所需的创新和规划策略。

关键词： 低碳交通出行；郊区交通；公共交通；慢行交通；步行；骑行；城市发展

6.1 引言

大量研究表明，随着经济的增长，车辆行驶里程（Vehicle Kilometres of Travel，VKT）也随之增长[1-3]。这直接造成了交通运输产生的温室气体（Greenhouse Gas，GHG）排放量的增加。此外，不断增长的 VKT 产生的相关排放量的增长率高于其他工业部门[4]。郊区出行中占很大比例的交通排放，如果不加以控制，将成为对全球变暖和气候变化贡献最大的经济成分。我们需要找到实现交通运输向低碳转变的途径，在打破经济增长与增加交通排放之间的联系的同时提供安全、高效和公平的城市交通建设方案。

城市[5]的全球分析显示，虽然西欧城市与北美和澳大利亚对应城市之间的宜居水平相当，但资源消耗和温室气体排放存在显著差异，这种差异源于不同的建成环境和城市形态。生态足迹的多样性，在很大程度上与对比鲜明的住房类型（建筑面积、密度）和交通方式相关，这些都是二战后城市发展的特征。近 70 年来，澳大利亚等国出现了汽车导向型的低密度郊区发展模式，因此，当前政府在引导城市实现可持续、弹性、高效、公平和宜居方面的发展面临着巨大的规划挑战。为迎接该挑战，需要在土地利用和交通运输方面进行重大转型（第 5 章），以便能够创建智能的、可达性强的城市，为其常住人口提供高水平低碳交通体系。

随着时间的推移，三种与交通相关的城市结构已经演变为步行城市、公交城市和汽车城市，所有城市都是以上三种城市结构（尽管比例不同）在不同程度上的混合，只是元素、功能和规模存在差异[6]。在澳大利亚，战前近郊（建立在步行和公交城市时代）和战后远郊之间存在着明显的差异。墨尔本是公共交通接入等级（PTAL）变化的一个例证[7]，澳大利亚其他城市中存在同样的问题，如图 6.1 所示：墨尔本内部 15 个直辖市的公共交通接入等级（PTAL）得分均高于平均水平；而在其远郊的 16 个城市均低于平均水平。因为目前远郊的服务面积为 8100km²，是近郊的 10 倍，所以在外围地区提供更多公共交通和慢行交通选择显然具有挑战性。持续的汽车依赖型的绿地扩张（澳大利亚城市的大部分新住房正在建设中）加剧了交通的碳排放。

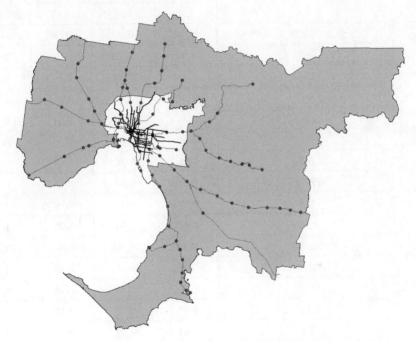

图 6.1 基于 PTAL 的墨尔本内外部区域（城市交通线路：郊区轨道和有轨电车）

注：资料来源于 Peter Newton 和 Stephen Glackin，未出版。

利用维多利亚州出行和活动综合调查数据对墨尔本每日个人出行情况进行分析[8]，结果表明，与主城区居民相比，郊区居民驾驶私家车的每户家庭行驶里程数增加了 67%，选择公共交通工具的每户家庭行驶里程数增加了 60%，但步行出行减少了 40%，自行车出行减少了 200%（见表 6.1）。校车是郊区家庭出行的一种重要方式，就像列车对于那些人均里程数多出 30% 的从 8 条干道进入城市的人一样（图 6.1），这反映了市中心和中央商务区（CBD）工作的集中度。总体来说，居住在墨尔本远郊的居民在城市日常出行活动中花费的时间比居住在近郊的人多 10%，内外分化非常明显，对环境、社会和生产力产生较大影响。交通工具及其可用性是其关注的核心。例如，城市中时间的利用对经济生产力和社会幸福感有着至关重要的影响，每天多花费在出行上的 10% 的活动时间可以分配给更有价值和更有创造性的活动。2015 年，澳大利亚城市交通拥堵费为 165 亿美元，比 2010 年的 128 亿美元增加了近30%，其中个人时间费用约为 60 亿美元，商务时间费用约为 80 亿美元，额外车辆运营费用约为 15 亿美元，空气污染费用约为 10 亿美元[3]。以往城市居民工作通勤时间平均为 30min，符合马尔凯蒂定律，然而目前澳大利亚最大的城市[9]的通勤时间已经超过了这个数字。这意味着城市结构、家庭地点的选择

表 6.1 墨尔本按居住区域划分的每日出行费用

指标		内部		外围	
		人均	平均每户	人均	平均每户
按出行方式划分测算的人均出行里程/km	驾驶员	15.80	38.63	21.70	64.57
	乘客	6.90	16.86	8.99	26.76
	摩托车	0.14	0.33	0.10	0.28
	步行	0.90	2.19	0.44	1.30
	自行车	0.51	1.24	0.14	0.41
	出租车	0.20	0.50	0.05	0.15
	列车	2.28	5.56	2.44	7.26
	有轨电车	0.58	1.43	0.05	0.15
	校车	0.07	0.18	0.40	1.18
	公交车	0.40	1.64	0.38	1.12
	总计	28.06	38.62	64.68	103.21
按出行方式划分测算的人均出行时间/h	驾驶员	0.58	1.41	0.63	1.73
	乘客	0.24	0.58	0.26	0.73
	摩托车	0.01	0.01	0.00	0.01
	步行	0.21	0.51	0.10	0.27
	自行车	0.04	0.10	0.01	0.03
	出租车	0.01	0.02	0.00	0.01
	列车	0.07	0.18	0.07	0.18
	有轨电车	0.04	0.11	0.00	0.01
	校车	0.00	0.01	0.01	0.04
	公交车	0.03	0.07	0.02	0.06
	总计	1.22	2.99	1.11	3.06
车辆日均行驶里程/km		16.14	39.46	21.85	65.01
车辆日均行驶时间/h		0.59	1.44	0.63	1.75
每日出行总时长/h		1957586		2151746	
个人收入/美元		68400		51700	

注：资料来源于维多利亚出行与活动综合调查数据库[8]。

和出行时间预算都需要重新调整。对澳大利亚来说，这意味着一种更加紧凑的城市生活空间布局，一种关注城市建筑密度的增加而不是持续向外低密度扩张的趋势，一种从 20 世纪末以前的典型"郊区城市"向紧凑型城市的转变。

随着城市的重大经济结构的调整，澳大利亚城乡差距不断扩大，其原因是城市制造业工作岗位被信息、知识和创意产业以及更高薪的工作所取代，其分散或转移到海外成本更低的地区[10,11]。这在一定程度上推动了澳大利亚城市（以及许多北美城市）的城市化重建进程，这种进程反映了低于平均收入水平的人群越来越难以负担得起在城区内城居住的住房成本[12]。由于经济结构的调整，澳大利亚主要城市社会发展不平衡的差异性导致了社会空间结构调整，这种调整体现在三个相互关联的方面：低收入家庭日益集中（表 6.1，最外围地区的平均收入要低 1/3）；就业、高等教育和专业卫生服务不足；社会问题的集中[11]。

在澳大利亚和北美，以汽车为导向的低密度城市对环境的影响已经持续了几十年[13]，见表 6.2 中的温室气体排放统计数据。汽车排放的温室气体占个人交通的 91.1%。郊区居民的汽车使用量超过市区居民，占总 VKT 的 61.3%。墨尔本居民出行产生的温室气体排放中，有 57.2% 来自于私人交通方式。墨尔本的郊区人口约为 1945000 人（2010 年），占城市人口总数的 54%（约 3454000 人），市区居民使用私家车所产生的温室气体约占与出行有关的温室气体排放量的 34.6%，同时占总人口的 45.1%。郊区家庭每户每年的二氧化碳排放量（6.59t）比市区家庭每户每年（4.48t）平均高出近 50%。

表 6.2　墨尔本个人出行每年的温室气体排放量（按居住地划分）

指标		内部	外围	城市全域
按出行方式划分测算的温室气体排放量百分比	驾驶员	34.1%	57.0%	91.1%
	乘客	0.0%	0.0%	0.0%
	摩托车	0.1%	0.1%	0.3%
	步行	0.0%	0.0%	0.0%
	自行车	0.0%	0.0%	0.0%
	出租车	0.4%	0.1%	0.6%
	列车	3.2%	4.2%	7.5%
	有轨电车	1.0%	0.1%	1.1%
	校车	0.1%	0.4%	0.4%
	公交车	0.5%	0.4%	0.9%
	总计	38.7%	61.3%	100.0%
温室气体排放比率（适用于个人出行）	每人每年二氧化碳排放量/t	1.83	2.39	2.14
	每户每年二氧化碳排放量/t	4.48	6.59	5.58

（续）

指标		内部	外围	城市全域
温室气体排放比率（适用于个人出行）	人均出行二氧化碳排放量/g	65.3	68.8	67.4
	私家车出行二氧化碳排放量/(g/km)	194.9	198.0	196.8
	私家车拥有量/(人/车)	1.44	1.41	1.42
	估计人口数/人	1598456	1945253	3543709
	预计人口数/人	45.1%	54.9%	100.0%
	估计人口（住户）	653676	703890	1357566
	估计人口（占住户百分比）	48.2%	51.8%	100.0%

注：资料来源于维多利亚出行与活动综合调查数据库[8]。

历史发展形成的现有城市结构，为城市住房和交通的脱碳提供了机会，也带来了一定的制约，如图 6.2 所示[14]。在远郊，独立式住宅屋顶上的太阳能光伏发电（Photo-voltaic，PV）的迅速普及正推动住宅脱碳，使得节能效果越来越好，但迄今为止，这种独立式住宅并不利于开展低碳交通的干预。

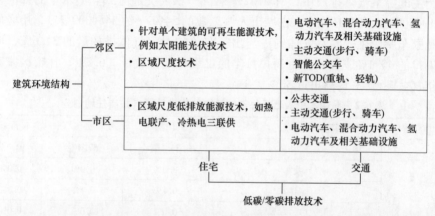

图 6.2　市区和郊区建筑环境中低碳住宅和交通干预的模型框架[14]

70 年来，澳大利亚和北美城市几乎完全依赖道路和汽车来实现城市的外部扩张，经过长期发展，已经超出了所需的水平。因此，实现 21 世纪可持续低碳生活迫切需要城市转型，其力度超越从步行城市向公交城市以及公交城市向汽车城市的转型。这种转型需要一体化的长期规划才能实施，而这种规划和实施在过去半个世纪的澳大利亚城市发展中几乎是不存在的。在低密度人口城市中，郊区的低碳交通需要在城市出行需求和供给方面的逐步改变。供给侧创新至关重要，能够为依赖汽车的郊区居民提供更多的机会和选择，引导其选择更低碳的出行方式。事实上，除环境保护外，减少郊区交通的碳排放还能带来显著的协同效应：促进居民就业，提高服务的可达性和流动性；减少道路拥堵和出行时间，提高生产率；增加步行和骑行的机会，促进人类健康[15]。

本章提供了顶层路线图，介绍了远郊区在供给侧交通领域实现低碳转型所需的详细关键创新和规划策略。该技术线路的实施，需要整合城市现有交通运输模式和新兴交通运输模式，例如，能够提供满足城市居民的交通需求的智能电动汽车（Autonomous Electric Vehicle，AEV）。利用"智能"信息和通信技术系统不断优化城市空间结构和形式，建立环境友好型城市。

在这种背景下，在城市向大都市方向发展的过程中，能否根据不同规模的活动中心（采用"20min 城市"等理念[16]）规划多节点社区，并将不同模式和城市内的交通等级（延伸到城市边界以外，包括附近的省级城镇，实际上是一个功能性城市区域）相互关联，将决定 21 世纪的城市化发展的可持续性。

6.2　郊区交通未来发展

引言中的数据表明，如果要普及低碳出行，那么澳大利亚城市（尤其是郊区）需要更新公共交通系统和服务，此外还需要制定一些措施来引导慢行交通。在公共交通系统方面，常规公交系统服务覆盖范围面很广，可以实现对轨道交通系统的有力支持，而轨道系统本身就可以提供快速、高容量的服务，在一定程度上促进了土地利用模式的发展。我们应鼓励发展公共交通系统，但如果公共交通不足以成为城市居民所依赖的出行方式，那么在进行低碳城市交通规划时也就必须考虑慢行交通方式，如自行车出行、步行出行，以此作为居民出行的补充方式。

6.2.1　公交车

在郊区，公交车通常是公共交通中的主要交通工具，可直接提供干线和支线服务，并在轨道干线服务中发挥支线的作用（第 7 章）。公交车能否有效地促进郊区低碳出行，取决于以下两个方面：①减少公交出行的碳足迹；②以牺牲私家车出行为代价来提高公交出行所占比例。对于道路运输管理部门而言，Stanley 等人[17]认为在澳大利亚的城市中，改进燃料和改变出行方式都能减少温室气体排放，但显然前者更为重要。

减少城市运营中公交车的碳足迹意味着动力能源开始从化石燃料向电力转变，目前的汽车动力能源是化石和电力混合，如伦敦。重视出行行为的转变，并在郊区运营中实现从私家车到公交车的转换，有利于降低温室气体排放量。然而，研究发现这种出行方式转变不仅带来了温室气体排放量降低的社会效益，更为重要的是提升了因减少私家车使用而产生的协同效应。例如，在墨尔本，一个低密度城市，公交车是其郊区公共交通的主要形式，Stanley 和 Hensher[18]发现公交车能够产生社会包容性福利和节约拥堵成本，在全部收益中占 75%，而用户收益则占 22%。因此，协同效应的概念在公交规划中至关重要[15,18]。

6.2.1.1 干线公交车服务

干线公交车服务通过快速公交（BRT）在其独立的公交车道中行驶来提供较高的服务水平，其系统容量可与轨道相匹配。例如，Brisbane 的快速公交系统每小时运行 200 辆公交车，峰值负载为 9000 人/h，而一条专用车道的负载已经超过 14000 人/h。Hensher[19] 指出，BRT 在专用车道上的运行能力为 25000 人/h，而 Bogota BRT 的负载量已接近 50000 人/h。然而，现实中常见的情况是，公交车必须在公用道路空间上与其他道路使用者竞争，交通拥堵成为其提高容量和服务水平的主要障碍，因此，公交优先是加快公交服务和提高公交运行可靠性的常规方法。

干线公交车服务的主要优点是能够给使用者提供便利、减缓拥堵，其碳排放量的降低效果比本地服务更加显著。公交车能否实现干线服务的共享模式（特别是来自汽车用户的）取决于如下服务特性[16]：

- 覆盖范围：一般的公交路线可服务约 400m 范围，但由于 BRT（及轨道）有较高的服务水平，其覆盖范围一般可达 800m。
- 频率：15min 的峰值频率只是普通水平，像伦敦这样的城市大约为 10min。
- 时间跨度：服务运营的时间段，必须能够完成某一天的出行往返路程。以实现模式共享为目标的城市，公交车普遍把工作日的 18h 左右作为服务时间的跨度。
- 速度：服务速度，包括等待时间。
- 可靠性：服务的准时程度。
- 换乘需要：基于时间评估的研究表明，换乘对出行者来说是一个很大的负担。

前三个因素的影响有时被概括为一种称为"服务弹性"的综合度量，衡量乘客对提供的服务里程数的满意度。当墨尔本推出智能公交车服务时，公交车的载客量一直稳定在 7500 万人次左右。随着智能公交车主干路线的发展，智能公交车路线在 2006 年 7 月至 2011 年 12 月期间增长了 30%[16]，实现了服务时间的延长，且能提供 15min 服务频率和实时乘客信息。这些路线大部分通过 Melbourne 中部郊区在周边运营，并辅以外部郊区的长途公交车服务，逐步实现所有路线均可达到每小时服务的最低频率（非常适度）。这是一个超出预期的结果，通常来说，票价水平对乘客的影响微乎其微，弹性值一般估计在 0.3 左右（即票价增加 10%，乘客人数约减少 3%）。

Ewing 和 Cervero[20] 的研究表明，土地利用特性对于公共交通的影响非常重要，对干线服务的关键影响因素如下：

- 目的地用地强度：尤其是中心区的用地强度，通常是干线公共交通服务最重要的目的地。中心城市的低强度用地模式对公交车在郊区低碳出行中所能做出的贡献很重要。
- 与 CBD 的距离：距离 CBD 越近，公共交通出行方式所占的比例越高。

● 土地利用的多样性：通过提高土地的混合使用率来鼓励选择公共交通出行方式，具体包括开发混合用途的交通走廊，如温哥华[21]。

● 设计：步行至公交（或铁路）停靠站/车站越便捷，选择公交出行的概率越高。

其中一些因素可以用来促进郊区公交车的使用。例如，在土地高密度混合的郊区进行公共交通（公交车）路线的优化有助于提升公交客运量（特别是在停车供应紧张的时候[21]），温哥华就是一个实例。同样，促进知识型郊区枢纽增长的土地利用战略支持更高的城市生产力水平，更公平地分享交通利益和更多的公共交通的使用机会，这也是墨尔本目前正在追求的战略目标。

6.2.1.2　本地服务

大多数人的日常生活基本上是在当地，而不是在整个城市，居民的幸福感与当地社区功能的运作状况有关。一个城市由一系列"20min 城市"组成，这种理念汇集了低碳足迹的土地利用与交通一体化的概念，其覆盖的范围包括本地服务、干线公交车服务和轨道主要干线（见第 5 章）。20min 城市需要使大多数人在 20min 内能够通过步行、骑行和公共交通完成他们正常生活所需的大部分活动。这是一个比常规社区更广泛的区域，可能是半径 5km 的区域，包含 20 万 ~ 30 万人。这体现了一种城市设计原则，由此提出了次级都市区域规划的概念。在这个 20min 的城市里，当地的公交车服务是一个必不可少的要素，它为乘客提供了到当地各个地区和到达干线交汇处的机会。与干线公交车服务不同，市郊本地公交车服务的主要优势是方便乘客，在澳洲郊区，公交车的社会包容性特别高[11,22]。本地服务的流量驱动因素往往更关注服务的覆盖范围、频率和运营跨度，而不是速度。

在澳大利亚，郊区和中郊地区的公交建设成为实现一系列"20min 城市"建设目标的关键之处。政府支持性的本地公交服务水平规定其最低服务频率为 30min，服务范围每天为 $0.15 \sim 0.18 \text{km}^2$，如果载客量足够，则可适当增加峰值频率，如温哥华的本地服务通常以 30 ~ 60min 之间的服务频率运行，具体可根据需求调整。

作为提供即时服务的一种手段，以出行需求为导向的公交车服务正在低密度环境下进行试验。在需求响应的"总运输"模式和利用 AEV 技术的情况下，沿途公交车服务为社区运输/辅助客流运输和校车服务提供了一种前景光明的新方法。

6.2.2　轨道

澳大利亚城市（尤其是郊区）在建设新的轨道项目方面存在迫切需求，因此，可以建立当地就业和服务高度集约化的活动中心来实现铁路轨道的延伸，从而提升土地价值，并吸引开发商投资建设。以往，郊区的交通工具以汽车为主，我们正需要这样一种新的方法来将轨道的建设延伸到郊区。

6.2.2.1 轨道延伸的原则与创新

扩建轨道带来的效益显而易见[23,24]，但需要进一步利用私人投资来解决这一问题。私人资本并不缺乏，尤其是寻求优质、安全投资的养老金。但当政府为城市轨道提供补贴时，如何才能从其运行中盈利呢？答案是可以通过开发车站周围的土地进行盈利。如果土地面积充足，私营企业能够对其进行重新开发，以便在车站周围出售、外租建筑物，或者与私人业主或政府共同开发实现互利共赢，这就为开发商的轨道线建设、所有权获取以及运营创造了资本。这就是企业轨道模型（Entrepreneur Rail Model，ERM）[25]。

在该模型下，不仅建设了一条新的轨道线，为郊区提供了获得可持续交通选择的机会，而且提供了以公共交通为导向的发展，使居民能够在当地获得更多服务。这些功能强大的本地活动中心一直是规划者的建设目标，尽管在实践中很难实现。与城市边缘区开发难题一样，交通与土地使用一体化模式的实现也存在难度。根据目前的房地产开发模式，如果规划交通，则在几十年内难以获得相关土地的使用权；如果在郊区中心以更高的密度开发，则会导致交通缺乏。

实现这一目标的方法是使用一种在 ERM 中整合交通、土地利用和融资的新的治理工具。这颠覆了传统的交通规划方法，改变了规划过程：不再是先利用估算出的客运量为交通系统的建设寻求资金，然后再考虑该系统可使用哪些土地，而是先考虑土地使用的可能性，寻求所需的资金，然后再估算客运量。

与政府规划轨道系统不同，私营企业为项目提供了很重要的开发机会，并为建设轨道吸引了大量私人投资。这就是有轨电车和铁轨最初的建造方式，现在日本和中国香港地区就是这样建造的。城市建设本身是由私营企业完成的，利用其对轨道系统进行开发建设，也能保证与政府的城市规划一致。

轨道和土地开发提升了城市土地的价值。轨道项目可通过以下途径提高站点周围的土地价值：出行时间的节省、金融活动中心的集聚、土地开发效率以及由于减少对汽车的依赖而提高的环境效益。Perth 的研究表明，5 年内，新的轨道路线将车站周围的土地价值提高了 42%，高于一般城市的土地增值幅度，商业用地的增值幅度甚至更高[23]。因此，新的轨道线路提高了土地价值的进一步开发的潜力。传统土地价值的获取方法是计算这种潜在的价值提升空间，统计其中流入的税收份额；如果风险率在可接受范围内，政府可以用这笔资金来资助轨道项目。然而，私有土地和政府土地价值的增加可直接通过与私营企业进行接洽，以此来估计重建的潜力，并利用这一点来融资。各种土地价值资金的来源如图 6.3 所示，简要概述如下[25]。

建设此类轨道项目，可以通过以下三种途径实现：

- 非邀约投标：由土地开发商、轨道建造商、轨道营运商及金融家组成的财团向政府投标，使轨道项目进入评审阶段。
- 政府招标：一般情况下，特定线路如果具备所需的土地发展潜力，且能够满足运输需求，政府可以在评估最佳投标之前请求财团投标。

• 政府内部管控：一个新的政府部门（或改组后的地产管理处）通过土地开发创建一个轨道项目，如中国香港。接受政府内部管控的可能是一家半私营企业。

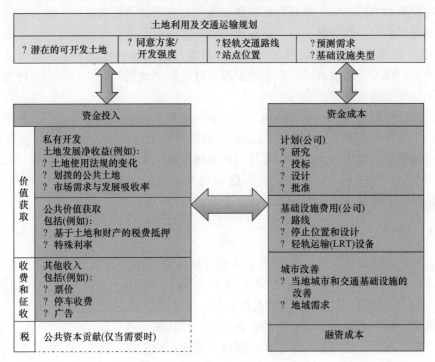

图 6.3　基于土地价值的融资框架

注：资料来源于 Peter Newman，未发表。

为此类项目提供资金和融资的方式也有三种：

• 全部为私人资本。政府的作用是以实物参与建设，以确保土地集聚和土地征用、分区和其他交通规划一体化得到充分保障。这取决于是否有足够的土地来筹集资本，并建立必要的机制来吸引私人投资。

• 大量私人资本和少量公共资本。私人资本为主，少量政府资本为辅。政府可以用预期土地价值税收作为抵押，弥补其资本贡献的不足。这种做法可保障铁路项目产生所有所需资金的来源，尽管有些属于公共来源（可能跨越三级政府）。

• 少量私人资本和大量公共资本。这是通过土地开发寻求私人资本的帮助，主要是通过多种混合途径筹集政府资金，如停车费、私家车的通行费、开发商出资、增加的注册费或轨道项目其他形式的税收抵押等。

政府可以将这些办法整合起来进行筹资或融资。首选方案是 100% 的私人资本通过政府投标程序进行项目投资。次选方案是少量的公共资本参与项目建设。政府可能仅为重大的国家建设城市项目（例如澳大利亚基础设施公司在成本效益基础

103

上优先考虑的项目）提供资金。然而，负责城市规划的相关政府部门必须有一个全面且长远的发展愿景，以便了解其所需的基础设施产品以及用于何处。

为确保私营企业的资金能够实现公益目标，政府投标在财政部主导下进行。财政部将按照财力标准、土地开发标准和交通规划标准综合评价财团。因为它的首要任务是规划路线，而这并不会提供优化土地开发的机会，会导致轨道无法建成。在ERM 中，交通部门的唯一任务是确保交通系统与其他新的轨道兼容。交付过程需要重建局的权力，以发挥政府在土地征用、分区和土地集聚方面的作用，释放车站周围土地开发的潜在价值。

发挥私营企业投资的重要作用是使用新的治理工具的关键步骤。在企业轨道模型下，土地开发是融资的基石，正如私人土地开发企业的整合打开了其投资的路径。这种模式的优势在于，除非将其与新的城市轨道交通服务的创造便利、创造价值密切结合，否则新的活动中心将无法实现其私人发展的目标。参考文献［25］中对企业轨道模型及其执行情况进行了全面讨论。

6.2.3 骑行

骑行即自行车出行是实现城市低碳交通的真正有效解决方案。其具备众多优势，特别是个人和社会健康（第 9 章）与自行车出行的强度、频率直接相关[26,27]。如果自行车出行取代私家车出行，将会减少温室气体排放，有利于缓解交通拥堵。相关研究表明，骑行的收益远远超过其成本[28]。

在澳大利亚，骑行是一种仅次于步行、游泳和健美操位列第四的最受欢迎的运动[29]，且男性比女性骑行的次数更多。但在其他拥有良好的骑行基础设施的国家，情况未必如此[30]。2015 年的一项全国性调查[31]发现，大约 36% 的澳大利亚人在一年前至少有过一次骑行，大约 17% 的人在一周前至少有过一次骑行，这类出行主要用于娱乐而非交通。但是在日常交通中，骑行在澳大利亚的出行方式中占比很低，仅占出行方式的 1% ~ 2%，不过这种情况因地区而异（见表 6.1）。

此外，骑行行为亦因社会人口特征而异。在高收入国家中，受教育程度较高及社会地位较高的通勤人士选择骑行的频率更高[32,33]，而在低收入国家中，较贫穷的人选择骑行的频率较高。这是因为与出行方式选择相关的心理状态会影响骑行的频率，渴望提高社会地位的人群往往把骑行视为地位低的标志[34-36]。

6.2.3.1 提升郊区可骑行性的原则与创新

在成功提高社区内骑行在各种出行方式中占比的基础上，合理确定提升城市可骑行性所需的原则[37-40]：政府领导、战略政策和规划、基础设施的供应以及付诸行动的方案和激励。政府领导公众对话的基调和方向对确定骑行在社会中的作用至关重要，这对于将大多数人骑行目的从娱乐运动转变为日常出行尤为重要。

政府需要制定战略政策的方向和框架，以调整资源实现提升骑行占比的既定目标。它需要对出行方式进行有意义的优先排序，首先要把重点放在步行上，其次是骑行，然后是公共交通，最后是私家车。澳大利亚有全国骑行计划[41]，大多数的州和地方政府都有这样的计划，但是这些计划若想生效，就需要有足够的资源。非交通运输领域的政策方向也会影响骑行。例如，交通运输和土地利用规划一体化使得选择自行车出行的居民可以通过骑行到达其感兴趣的目的地。

骑行的基础设施，如专用自行车道、自行车停车场和出行结束后的服务设施（淋浴和储物柜），对于吸引新的骑手和提高骑行安全性至关重要。与建设道路相比，改善基础设施更加经济，甚至小的城市交通设计的变化（如坡道或标志）也能促进整体收益[42]。然而，上述措施的实施基础是保证自行车线路网的连通性和可达性。

鼓励人们执行并保持骑行的行为方案有助于改变有关骑行的社会规范。提高骑行技能和信心的活动以及鼓励尝试自行车出行（例如骑自行车上班）的方案有利于骑行活动[43,44]的增加。建立骑行"文化"，接受骑行并将其视为一种时尚，也有助于提高骑行出行的频率。欧洲城市（墨尔本和布里斯班）常见的社区自行车共享系统为骑行提供了一条便捷的途径。

2007 年，悉尼市发布了一项十年战略规划，以提高骑行出行频率[45]。该规划的重点是基础设施建设，特别是建立一个协调的自行车道干线网络，包括 55km 的专用自行车道，以连接城市与郊区，附加一系列鼓励改变出行行为的社会倡议，以确保骑行成为一种常规和日常的出行方式[46]。其中一个具体的目标是增加悉尼市的骑行出行次数占总出行次数的百分比。通过战略规划的实施，拟将该比例从 2006 年的不到 2% 增加到 2016 年的 10%。

澳大利亚需要为骑行出行提供更强有力的政府领导和适当的资金支持。州政府对骑行的支持各不相同，而地方政府或许最能意识到增加骑行的优势。地方政府经常建设骑行基础设施，但需要州政府提供战略支持与区际联系，以实现地方政府区域之间更好的连通。

在澳大利亚，工作或购物的出行距离可能会成为骑车的障碍，为了提高自行车出行的频率，需要更好地与公共交通结合。骑行可实现个人利益与社会利益的共赢，企业和工作场所也可以通过提供更好的出行结束后的服务设施创造一个积极的社会规范，为考虑骑行的居民提供支持。

6.2.4　步行

尽管 20 多年的研究表明，生活在步行社区的人更愿意选择步行出行（从而降低患慢性病的风险），但公共交通、社会基础设施和商店服务等配套设施并不全面的低密度住房开发项目仍持续在城市边缘建设[47]。不知情的居民为寻求"负担得起"的住房，购买这些城市边缘的开发项目，往往等待数年（或数十年）才能看到承诺的基础设施建成[48]。由于公共交通有限，且自行车基础设施不足，居民出行困难，居民很快就意识到自己选择的房子可能无法提供能够负担得起的"生活"：漫长且昂贵的通勤出行成为常态，此时合理的选择是私家车出行[49]。开车时间会增加抵押贷款脆弱性[50]风险，且由于社交活动的减少容易造成体重增加[51]、肥胖[52]和精神健康状况较差[53]。因此，社区的规划设计能够对居民的身心健康产生深远的影响（详见第 8 章和第 9 章）。

开发行业通常认为，市场选择了这些边缘地区的发展，而行业也提供了市场所需。然而，对于那些选择不多的人来说，低密度的开发得不到商店、基础设施和公共交通的服务，他们得到的只是对私家车的依赖[54]。人们生活在步行街区里，会产生更多的步行出行。此外，就算在设计得较好的社区中也可能存在着大量的潜在步行需求尚未被满足。例如，生活在珀斯不适合步行社区的人中，62％的人更喜欢通过步行到达当地商店和提供服务的社区[55]。

在澳大利亚城市范围内，步行水平差别很大。例如，GilesCorti 等人[56]发现墨尔本的市中心居民区（建于 19 世纪末，具备规则的网格模式街道网络、较高的住宅密度和主要的街道活动中心）均被列为"高度可步行性"社区。虽然中部和郊区（特别是火车站周围的区域）有很多小步行区，但当地步行水平很低，大多数都被评为步行能力较低或中等的社区。

显而易见，步行更可能发生在可步行的社区，这些社区有相互连通的街道网络、高密度的住房、混合的土地利用模式以及多样化的目的地、人行道和管理良好的交通状况。然而，所想与所行之间存在着巨大的差距。经济合作与发展组织（OECD）认为，鼓励居民步行有利于保持健康，规划、运输和卫生部长有责任制定"法律、行政和技术框架"，以鼓励居民步行[57]。

6.2.4.1 提升郊区可步行性的原则与创新

在 21 世纪，我们应该建造可以步行到达的社区，这些社区应具备日常生活所需的基本地方服务，并建立多式联运系统，将居民与区域和大都市就业及服务联系起来：

• 远郊发展需要一致的城市设计准则，要求更高的居住密度、能够提供本地混合用途发展规划和街道网络的设计，从而提升相邻住宅开发项目之间的连通性。

• 能够到达当地社区的关键要素在于尽可能提供高质量的公共交通服务，将步行社区与通过区域和大都市就业和服务中心的目的地连接起来同时提供配套的骑行基础设施，将社区与区域公共交通和活动中心连接起来[58]。

• 在城市边缘的发展中，实现高质量的公共交通服务和本地商店服务需要更高的居住密度。研究显示，约 35 个住宅/1000m^2 的最低居住密度，才可提供更佳的公共交通服务[59]。澳大利亚各城市边缘发展的密度准则各不相同，从珀斯的 20 个住宅/1000m^2[48]到墨尔本的 15 个住宅/1000m^2[60]不等。设计规划和实地交付之间存在的较大差距[48]，进一步削弱了步行社区的预期服务目标。更高的住宅密度有助于提供更有效的公共交通、当地商店服务。此外，如果密度增加一倍，则公共设施、人行道和道路的固定基础设施成本将会减半，同时可以使更多的人能够利用现有的基础设施[61]。要达到更高的密度，就需要在远郊发展项目中提供更加多元化的房屋储备。因此，必须打破建造高密度建筑的障碍。

- 需要对远郊的开发建设进程进行合理规划，以确保住房和相关基础设施同步交付。维多利亚州审计报告发现，墨尔本经济增长领域的基础设施投资不足 180 亿美元，原因在于政府无法跟上新发展的步伐。因此，需要采取一定的措施对不按顺序的开发者进行制约。例如，如果开发商选择不按顺序进行开发，就必须首先建设社会基础设施，以保证住户的基本生活。

此外，还迫切需要对基础设施完善的已建郊区进行改造，特别是在交通枢纽和活动中心的内部及周围，如建设高密度、多用途的经济适用房（第 5 章）。这些项目的开发可以为购买首套住房的年轻人和想要安享晚年的老年人提供多样的住房选择。这些发展项目除了建立步行社区外，还应以降低居民对机动车的依赖性为目的。

这些想法前人已经有所涉及（详见第 5 章）。在 20 世纪 70 年代的波特兰，俄勒冈州通过了一项成功的土地利用和交通运输一体化城市规划，得到了历届政府 30 余年的支持，并不断强化。由于精细的城市网络建设，墨尔本市中心为许多工业区成功改造创建高度受欢迎的高密度、混合用途的优质公共交通服务社区提供了参考。对西澳大利亚州政府的宜居小区[55]进行的综合评估表明，绿地的分区设计规范可以使居民获得更好的居住效果。然而，该研究强调了评估的重要性，结果表明总体上只有 47% 的政策得到实施。尽管如此，实施的政策数量每增加 10%，人们在当地步行的概率就增加 50%。

如果我们能够创造步行环境，人们就有更大的可能选择步行。步行社区是人们向往的生活环境，能够促进身体健康和城市可持续发展，同时居民的潜在需求也希望其不断发展、延伸。

6.3　智能出行

"智能出行"包括：①"智能用户"——对他们的出行选择做出恰当的决定；②"智能车辆"——可以使用可再生能源以最佳方式自动驾驶；③"智能基础设施"——可以与车辆和用户沟通，并实时通知他们出行条件的变化。它试图以满足用户需求的方式集成所有新技术系统和应用程序，同时提供安全、高效、低排放或零排放的出行（详见第 10 ~ 13 章）。本节讨论的是目前正在实施的一些智能基础设施、车辆和用户系统，目的是提高出行的安全性和效率，减少出行产生的排放。

6.3.1　实现郊区智能出行的原则与创新

智能出行系统起源于 20 世纪 90 年代初[62]，采用新的信息和通信技术，在降低环境影响的同时，提高现有交通基础设施的容量和安全性。传统的不惜一切代价修建更多道路的方法并不能有效地治理拥堵，而新技术可以通过实时提供出行信息来解决拥堵问题。以前只用于交通控制的交通数据，现在可以通过可变信息标志（VMS）和专用的无线电数据系统交通信息通道进行实时处理和传播，从而实现交通信息的实时交互。如今，大多数全球定位系统的导航辅助工具都可以访问这些实时交通数据，并使用它们来确定通往目的地的实时最佳路径[63]。最近，蓝牙系统已经得到广泛应用[64,65]，配合视频监测技术可以提供城市区域内规划路线上出行时间的实时数据。为出行者提供实时的路况信息，可更有效地利用现有道路的通行能力，从而减少拥堵、缩短出行时间、降低燃料消耗和排放。郊区出行者直接受益于这一点，通过对交通信息的分析而明智地决定何时出行以及选择哪条路线。

正如新技术提高了道路基础设施的效率、降低了排放，汽车也在朝着类似的趋势发生着颠覆性的变化。在乘用车市场，这些变化主要是由安全效益驱动，而不是环境收益。随着防抱死制动系统和安全气囊的出现，重伤和致命车祸的发生率显著下降[66]。制造商们正在寻找新的技术来预防事故或降低事故的严重程度。这些技术包括自动避免正面碰撞的自动驾驶汽车（Autonomous Vehicle，AV）技术、自动高速公路驾驶和变道技术。尽管全自动汽车或无人驾驶汽车是否或何时会普及还存在争议[67,68]，但毫无疑问它们会很快用于特定场景。当前，主要焦点问题是公众是否接受以及立法改革是否允许该类车辆上路。南澳大利亚州是澳大利亚第一个立法允许自动驾驶汽车在试验条件下行驶在公共道路上的地区[69]。这些"智能车辆"能够与其他"智能车辆"和"智能基础设施"进行通信以增加安全性，并将实时信息用于规划最佳路线，同时减少交通运输的排放。为了进一步降低郊区出行排放，这些车辆还可以使用可再生能源作为燃料。尽管汽车制造商不断向消费者宣传电动汽车的环保潜质，但实际上它们用于充电的能源并不环保，主要是因为澳大利亚的国家电网仍然由燃煤发电站主导。实现私家车脱碳最快速的途径是引进用太阳能光伏和电池储能充电的汽车，而郊区可能是其应用前景最广阔的地方[14]。

"智能车辆"的另一个应用是郊区的需求响应型公共交通服务应用。用户可以呼叫智能电动班车，该车可以提供目的地（如商店、医疗中心和学校）或干线运输服务的门到门服务[64]，从而减少个人出行。这些车队大部分由政府或商业组织所有和运营，因此，很大可能实现利用可再生能源充电，从而显著减少排放。西澳大利亚洲于 2016 年开始对该技术进行试验[70]。

最后一个难题是"智能用户"。无论道路基础设施或车辆多么"智能"，如果使用不当，就无法实现任何潜在的安全、效率或环境效益。为用户提供相关及时的出行信息，使其在出行时做出明智的选择是一项艰巨的挑战。郊区出行就是一个很好的例子，随着时间的推移，通勤出行变得越来越复杂多样[71]。总体来说，郊区的交通需求正变得越来越复杂，不仅仅是找到一条通往 CBD 的快捷可靠的道路那么简单。郊区用户要求在一天中的任何时间，可以出于多种目的在他们所在的地区、跨城镇和商业中心内使用服务。技术和应用程序，再加上智能定价系统（使用户能够了解他们的旅行选择及其成本和后果），可以协助"智能用户"利用适当的"智能基础设施"和"智能车辆"，从而为出行者提供"智能出行"选项，最终提高安全、效率和环境效益[72]。慢行交通加上连接郊区和商业中心的公共交通，必要时还可通过私人交通工具将其扩展到需要跨郊区出行的较难到达的地点，可以为郊区出行提供更高效、更健康和更环保的出行架构。

6.4　本章小结

　　要实现本章概述的愿景，需要社会各方共同制定城市规划，而不是仅由政府进行计划。在过去 50 年间，"规划赤字"尤为显著。多年来，澳大利亚主要城市的长期规划中越来越多的战略计划要么随着政府更迭而被放弃，要么执行不够彻底。这直接导致了城市内部，尤其是偏远郊区的机动性损失[73]。

　　目前仍有必要停止汽车依赖型城市的扩张，这一过程正在加剧众所周知的外部负面影响，除本章所列之外，还包括农业用地流失。规划者需要一系列能够统筹人口地理向心力和离心力的定居策略组合：将人口增长分散到地区各个城市，并通过城市建筑填充和集约化使人口向内部转移，重新定居到已完成建设的郊区。在这两种策略执行过程中，政府制定战略规划激活市场投资至关重要。考虑集聚性经济效益的新政策已经取代早期失败的去中心化政策，并确保地方城市能够通过高速轨道成为功能性大都市"城市体系"的一部分。例如，墨尔本与吉朗、巴拉瑞特、班迪戈和沃勒格尔等省级城市之间的 350km/h 高速服务，将这些中心城市改造成相当于现在的墨尔本中环郊区，而这些地方的通勤时间通常为 30min，如图 6.4 所示[74]。

　　已建立的城市郊区也需要优化升级，从而实现未来城市可持续发展。此时，交通和土地利用的规划理念和政策需要转变。近年来，住房集约化一直是焦点，通过城市整合和城市空间建筑填充的政策逐步进行，但这些政策仍然明显存在待改进之处[75]。当城市交通规划保守缺乏活力时，这些创新和指导原则能够为城市建设注入更大的低碳机动性，并将协同效应带入澳大利亚城市的中远郊（以及那些共享低密度汽车的汽车依赖型的国际城市[76]）。本章所概述的城市发展方向将为未来战略都市规划提供参考。

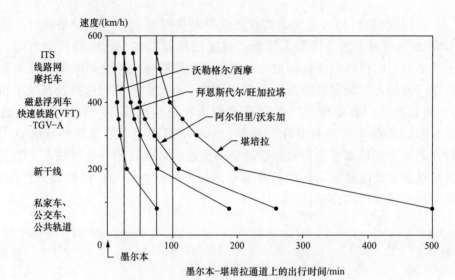

图 6.4　高速地面运输对空间收缩的影响[74]

注：Peter Newton 持有此图版权。

参 考 文 献

[1]　RAND Corporation, Ecola, L, and Wachs, M (2012). *Exploring the Relationship between Travel Demand and Economic Growth*, Prepared for US Federal Highway Administration, December 2012. [online] Available at: http://www.fhwa.dot.gov/policy/otps/pubs/vmt_gdp/.

[2]　Eurostat (2016). *Passenger transport statistics*. [online] Available at: http://ec.europa.eu/eurostat/statistics-explained/index.php/Passenger_transport_statistics#Relative_growth_of_passenger_transport_and_the_economy [Accessed 4 April 2016].

[3]　Bureau of Infrastructure, Transport and Regional Economics (2015). *Traffic and Congestion Costs for Australian Capital Cities, Information Sheet 74*, BITRE, Canberra. [online] Available at: www.bitre.gov.au.

[4]　Department of the Environment (2015). *National Inventory Report 2013 Volume 1*, Commonwealth of Australia.

[5]　Newton, P W (2012). Liveable and sustainable? Socio-technical challenges for 21st century cities. *Journal of Urban Technology*, 19(1), 81–102.

[6]　Thomson, G, Newton, P and Newman, P (2016). Urban regeneration and urban fabrics in Australian cities. *Journal of Urban Regeneration and Renewal*, 10(2), 1–22.

[7]　Szafraniec, J, Rawnsley, T and Maloney, J (2011). *Public Transport Access Levels*, SGS Planning, Melbourne.

[8]　Victorian Department of Economic Development, Jobs, Transport and Resources (2016). *Melbourne, Victorian Department of Economic Development, Jobs, Transport and Resources*. Available at: http://economicdevelopment.vic.gov.au/transport/research-and-data/vista.

[9] BITRE (2016). 'Lengthy Commutes in Australia', Research Report 144, Bureau of Infrastructure, Transport and Regional Economics, Canberra.

[10] Gipps, P G, Brotchie, J, Hensher, D, Newton, P and O'Connor, K (1997). *The Journey to Work, Employment, and the Changing Structure of Australian Cities*, Research Monograph No. 3, Australian Housing and Urban Research Institute, Melbourne.

[11] Stanley, J K, Hensher, D, Stanley, J R and Vella-Brodrick, D (2011). Mobility, social exclusion and well-being: Exploring the links. *Transportation Research A*, 45(8), 789–801.

[12] Rawnsley, T and Spiller, M (2012). 'Housing and Urban form: A New Productivity Agenda', in *The Unintended City*, R Tomlinson (ed), CSIRO Publishing: Melbourne.

[13] Newton, P W (2000). 'Urban Form and Environmental Performance', in *Sustainable Urban Form*, K Williams, E Burton and M Jenks (eds.), Achieving, E&FN Spon: London.

[14] Newton, P and Newman, P (2013). The geography of solar photovoltaics (PV) and a new low carbon urban transition theory. *Sustainability*, 5, 2537–2556.

[15] Taylor, M A P and Thompson, S M (2015). 'RP – 2015 Carbon Reductions and Co-benefits: Literature and Practice Review of Australian Policies Relating Urban Planning and Public Health'. Final Report – Part II: An Analysis of Current Levels of Active Transport Usage in Australia – Towards a Measure of Baseline Activity, Research Report, CRC for Low Carbon Living, Sydney.

[16] Stanley, J K, Stanley, J R and Davis, S (2015). *Connecting Neighbourhoods: The 20 Minute City*, Bus and Coach Industry Policy Paper 4, Canberra: Bus Industry Confederation.

[17] Stanley, J, Hensher, D A and Loader, C (2011). Road transport and climate change: Stepping off the greenhouse gas. *Transportation Research Part A: Policy and Practice*, 45(10), 1020–1030.

[18] Stanley, J and Hensher, D (2011). 'Economic Modelling, in New Perspectives and Methods' in *Transport and Social Exclusion Research*, G Currie (ed.), Emerald: Bingley.

[19] Hensher, D (2016). Why is light rail starting to dominate bus rapid transit yet again? *Transport Reviews*, 36(3), 289–292.

[20] Ewing, R and Cervero, R (2010). Travel and the built environment. *Journal of the American Planning Association*, 76(3), 265–294.

[21] Chatman, D (2013). Does TOD need the T? *Journal of the American Planning Association*, 79(1), 17–31.

[22] Stanley, J K, Stanley, J R and Hensher, D (2012). Mobility, social capital and sense of community: What value? *Urban Studies*, 49(16), 3595–3609.

[23] McIntosh, J, Trubka, R and Newman, P (2015). Tax increment financing framework for integrated transit and urban renewal projects in car dependent cities. *Urban Policy and Research*, 33(1), 37–60. 3 December, DOI: 10.1080/08111146.2014.968246.

[24] Newman, P and Kenworthy, J (2015). *The End of Automobile Dependence: How Cities Are Moving Beyond Car-based Planning*, Island Press: Washington, DC.

111

[25]   Newman, P, Jones, E, Green, J and Davies-Slate, S (2016). *The Entrepreneur Rail Model. [online] Curtin University Sustainability Policy Institute, Perth.* Available at: http://www.curtin.edu.au/research/cusp/publications.cfm.

[26]   Garrard, J, Rissel, C and Bauman, A (2012). 'Health Benefits of Cycling', in *City Cycling*, J Pucher and R Buehler (eds.), MIT Press: Cambridge, Massachusetts. p. 31–55.

[27]   Philp, M, Taylor, M A P and Thompson, S (2015). *RP-2015 Carbon Reductions and Co-benefits: Final Report – Part I, Literature and Practice Review of Australian Policies Relating Urban Planning and Public Health.* Research Report. Cooperative Research Centre for Low Carbon Living, Sydney. [online] Available at: www.lowcarbonlivingcrc.com.au.

[28]   Rissel C (2015). 'Health Benefits of Cycling', in *Cycling Futures*, J Bonham and M Johnson (eds.), University of Adelaide Press: Adelaide. p. 43–62.

[29]   Australian Bureau of Statistics. *Participation in Sport and Physical Recreation*, Australia, 2011–2012 (2013). [online] Available at: http://www.abs.gov.au/ausstats/abs@.nsf/mf/4177.0. [Accessed 14 February 2016].

[30]   Garrard, J (2003). Healthy revolutions: Promoting cycling among women. *Health Promotion Journal of Australia*, 14(3), 213–215.

[31]   Austroads, National Cycling Participation Survey (2015). *National Results*, Sydney: Austroads.

[32]   Rissel, C, Greenaway, M, Wen, L M and Bauman, A (2014). Active travel to work in New South Wales 2005–2010 in NSW, individual characteristics of people walking and cycling to work and association with body mass index. *Australian and New Zealand Journal of Public Health*, 38(1), 25–29.

[33]   Adams, E J, Goodman, A, Sahlqvist, S, Bull, F C, Ogilvie, D, iConnect Consortium (2013). Correlates of walking and cycling for transport and recreation: Factor structure, reliability and behavioural associations of the perceptions of the environment in the neighbourhood scale (PENS). *The International Journal of Behavioral Nutrition and Physical Activity*, 10, 87.

[34]   Green, J, Steinbach, R and Datta, J (2012). The travelling citizen: Emergent discourses of moral mobility in a study of cycling in London. *Sociology*, 24(2), 189–218.

[35]   Haixiao P (2012). 'Evolution of Urban Bicycle Transport in China', in *Cycling and Sustainability*, J Parkin (ed.), Emerald: Bingley. p. 161–180.

[36]   Steinbach, R, Green, J, Datta, J and Edwards, P (2011). Cycling and the city: A case study of how gendered, ethnic and class identities can shape healthy transport choices. *Social Science Medicine*, 72(7), 1123–1130.

[37]   Pucher, J and Buehler, R (2008). Making cycling irresistible: Lessons from the Netherlands, Denmark and Germany. *Transport Reviews*, 28(4), 495–528.

[38]   Pucher, J, Dill, J and Handy, S (2010). Infrastructure, programs, and policies to increase bicycling: An international review. *Preventive Medicine*, 50(Suppl 1), S106–S125.

[39]   Goodman, A, Panter, J, Sharp, S J, and Ogilvie, D (2013). Effectiveness and equity impacts of town-wide cycling initiatives in England: A longitudinal, controlled natural experimental study. *Social Science & Medicine*, 97, 228–237.

112

[40]　Pucher, J and Buehler, R (2012). 'Promoting Cycling for Daily Travel: Conclusions and Lessons from Across the Globe', in *City Cycling*, J Pucher and R Buehler (eds.), The MIT Press: Cambridge, MA. p. 347–363.

[41]　Australian Bicycle Council (2010). *The Australian National Cycling Strategy 2011–2016*. Austroads, Sydney.

[42]　Stewart, G, Anokye, N K and Pokhrel, S (2015). What interventions increase commuter cycling? A systematic review. *BMJ Open*, 5(8), e007945.

[43]　Rissel, C and Watkins, G (2013). *AustCycle – Evaluation of the Healthy Communities Initiative 2010–13*, Cycling Australia: Alexandria.

[44]　Rose, G and Marfut, H (2007). Travel behaviour change impacts of a major ride to work day event. *Transportation Research Part A*, 41, 351–364.

[45]　City of Sydney (2007). *Cycle Strategy and Action Plan 2007–2017*, City of Sydney: Sydney.

[46]　City of Sydney (2010). *Enabling Cycling Strategy*, City of Sydney: Sydney.

[47]　Allender, S, Cavill, N, Parker, M and Foster, C (2009). Tell us something we don't already know or do! – The response of planning and transport professionals to public health guidance on the built environment and physical activity. *Journal of Public Health Policy*, 30(1), 102–116.

[48]　Hooper, P, Giles-Corti, B and Knuiman, M (2014). Evaluating the implementation and active living impacts of a state government planning policy designed to create walkable neighborhoods in Perth, Western Australia. *American Journal of Health Promotion*, 28(3 Suppl), S5–S18.

[49]　Falconer, R, Newman, P and Giles-Corti, B (2010). Is practice aligned with the principles? Implementing New Urbanism in Perth, Western Australia. *Transport Policy*, 17(5), 287–294.

[50]　Dodson, J and Sipe, N (2008). Shocking the suburbs: Urban location, home ownership and oil vulnerability in the Australian city. *Housing Studies*, 23(3), 377–401.

[51]　Sugiyama, T, Merom, D, van der Ploeg, H P, Corpuz, G, Bauman, A and Owen, N (2012). Prolonged sitting in cars: Prevalence, socio-demographic variations, and trends. *Preventive Medicine*, 55(4), 315–318.

[52]　Frank, L D, Andresen, M A and Schmid, T L (2004). Obesity relationships with community design, physical activity, and time spent in cars. *American Journal of Preventive Medicine*, 27(2), 87–96.

[53]　Putnam, R (2000). *Bowling Alone: The Collapse and Revival of American Community*, Simon & Schuster: New York.

[54]　Giles-Corti, B, Knuiman, M, Timperio, A, *et al.* (2008). Evaluation of the implementation of a state government community design policy aimed at increasing local walking: Design issues and baseline results from RESIDE, Perth Western Australia. *Preventive Medicine*, 46(1), 46–54.

[55]　Bull, F, Hooper, P, Foster, S, Giles-Corti, B (2015). *Living Liveable: The Impact of the Liveable Neighbourhoods Policy on the Health and Wellbeing of Perth Residents*, Perth, Western Australia: The University of Western Australia.

[56]　Giles-Corti, B, Mavoa, S, Eagleson, S, Davern, M, Roberts, R and Badland, H (2014). *How Walkable is Melbourne? The Development of a Transport Walkability Index for Metropolitan Melbourne*. Melbourne: University of

Melbourne.

[57] OECD (2011). *International Transport Forum 2011, Pedestrian Survey*, Urban Space and Health: Summary Document.

[58] Giles-Corti, B, Eagleson, S and Lowe, M (2014). *Securing Australia's Future – Sustainable Urban Mobility. The Public Health Impacts of Transportation Decisions*, Melbourne: Consultancy Services.

[59] Giles-Corti, B, Hooper, P, Foster, S, Koohsari, M and Francis, J (2014). *Low Density Development: Impacts on Physical Activity and Associated Health Outcomes*, Melbourne: Heart Foundation (Victorian Division).

[60] State of Victoria (2014). *Plan Melbourne – Metropolitan Planning Strategy, in Department of Transport Planning, and Local Infrastructure* (eds.), Victorian Government: Treasury Place, Melbourne.

[61] Gunn, L D, Lee, Y, Geelhoed, E, Shiell, A and Giles-Corti, B (2014). The cost-effectiveness of installing sidewalks to increase levels of transport walking and health. *Preventive Medicine*, 67, 322–329.

[62] ITS America (2016). *Intelligent Transportation Society of America*. [online] Available at: http://www.itsa.org/. [Accessed 12 April 2016].

[63] TomTom. 2016. *TomTom Traffic*. [online] Available at: https://www.tomtom.com/en_gb/licensing/products/traffic/real-time-traffic/hd-traffic/ [Accessed 6 April 2016].

[64] South Australian Department of Planning Transport and Infrastructure (2015). *Journey decisions made easier as travel time signs switched on*. [online] Available at: http://dpti.sa.gov.au/news/?a=173180/ [Accessed 12 April 2016].

[65] Queensland Government Department of Transport and Main Roads (2014). *Dealing with traffic congestion in south east Queensland*. [online] Available at: http://www.tmr.qld.gov.au/Community-and-environment/Planning-for-the-future/Congestion.aspx [Accessed 6 April 2016].

[66] National Roads and Motorists Association (2016). *The history of car safety*. [online] Available at: http://www.mynrma.com.au/motoring-services/safety-advice/safer-driving/history.htm [Accessed 5 April 2016].

[67] Driverless car market watch. 2016. *Autonomous car forecasts*. [online] Available at: http://www.driverless-future.com/?page_id=384 [Accessed 6 April 2016].

[68] Newman, P (2015). *Going down the same old road: Driverless cars aren't a fix for our transport woes, The Conversation*, 1 December. Available at: https://theconversation.com/going-down-the-same-old-road-driverless-cars-arent-a-fix-for-our-transport-woes-50912 [Accessed 3 December 2016].

[69] Government of South Australia (2016). *SA becomes first Australian jurisdiction to allow on-road driverless car trials*. [online] Available at: http://www.premier.sa.gov.au/index.php/stephen-mullighan-news-releases/337-sa-becomes-first-australian-jurisdiction-to-allow-on-road-driverless-car-trials [Accessed 4 April 2016].

[70] NAVYA (2016). *Royal Automobile Club: NAVYA ARMA is set to arrive in Western Australia*. [online] Available at: http://navya.tech/2016/02/royal-automobile-club-navya-arma-australia/?lang=en [Accessed 7 April 2016].

[71] Xu, B and Milthorpe, F (2010). *Analysis of Journey to Work Travel Patterns in Sydney*, Papers of the 2010 Australian Transport Research Forum, Canberra. [online] Available at: www.atrf.info/papers.

[72] CISCO (2016). *Smart Transportation Pricing (STP): An Innovative Connected and Sustainable Mobility Pilot. Cisco Internet Business Solutions Group (IBSG) and the Seoul Metropolitan Government.* [online] Available at: http://www.cisco.com/c/dam/en_us/about/ac79/docs/cud/STP_Fact_Sheet_051309_SM_TKv2_FINAL2.pdf.

[73] ACOLA (2015). *Delivering Sustainable Urban Mobility*, Australian Council of Learned Academies, Canberra.

[74] Newton, P W, Brotchie, J F and Gipps, P G (1997) *Cities in Transition: Changing Economic and Technological Processes and Australia's Settlement System, State of the Environment Technical Paper Series* (Human Settlements), Environment Australia, Canberra.

[75] Newton, P (2017). 'Framing New Retrofit Models for Regenerating Australia's Fast Growing Cities', in *Retrofitting Cities for Tomorrow's World*, M Eames *et al.* (eds.), Wiley-Blackwell: London.

[76] Philp, M and Taylor, M A P (2017). A research agenda for low carbon mobility: Issues for 'new world' cities. *International Journal of Sustainable Transportation*, 11(1), 49–58. [online] Available at: http://dx.doi.org/10.1080/15568318.2015.1106261

术　语

AEV	智能电动汽车
AV	自动驾驶汽车
BRT	快速公交
CBD	中央商务区
ERM	企业家铁路模型
EV	电动汽车
GHG	温室气体
ICT	信息和通信技术
ITS	智能交通系统
LRT	轻轨运输
PTAL	公共交通接入等级
PV	光伏（太阳能）
TOD	以公共交通为导向的开发
VFT	快速铁路
VKT	车辆行驶里程
VMS	可变信息标志

延 伸 阅 读

[1] Bento, A M, Cropper, M L, Mobarak, A M and Vinha, K (2005). The effects of urban spatial structure on travel demand in the United States. *The Review of Economics and Statistics*, 87(3), 466–478.

[2] Fagnant, D J and Kockelman, K (2015). Preparing a nation for autonomous vehicles: Opportunities, barriers and policy recommendations. *Transportation Research Part A: Policy and Practice*, 77(July), 167–181.

[3] Giles-Corti, B, Foster, S, Koohsari, J and Hooper, P (2015). 'The Influence of Urban Design and Planning on Physical Activity', in *The Routledge Handbook of Planning for Health and Wellbeing*, H. Barton, S. Thompson, S. Burgess and M. Grant (eds.), Routledge: London.

[4] Givoni, M and Banister, D (eds.) (2013). *Moving Towards Low Carbon Mobility*. Edward Elgar Publishing: Cheltenham.

[5] Loader, C and Stanley, J (2009). Growing bus patronage and addressing transport disadvantage – The Melbourne experience. *Transport Policy*, 16, 106–114.

[6] Nakamura, K and Hayashi, Y (2013). Strategies and instruments for low carbon urban transport: An international review on trends and effects. *Transport Policy*, 29, 264–274.

[7] Public Health England (2016). *Working Together to Promote Active Travel: A Briefing for Local Authorities*. Public Health England: London (PHE publications gateway number: 2016070).

[8] Rajé, F and Saffrey, A (2016). *The Value of Cycling*. Department for Transport and University of Birmingham: London.

[9] Sallis J F, *et al.* (2016). Physical activity in relation to urban environments in 14 cities worldwide: A cross-sectional study. *The Lancet*, 387(10034): 2207–2217.

[10] Schoettle, B and Sivak, M (2015). *Motorists' Preferences for Different Levels of Vehicle Automation*, The University of Michigan, Transportation Research Institute: Ann Arbor, MI, Report No. UMTRI-2015-22, July 2015.

7

第7章
交通方式需要的"颠覆"：
城市千年发展中的公共交通

摘要： 公共交通是唯一一种可以一次性完成大规模旅客输送的机动性交通方式，同时既不会造成严重的环境污染问题，又不会过度侵占农业用地。尽管"颠覆性"技术在城市交通中发展迅速，但公共交通在未来几十年间仍将在世界城市交通系统中发挥至关重要的作用。这主要是因为未来的城市将面临越来越多的空间竞争。尽管目前没有城市可以完美创建可媲美私家车的公共交通网络，但仍然不乏一些成功案例。本章选取并介绍了相对成功的案例，包括维也纳、苏黎世和温哥华市区的公共交通系统。本章概述了交通系统的特征，包括运营成本、基础设施投资和模式共享，以及人口统计数据。每个案例都结合其政治背景来阐释其公共交通系统获得成功的原因。这三个城市的共同特点是当地交通政策具有一致性，从而以尽可能低的成本满足公共交通用户的需求。

关键词： 交通；公共交通；城市交通

7.1 引言

在发达国家，城市交通运输系统通常占用城市土地面积的30%或更多，这导致了城市空间资源越来越紧张，并且还会造成严重的环境污染问题，进一步侵占农业用地。过度发展交通运输系统还会带来能源消耗的压力，同时也增加了城市居民的健康成本。

所谓的"颠覆"性信息和通信技术（ICT）在城市交通环境中得到了迅速且广泛的应用。但是，传统的交通工程和城市规划理念则鼓励基于大运量的公交和慢行交通方式，这仍将是未来几十年内城市交通模式的发展方向。这是因为公共交通和慢行交通方式将为未来城市所面临的人口增长和气候变化等问题提供更好的解决方案。

本章认为，交通规划所需要的真正的"颠覆"是指打破城市发展快速公共系统和慢行交通系统的政策障碍，而不是盲目地增加低效的基于道路运输基础设施的新技术。

尽管新加坡、首尔、香港、东京以及包括巴黎和伦敦在内的欧洲大城市在城市公共交通领域有许多成功的经验，但我们仍然选择了维也纳、苏黎世和温哥华作为研究案例，这是因为这些城市在提高城市机动性和可达性方面，能给其他规模相当的北半球城市提供参考。

7.2 城市千年的挑战："传统"公共交通的作用

21世纪城市所面临的挑战是（详见第2章）：面对人口增长、气候变化和社会不稳定时，如何改善就业、教育、社会和文化活动的可达性？解决这些问题显然要涉及土地利用决策与交通运输基础设施投资之间的复杂相互作用关系。虽然这超出了本章的范围，但在规划和实施更公平的城市就业和服务空间分配方面，显然需要取得比新自由主义时代所取得的更大的成功。未来在交通运输系统的投入、建设和发展不仅需要考虑优化城市空间、减少人们久坐不动的生活方式引起的疾病，而且可以优化一些传统的出行时间度量指标。

从这个角度来看，新兴的"颠覆"性自动驾驶汽车技术以及其他应用于交通系统的ICT并不会阻碍我们认清这样一个现实：未来城市仍将需要高效的公共交通和慢行交通系统。

自动驾驶汽车的预期效益在于减少旅行时间、提高便利性，但是自动驾驶汽车技术的广泛采用将对整个交通运输系统产生怎样的影响：比如如何有效利用城市空间引导居民进行更多的户外活动以满足健康目标？许多预期的效益，特别是与有效利用道路空间和减少拥堵相关的，只有全面部署自动驾驶汽车才能实现。一些研究者估计，想要达到全面推广自动驾驶汽车的技术、监管、财务和社会等条件，可能要到2050年或是2060年[1]。

自动驾驶汽车技术的广泛应用（详见第11章）在当前城市拥堵状况减轻之前是必要的，这是因为当自动驾驶汽车通过交叉路口时，车辆间隔距离和加速度会有明显改善。目前尚不清楚过多的无乘客自动驾驶车辆是否会加剧城市拥堵。此外，相关政策的影响也尚不明确，特别是在更倾向于发展慢行交通的市中心。

自动驾驶汽车可能最终会达到减少每次出行所需的道路资源，但是人口和出行需求的增长在拥堵状况获得短暂缓解之前将消耗更多的城市空间资源。自动驾驶汽车能将驾驶员从紧张的驾驶中解脱出来，这可能导致平均出行距离的增长，从而使城市郊区扩张、侵犯农业用地。

兰德公司（RAND Corporation）是一个技术智囊团，他们认为：降低驾驶成本可能会导致行驶里程的增加。因此，自动驾驶汽车技术对拥堵的总体影响还不确定[2]。

即使是在经济合作与发展组织（Organization for Economic Co – operation and Development，OECD）相对乐观的假设下，国际运输论坛（International Transport Forum，ITF）认为自动驾驶出租车作为一种公共交通方式只有在大城市推广才能成功[3]。公共交通是唯一一种可以一次性完成大规模旅客输送的机动化交通方式，同时不会对社会和经济活动所需的空间造成阻断，这是城市发展的根本目的。

因此，只有维持和扩展城市快速公共交通系统，才能增加自动驾驶汽车的效益。

自动驾驶车辆和其他 ICT 创新（详见第 11 章和第 13 章）将彻底改变车辆拥有和运营的方式，并"颠覆"当前流动经济利润分配模型。该模型能评判这种扰动是否会给普通公民或是负责城市投资的公共机构带来经济利益，或者是否会带来未来的资本集中[4]。

无论如何，对新交通出行方式的过度热情存在很大的危险性，这是因为自动驾驶汽车可能会对受限于城市空间资源而低效率的交通运输系统产生颠覆性的影响。同时，我们也应鼓励交通规划师和工程师规划和设计能兼顾锻炼身体的交通系统和出行模式。

对于大多数城市来说，城市的长距离出行仍然依赖于基于客运走廊上的快速公共交通和慢行交通系统，真正的"颠覆"将是自动驾驶汽车作为一种新的出行方式为城市郊区提供更好的"最后一公里"衔接。

7.3 优先发展公共交通和慢行交通能否成功?

即使在发达国家，绝大部分城市的主要出行方式仍是机动车出行。然而，部分城市已经朝着正确的方向迈出了重大步伐，成功案例详见第 4 章。具体方法为在规划过程中调查城市交通的现状以及政策环境，大力推广适合当地的公共交通和慢行交通配套设施与服务。

在鼓励慢行交通出行方式过程中，良好的规划政策和措施至关重要，本章的重点为关注其规划过程。

7.3.1 成功的原则

在世界范围内，公路规划、停车位规划自 20 世纪 60 年代以来一直是交通规划的主要课题。政府每年花在道路建设以及维护上的费用高达数十亿元，旨在提高城市可达性，但几乎不可避免地会产生新的拥堵问题。例如，墨尔本自 20 世纪 70 年代以来拥有比其他澳大利亚城市更多的高速公路里程[5]，但是墨尔本周末的拥堵程度仍超过全国工作日晚高峰时段的拥堵程度[6]。

这些失败的案例已经证明，解决拥堵问题的唯一途径是：在人口密度较低的城市郊区实现公共交通覆盖率与运营费用之间的平衡。Mees[7]在其几个重要的论著中皆证明了许多郊区公共交通运营"不可能性"观点的脆弱性。关于 Mees 分析使用和滥用人口密度数据作为支持"不可能性"观点的摘要请参阅参考文献 [8]。

理论上，我们已经认识到高效的公共交通系统即使在人口密度较低的郊区也可以发挥其"网络效应"。Mees[9]在其论著"*A Very Public Solution*"中构建了一个简单的概念性城镇，叫作 Squareville（图 7.1），出行需求在该城镇内任意始发地和目的地之间均匀分布。以 Squareville 为例，Mees 研究了公共交通服务的增加对潜在客流的影响。结果表明，随着公共交通服务的增加，仅会吸引 3% 的额外市场份额。

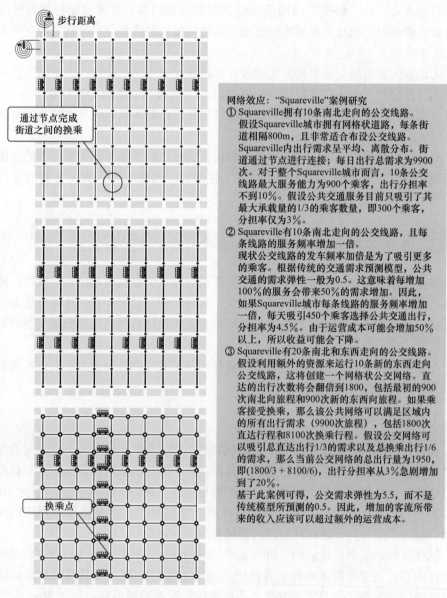

网络效应："Squareville"案例研究

① Squareville 拥有 10 条南北走向的公交线路。
假设 Squareville 城市拥有网格状道路，每条街道相隔 800m，且非常适合布设公交线路。Squareville 内出行需求呈平均、离散分布。街道通过节点进行连接；每日出行总需求为 9900 次。对于整个 Squareville 城市而言，10 条公交线路最大服务能力为 900 个乘客，出行分担率不到 10%。假设公共交通服务目前只吸引了其最大承载量的 1/3 乘客数量，即 300 个乘客，分担率仅为 3%。

② Squareville 有 10 条南北走向的公交线路，且每条线路的服务频率增加一倍。
现状公交线路的发车频率加倍是为了吸引更多的乘客。根据传统的交通需求预测模型，公共交通的需求弹性一般为 0.5。这意味着每增加 100% 的服务会带来 50% 的需求增加。因此，如果 Squareville 城市每条线路的服务频率增加一倍，每天吸引 450 个乘客选择公共交通出行，分担率为 4.5%。由于运营成本可能会增加 50% 以上，所以收益可能会下降。

③ Squareville 有 20 条南北和东西走向的公交线路。
假设利用额外的资源来运行 10 条新的东西走向公交线路，这将创建一个网格状公交网络。直达的出行次将会翻倍到 1800，包括最初的 900 次南北向旅程和 900 次新的东西向旅程。如果乘客接受换乘，那么该公共网络可以满足区域内的所有出行需求（9900 次旅程），包括 1800 次直达行程和 8100 次换乘行程。假设公交网络可以吸引总直达出行 1/3 的需求以及总换乘出行 1/6 的需求，那么当前公交网络的总出行量为 1950，即（1800/3 + 8100/6），出行分担率从 3% 急剧增加到了 20%。
基于此案例可得，公交需求弹性为 5.5，而不是传统模型所预测的 0.5。因此，增加的客流所带来的收入应该可以超过额外的运营成本。

图 7.1 Squareville：网络效应[10]

通过投资现状公共交通系统内的高频线路来改善公共交通服务这种改善措施对于目的地被现状公交网络覆盖的乘客是非常有利的。但是，在 Squareville 案例中，如果我们假设需求弹性为0.5，那么整个城镇的公共交通分担率仅增长4.5%，且改善后的公共交通网络并不能吸引新的乘客。基于收益递减法则，这种服务供给模式常被应用到一些需求响应式模型中。但是，如果所有的高频线路都被给予相同水平的投资力度，那么最终在Squareville城镇范围内，任一目的地都可以通过公共交通系统到达，且最多只需要一次换乘。与现状网络相比，新网络可以吸引更多的客流。即使新网络只吸引了1/3的潜在直达客流和1/6的潜在中转客流，在需求弹性为5.5的背景下，公共交通分担率将增长20%。

由Squareville案例验证了网络效应能够实现需求的快速增长[11]。这一结论给传统交通经济学"递减收益"理论带来了挑战，同时也给全世界的公共交通规划者们提供了一种新的思路，即网络效应所带来的效益远比想象中的多得多。

传统公共交通规划认为乘客不喜欢换乘，因此在进行规划时应该尽可能消除换乘，因此每条线路必须连接多个出发点和目的地。这种思路在实践中并不可行，除非拥有丰厚的财政补贴作为支持。然而，公共交通网络是具有多向节点的层次结构，要想实现整个网络的有效高效运作，换乘点的设计与规划至关重要。"无缝"换乘的典型障碍包括：换乘点物理设计不佳、时间表不协调，以及票价系统所带来的格外经济损失，例如在单程旅行中公共汽车和火车单独收费。

表7.1总结了在大都市环境中创建网络效应的关键原则及实践手段。其中，原则关注对决策者的引导，实践手段关注想要达到预期效果所需要采取的实践措施。衡量公共交通网络有效性的基本度量指标是：发车频率、速度和可达性。

表7.1 创建网络效应的关键原则及实践手段

关键原则
原则： 1. 提供全天（包括夜间）稳定互联的公共交通网络和简单易懂的时刻表 2. 规划乘客不同公共交通模式之间的换乘点
实践手段： 1. 线路结构清晰，且方便乘客使用 2. 建立不同等级的线路结构，如高运量的跨城线路、郊区线路、城市内部线路等 3. 旨在建立能媲美小汽车的公共交通网络。换乘是不可避免的，但必须具备以下特点：换乘时间短，且不会产生额外费用（通过综合票务系统实现） 4. 建立清晰易懂的标识标志（例如线路号码标识、站点到达时间等）和简单易操作的票务系统

注：该表格摘自参考文献［12］，其来源于参考文献［10, 11, 13］。

7.3.2 网络效应

Mees所提出的"网络效应"理论已经在真实城市案例中得到了验证。网络规划方法的优化结果明显优于采用辐射/直达线路的方法，具体体现在客流增加和补贴降低这两个方面[14]。

Buehler 和 Pucher[15]认为，德国公共交通的成功得益于服务、票价和时刻表之间的紧密协调。在瑞士、奥地利和德国，这种协调通过区域之间的管理联盟（德语为 Verkehrsverbünde）得以实现。基于联盟，运营商能够与政府机构合作为乘客提供高品质服务[16]。

"网络效应"理论在美国也得到了实证研究的验证。Thompson 和 Matoff[17]提出了有效的多目的地出行规划（即网络规划）不依赖于与交通相关的因素，如一个城市中央商务区（CBD）的吸引力（即其人口密度或所能提供的工作数量）、周边土地利用、市区的人口密度等。Brown 和 Thompson[18]在对 45 个美国城市的研究中指出，过于稀疏的公共交通网络布局可能会导致客流的下降[19]。

一个公交网络的成功还依赖于保持高频率的支线和跨城服务，这就要求有专门的公共机构负责网络的创建和维护。Mees[7]认为公共机构的职责必须包括对整个公交网络的规划和协调设计，以及对运营商的票价收入和补贴分配进行监督。

构建高效的公交网路还需要协调好与土地利用规划、交通政策、经济发展目标、人口健康以及环境保护之间的关系[20,21]。基于这些协调关系的建立，通过公众力量来达到共同的愿景，有助于为公交服务吸引更多的潜在客流。

目前许多城市都努力地尝试在公共交通规划和土地利用之间寻找平衡点，以鼓励更多的居民可以选择公共交通出行。Vuchic 建议制定相应的小汽车使用收费措施和公共交通使用激励措施来推动这种出行方式的转变。因为这两类措施彼此"相向"，因此在实际操作中需要找寻一个平衡点，即在实际操作中，通过同时、适当地采取这两类措施实现平衡，而不仅仅采用其中的一种[20]。

7.3.3 城市如何"赢得"政治支持？

Bratzel[22]研究了 6 个欧洲城市在 20 世纪八九十年代的交通政策，以期获得其成功减少小汽车出行的原因。这 6 个城市分别是荷兰的阿姆斯特丹和格罗宁根、德国的弗莱堡和卡尔斯鲁厄、瑞士的苏黎世和巴塞尔。Bratzel 发现，这 6 个城市都经历了 3 个共同的阶段：

1）对现有的基于小型汽车的交通政策的反对呼声很高。

2）政治领导层的重大变革，特别是与交通运输政策制定相关的职位。

3）新交通政策的实施，这需要新的领导层维持并延长新交通政策的有效性，为交通政策的实施留有足够的时间。

Sabatier 用类似的模型探索了澳大利亚和加拿大城市交通政策的成功与失败的原因[23,24]。

基于高速公路建设的规划机构往往具有强大的经济和政治实力，其长期以来通过制定交通政策来维持小型汽车在出行方式中的统治地位。在某种程度上，这也验证了前文所提到的在城郊区域发展公共交通所面临的巨大阻力。并且，许多公共交通规划与管理人员存在根深蒂固的观念，他们认为在以小型汽车为主导的城市中，公共交通仅在 CBD 或市中心等有限市场中发挥作用，比如市中心的通勤、重大体育赛事或文化活动的接驳或满足当地老人和学生的出行需求。

此外，许多城市负责铁路运营的规划机构仍然保持着优先发展基础设施来吸引用户的传统。

目前公共交通的出行分担率逐渐增长，公共交通规划思路也从以基础设施建设为导向转变为以用户为导向。这种从工业生产者到服务提供者的转变过程是非常复杂的，需要创建新的规划和运营体系以及绩效衡量标准。即便对于具有世界领先的用户导向运营经验的瑞士铁路而言，这个转变过程也持续了 30 年的时间[25,26]。

在了解交通规划基本理论框架，以及如何建立一个可媲美小型汽车的公共交通网络的基础上，下面进入实证研究部分。

7.4 成功案例研究

在进行实证研究之前，有必要对"成功"进行定义。本章中，成功被定义为能够在 20 年或是更长的一段时间内减缓并扭转私人小型汽车出行分担率快速增长的趋势。

针对每个案例，我们都会对现状城市特征和交通网络结构进行简短的描述，然后通过数据分析现状公共交通网络的性能，最后基于动态城市规划政策的背景，讨论公共交通的地位与作用。

由于本节选取的 3 个案例城市的大小、形式和结构各不相同，且其人口统计方式和交通系统性能评价体系存在差异，因此本章所涉及的数据类别并不统一。即便如此，我们仍然可以清楚地观察到 3 个案例城市的公共交通发展趋势。

7.4.1 温哥华

7.4.1.1 公共交通网络和城市发展模式

温哥华早期的公共交通基础设施布局决定了其商业发展和住宅开发的方向。战后几年，城市有轨电车系统被关闭，新的快速公共交通基础设施直到 1986 年才基本建成。目前，温哥华有 3 条轻轨线（SkyTrain），发车间隔为 90s。城区其余范围被呈网格状的电车和传统地面公交网络所覆盖，但其发车频率与 SkyTrain 相比要低得多。温哥华还有几条载客量极大的高频快速公交线路（B - Line），详见www. translink. ca。

如前所述，这种多模式综合公共交通供给模式形成了一个相当有效的服务网络。高频率的SkyTrain为高效换乘提供了保障。日间时段，当城郊公交的发车间隔介于10～15min时，乘客在公交交通网络中被允许进行换乘。这是因为，根据国际经验，10～15min是公众可接受的换乘时间的上限。当地公共交通规划师敏锐地抓住了这一经验，并在实践中进行了良好的应用[27]。

国际社会对温哥华城市发展的关注集中在市中心和区域城镇中心[28]。然而随着公共交通使用率的快速增长，温哥华90%以上的居民分散在城郊区域（表7.2）。此外，中央商务区（CBD）就业市场规模逐渐萎缩：2005年，50%的工作岗位位于CBD之外，主要集中在城市南郊区域。

表7.2　温哥华地区的人口数量和密度[29]

	土地面积/ha	人口数量			人口密度/(人/ha)		
		1996	2001	2006	1996	2001	2006
8个城镇中心	2356	102560	122115	162560	44	52	—
温哥华地铁核心区域	926	72985	88410	104750	79	95	—
增长集中区域	37967	1176560	1289288	1356290	31	34	—
温哥华都会区	75979	1831665	1986965	2116580	24	26	—
轻轨500m之内	4034	105785	120853	—	26	30	—

7.4.1.2　公共交通系统服务水平评价

温哥华的公共交通系统服务水平通过每人每年使用公共交通出行的总次数进行评价（包括直达行程和需要换乘的行程），1971—2015年的变化趋势如图7.2所示○。

从20世纪70年代开始，公共交通运营商通过持续注入的新资金来扭转因为战后小汽车拥有率增加而流失的客流。这种增长趋势一直持续到20世纪80年代后期，并因第一条SkyTrain线路的开通，公共交通客流而达到顶峰。从20世纪90年代开始，公共交通发展停滞不前，主要原因为政府削减了对公共交通的财政补贴。20世纪90年代末期的公共交通政策重新鼓励对公共交通基础设施进行大量投资，促使公共交通重新进入稳定增长阶段。截至2011年，每人每年利用公共交通出行的次数超过100次。

尽管政府重新加大了对城市公共交通的支持力度，但运营商仍不得不削减服务水平来应对日益紧缩的预算。最近的年度报告显示，温哥华市公交准点率为85%（超过时刻表3min即定义为不准点）。由于在温哥华几乎没有公交专用道以及公车优先政策，因此在目前城市交通拥堵日益严峻的背景下，公交的吸引力持续走低，

○ 公共交通机构通过售票系统计算公交使用率和换乘率。计算方法并没有公开且随着时间的推移进行更新。通货膨胀的影响在进行年份间对比时已经被充分考虑。此外，2010年冬季奥运会、1985年和2001年公交罢工事件的影响均在进行数据统计中进行了相应的处理。

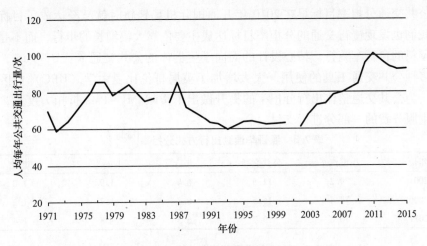

图 7.2　温哥华人均每年公共交通出行量（1971—2015 年）

注：该图来源于运营商年度报告。

客流量在 2011—2015 年持续下降。此外，公交网络服务水平持续降低还体现在不断下降的换乘量上（图 7.3）。

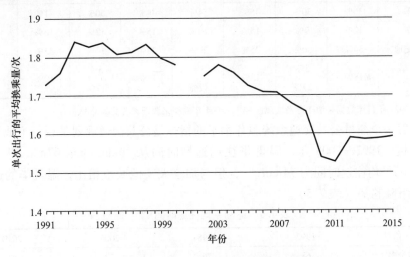

图 7.3　1991—2015 年单次出行的平均换乘量

注：该图来源于运营商年度报告。

由于通勤出行方式的转变，2001—2011 年公共交通和慢行交通与小汽车相比表现良好（表 7.3）。

目前，囊括了 25% 的土地面积和人口以及 40% 财富的温哥华中心城区已经完成了于 20 世纪 90 年代设定的关于公交出行分担率的一系列目标（表 7.4）。

在数据中，我们还发现了交通行为的快速变化。实际上，市区和中央百老汇地

125

区的公共交通分担率目标早在 2010 年开通国际机场轻轨时就已经达成了目标。同时，我们也发现慢行交通的分担率目标达成主要依靠大幅增长的步行，而不是规划者所预料的自行车骑行。精心设计的面向学生群体的公共交通卡（U‑Pass）可以支持多种公共交通工具的使用，大大增加了英属哥伦比亚大学（UBC）校区的可达性，为公共交通整体出行分担率的提升做出了贡献。U‑Pass 折扣力度大，且作为学生服务费的一部分进行支付。

表 7.3　温哥华通勤出行方式分担率[30‑32]

年份	小型汽车	公共交通	步行	自行车	其他
2001	79.2	11.5	6.4	1.9	1.0
2006	74.4	16.5	6.3	1.7	1.2
2011	70.8	19.7	6.3	1.8	1.4

表 7.4　2021 年温哥华出行方式分担率目标[33]

出行方式	市中心		中央百老汇区		温哥华全市		英属哥伦比亚大学（UBC）	
	目标	现状(2004)	目标	现状(2004)	目标	现状(2004)	目标	现状(2004)
驾车	36%	30%	45%	54%	44%	50%	41%	37%
乘车	12%	9%	15%	10%	15%	12%	16%	19%
公共交通	34%	30%	25%	20%	23%	17%	33%	42%
自行车	18%	3%	15%	3%	18%	3%	10%	1%
步行		27%		12%		17%		1%

注：2021 年目标数据来源于参考文献 [34]，2004 年数据来源于参考文献 [35]。

　　最后一个衡量公共交通系统服务水平的指标是公共交通规划是否与土地利用政策相衔接。1992—2005 年，温哥华往返通勤时间从 70min 降至 67min[36]。尽管 2010 年的平均往返时间为 74min[37]，但与加拿大其他城市相比，温哥华的通勤时间呈现下降趋势（表 7.5）。

表 7.5　通勤平均往返时间[36,37]

年份	1992	1998	2005	2010
多伦多	68	76	79	81
蒙特利尔	62	65	76	76
温哥华	70	68	67	74

　　这一成功取决于一系列的交通规划政策。除了持续对公共交通设施进行投资以外，温哥华一直致力于建立一个高效的多出行方式的综合交通网络[38]。自 1993 年以来，温哥华明确将拥堵程度作为影响交通需求的指标之一[39]。目前，温哥华只有一条通勤高速公路走廊（Trans‑Canada Highway），距离市中心区不到 5km。直到现在，该通勤高速公路走廊的道路拓宽仍然受限于远郊的货运路线。

通过与奥克兰市进行比较来验证温哥华所实施的交通规划政策的有效性。奥克兰市与温哥华市人口相当、地理环境类似,但是奥克兰市在过去的半个世纪中一直奉行以小汽车为主导的交通政策(表7.6)。

表7.6验证了网络效应的有效性:温哥华市公共交通的客流量是奥克兰市的4倍,同时所提供的公共交通服务仅为奥克兰市的2倍。这就意味着,温哥华市单个公共交通出行者的平均补贴比奥克兰市低。这也证实了温哥华交通规划者更好地使用了有限的预算。例如,B-Line捷运每天承担60000人次的客流,超过了大多数轻轨的最大运力[40,41]。

最后一组数据为温哥华地区千人汽车保有量(图7.4)。尽管汽车保有量持续增长,但是小型汽车在通勤出行中的分担率在2001—2011年下降了近10个百分点(表7.3)。

表7.6 2009年温哥华和奥克兰的城市形态和交通服务水平[42]

指　标	温哥华	奥克兰
总人口/百万	2.1	1.3
密度/(人/ha)	17.1	18.9
城市化面积①/km²	1230	690
CBD工作数占城市地区总就业数的百分比(%)	12.6	13.5
千人汽车保有量/辆	519	523
汽车出行费用指数②	2.3	4.2
公共交通通勤出行分担率(%)	16.5	7.0
步行和骑车通勤出行分担率(%)	8.0	5.6
汽车通勤出行分担率(%)	74.4	87.4
公共交通出行次数/百万	283	52
年度人均公共交通出行次数	135	40
公共交通线路长度(包括地面公交、有轨电车和火车)/km	116.2	42.3
人均公共交通线路长度/km	55	32
人均补贴③/新西兰元	1.10	2.54

① 城市化面积定义为连续边界线所包含的城市区域的面积。
② 该指数衡量的是2009年平均汽油价格与个人工资中位数的关系。
③ 基于2009年10月的新西兰元兑换汇率。

7.4.1.3 长期规划框架

温哥华市因其通过对开发者的限制实现了宜居城市的目标而在国际享有盛名[28,44]。自20世纪70年代以来,温哥华城市化进程一直受限于山脉、海洋和国家边境线的限制。小型汽车与其他交通方式之间的竞争随时间推移发生了变化。

直到现在,温哥华联合政府(一种具有特色的地方市议会之间的合作形式)仍然与提倡大力发展小型汽车的支持者们保持着某种共识。20世纪70年代,公民团体和企业家们提出了建立"紧凑城市"。这一提案是在政府强烈反对下立法成功的,尤其在政府试图通过不列颠哥伦比亚地区的采掘业来提高其影响力的背景下。

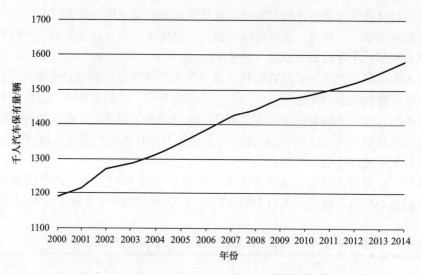

图 7.4   温哥华地区的千人汽车保有量（2000—2014）[43]

建立"紧凑城市"需要各级政府和规划部门将公共交通规划列入各级各项规划过程中[23, 46]。

在 2015 年的全民公决中，一项通过少量增加销售税以资助公共交通和公路基础设施以完善中心城区和城郊之间可达性的提案被否决。这次挫折对以公共交通为导向的规划师提出了新的挑战。同时，在目前独立民间组织不断参与到政治活动的背景下，这项提案通过的难度也大大增加。还有一些其他的原因，比如新自由主义者对资本市场的攻击和目前更具文化异质性人口属性特征也加大了立法的难度。

目前温哥华的交通政策旨在发展综合交通网络，建设绿色城市。其有效性将在未来几年中得到验证。

尽管未来仍具有不确定性，但温哥华市自 20 世纪 70 年代以来的交通规划和土地利用实践告诉我们，在城市布局较为分散的北美城市，可以构建有效的公共交通系统来代替小型汽车。本节其他两个简短的案例展示了在更为稳固的政治背景下，如何更有效地规划公共交通系统来替代小型汽车。

7.4.2　苏黎世

苏黎世在建设可媲美小型汽车的公共交通系统方面一直被公认为国际典范。这种成功是建立在长期稳定的政治支持的基础上的。但是，对于整个苏黎世州而言，公共交通系统并没有得到广大居民的良好认可（图 7.5），这是因为目前苏黎世州交通激励和抑制政策并不十分明确。

苏黎世州拥有 130 万人口，城区面积仅 350km²，郊区总面积达 1840km²。为了满足大范围人口密度极低的城郊地区的各种出行需求，苏黎世的公共交通系统由

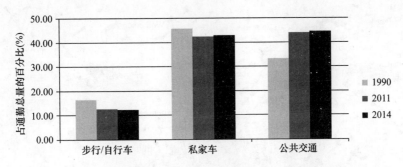

图 7.5 苏黎世州通勤出行方式（1990—2014 年）[47-49]

大规模的铁路网络和不同等级的公交线路构成。

　　苏黎世公共交通系统实现高效运营的关键是精心设计的铁路时刻表。基于需求满足原则，以 0.5h 或 1h 为时间颗粒度创建了铁路时刻表。基于铁路时刻表，并根据当地的需求，制定相应的公共汽车和有轨电车的时刻表，完成所谓的"规划三角"的创建（图 7.6）。

　　在苏黎世，有轨电车不受车流干扰，通过一套独特的交通信号控制系

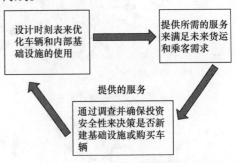

图 7.6 瑞士铁路工程师所使用的规划框架[26]

统，维持整个系统的运营[50]。基于一项已经实施了 20 年的协议，通过移除路边停车位来支持有轨电车优先。苏黎世市的有轨电车和公共汽车系统是一个非常有效的网络，但与理论中的 Squareville 网络模型相比，苏黎世公共交通网络呈三角形，而非网格状[51]。这就要求规划师和工程师在进行规划时需要着重考虑需求不平衡问题。

7.4.3 维也纳

　　维也纳公共交通系统性能评价的关键指标来源于 Scheurer 和 Curtis 所提出的可达性指标[52]。基于该指标，维也纳是世界上公共交通可达性最高的城市之一。从网络覆盖图（图 7.7）可以看出，79.7% 的维也纳居民都可以在步行距离之内使用高效的公共交通服务。自 20 世纪 90 年代初以来，维也纳小型汽车的出行分担率持续下降（图 7.8）。

　　维也纳城市公共交通运营商维纳·林尼恩（Wiener Linien）提出了"城市属于你"的愿景目标。事实证明，维也纳城市公共交通的年均客流量为 100 万次，为全市 180 万居民以及周边城市 80 万人口提供了优质服务。

　　基于可达性的评价指标反映了通过公共交通系统到达目的地的难易程度。比

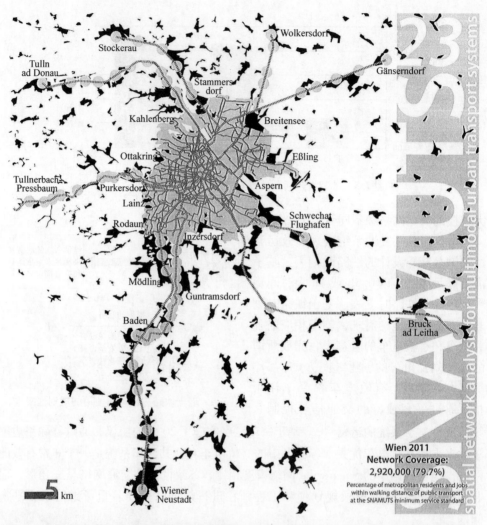

图 7.7 用多模式城市交通的空间网络分析指标（SNAMUTS）评估维也纳公共交通网络覆盖率

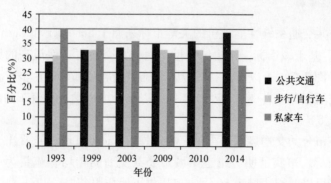

图 7.8 维也纳出行方式分担率（1993—2014 年）[53]

如，测量郊区住宅区是否具有足够的公共交通供给的标准为能否在 15min 内（通过步行或乘坐公共汽车）进入快速公交网络。这与墨尔本所采用的评价系统相比更为精确，因为墨尔本采用的评价系统只考虑了是否能在一定步行距离内到达公交车站，并没有考虑车站所提供服务的质量。

7.5　本章小结

维也纳、苏黎世和温哥华的案例均证实，在一定的财政预算之内，通过合理的规划手段和政策扶持，可以实现可媲美小汽车的公共交通网络构建。尽管这些实证案例集中在北美洲和欧洲，但是带给我们的启发却适用于全世界任何城市，包括：

- 优先发展公共交通和慢行交通。
- 综合土地利用和交通规划，创建多出行综合公共交通系统。
- 规划和设计高效换乘系统。
- 构建监督公共交通系统高效运营的监督机构。

通过理解和运用这些原则，规划人员和工程师可以设计出更高效的城市公共交通系统，为未来可持续发展、健康城市的创建奠定基础。

参 考 文 献

[1] Litman T. *Autonomous Vehicle Implementation Predictions: Implications for Transport Planning*. Victoria, BC: Victoria Transport Policy Institute; 2015.

[2] Anderson J, Kalra N, Stanley K, Sorensen P, Samaras C, Oluwatola O. *Autonomous Vehicle Technology: A Guide for Policymakers*. Santa Monica: RAND Corporation; 2014.

[3] International Transport Forum. *Urban Mobility System Upgrade: How Shared Self-driving Cars Could Change City Traffic (Corporate Partnership Board Report)*. Paris: ITF; 2015.

[4] Urry J. *Sociology Beyond Societies: Mobilities for the Twenty-first Century*. London: Routledge; 2000.

[5] Stone J. Contrasts in Reform: How the Cain and Burke Years Shaped Public Transport in Melbourne and Perth. *Urban Policy and Research*. 2009; 27 (4): 419–434.

[6] Armstrong B, Davison G, de Vos Malan J, Gleeson B, Godfrey B. *Delivering Sustainable Urban Mobility*. Canberra: Australian Council of Learned Academies; 2015.

[7] Mees P. *Transport for Suburbia*. London: Routledge; 2010.

[8] Gleeson B, Beza B. *The Public City*. Melbourne: Melbourne University Press; 2014.

[9] Mees P. *A Very Public Solution*. Melbourne: Melbourne University Press; 1996.

[10] Nielsen G, Lange T. *HiTrans Best Practice Guide No. 2, Public Transport: Planning the Networks*. Stavanger, Norway: HiTrans, EU Interreg IIIB North Sea Programme; 2005.

[11] Mees P, Stone J, Imran M, Nielson G. *Public Transport Network Planning: A Guide to Best Practice in NZ Cities*. Wellington: New Zealand Transport Agency 2010.

[12] Stone J, Beza B. Public transport: elements for success in a car-oriented city. In: Gleeson B, Beza B, eds. *The Public City: Essays in Honour of Paul Mees*. Melbourne: Melbourne University Press; 2014.

[13] Mees P, Dodson J. *Public Transport Network Planning in Australia: Assessing Current Practice in Australia's Five Largest Cities*. Research Paper 34. Brisbane: Griffith Urban Research Program; 2011.

[14] Mees P, Stone J, Imran M, Neilson G. 'Public transport network planning: a guide to best practice in New Zealand cities'. NZTA Research Report No. 396. Wellington: New Zealand Transport Agency; 2010.

[15] Buehler R, Pucher J. *Making public transport financially sustainable*. Transport Policy. 2011; 18: 126–138.

[16] Stone J. *Can European Models of Public Transport Governance Help to Save Australian Cities? State of Australian Cities*. Melbourne: Australian Sustainable Cities and Regions Network; 2011.

[17] Thompson G, Matoff T. Keeping Up with the Joneses: Radial vs Multi-destinational Transit in Decentralizing Regions. *Journal of the American Planning Association*. 2003; 69 (3): 296–312.

[18] Brown J, Thompson G. Service Orientation, Bus—Rail Service Integration, and Transit Performance: Examination of 45 U.S. Metropolitan Areas. *Transport Research Record: Journal of the Transportation Research Board*. 2008; 2024 (1): 82–89.

[19] Jaroszynski M, Brown J, Bhattacharya T. An Examination of the Relationship between Urban Decentralisation and Transit Decentralisation in a Small-sized US Metropolitan Area. *Urban Studies*. 2016; 1–19, DOI: 10.1177/0042098015626687.

[20] Vuchic V. *Transportation for Livable Cities*. New Brunswick, NJ: Rutgers University Press; 1999.

[21] Stevenson M, Thompson J, De Sá TH, *et al*. Land use, transport, and population health: estimating the health benefits of compact cities. *The Lancet*, 2016; Series: Urban design, transport, and health.

[22] Bratzel S. Conditions of Success in Sustainable Urban Transport Policy—Policy Change in 'Relatively Successful' European Cities. *Transport Reviews*. 1999; 19 (2): 177–190.

[23] Stone J. Continuity and Change in Urban Transport Policy: Politics, Institutions and Actors in Melbourne and Vancouver Since 1970. *Planning Practice and Research*. 2014; 29 (4): 388–404.

[24] Sabatier P. *Theories of the Policy Process*. Boulder, CO: Westview Press; 1999.

[25] Laube F, Mahadevan V. *Bringing Customer Focus into Every Nut and Bolt of the Railway: Swiss Federal Railways Path into the Future*. Paris: UIC, The Worldwide Railway Organisation; 2008.

[26] Stone J. *Planning for Affordable Transit Infrastructure and Service Expansion: Two European Case Studies*. 36th Australasian Transport Research Forum; 2013; Brisbane: ATRF.

[27] GVTA. *Transit Service Guidelines: Technical Report*. Vancouver: Greater Vancouver Transportation Authority (TransLink); 2004.

[28] Punter J. *The Vancouver Achievement: Urban Planning and Design*. Vancouver: UBC Press; 2003.

[29] GVRD. *2001 and 2006 Census Bulletin #1 – Population and Dwelling Counts*. Vancouver: Greater Vancouver Regional District Policy and Planning Department; 2002 and 2007.

[30] City of Vancouver. *Open Data Catalogue: Census Local Area Profiles—2006*. Vancouver; 2006.

[31] City of Vancouver. *Open Data Catalogue: Census Local Area Profiles 2011*. 2011. [7/5/2016]. Available from: http://data.vancouver.ca/datacatalogue/censusLocalAreaProfiles2011.htm.

[32] City of Vancouver. *Open Data Catalogue: Census Local Area Profiles 2001*. 2001. [7/5/2016]. Available from: http://data.vancouver.ca/datacatalogue/censusLocalAreaProfiles2001.htm.

[33] City of Vancouver. *Vancouver Transportation Plan, Progress Report*. Vancouver: City of Vancouver; 2006.

[34] City of Vancouver. *Transportation Plan Progress Report*. Vancouver: City of Vancouver; 2006.

[35] Translink. *Vancouver-UBC Transit Plan, Ridership Statistics Appendix*. Vancouver: Translink; 2005.

[36] Turcotte M. *The Time it Takes to Get to Work and Back*. Ottawa: Statistics Canada; 2005.

[37] Turcotte M. *Commuting to Work: Results of the 2010 General Social Survey*. Ottawa: Statistics Canada; 2011.

[38] Stone J, Mees P, Imran M. Benchmarking the Efficiency and Effectiveness of Public Transport in New Zealand Cities. *Urban Policy and Research*. 2012; 30 (2): 207–224.

[39] GVRD. *A Long-Range Transportation Plan for Greater Vancouver*. Vancouver: Greater Vancouver Regional District; 1993.

[40] Auckland Transport. *New Public Transport Network*. 2016. [11/5/2016]. Available from: www.at.govt.nz/projects-roadworks/new-public-transport-network/#purpose.

[41] Walker J. *Human Transit: How Clearer Thinking about Public Transit Can Enrich Our Communities and Our Lives*. Washington, DC: Island Press; 2011.

[42] Stone J, Mees P, Imran M. *Network planning for more effective public transport in New Zealand cities*. Selected Proceedings, 12th World Conference on Transport Research; 2010; Lisbon.

[43] Metro Vancouver. *Annual Planning Data*. 2015. [7/5/2016]. Available from: http://www.metrovancouver.org/services/regional-planning/data-statistics/annual-planning-data/Pages/default.aspx.

[44] Leo C. The urban economy and the power of the local state: the politics of planning in Edmonton and Vancouver. In: Frisken F, ed. *The Changing Canadian Metropolis: A Public Policy Perspective*, Vol 2. Berkeley: Institute

for Governmental Studies Press; 1994.

[45] Sancton A. *Governing Canada's City-Regions: Adapting Form to Function*. Montreal: Institute for Research on Public Policy; 1994.

[46] Taylor Z, Burchfield M. *Growing Cities: Comparing Urban Growth Patterns and Regional Growth Policies in Calgary, Toronto, and Vancouver*. Toronto: Neptis Foundation; 2014.

[47] Statistique suisse. *Relevé structurel du recensement fédéral de la population 2011: pendulaires*. 2011. [7/5/16]. Available from: http://www.bfs.admin.ch/bfs/portal/fr/index/themen/11/01/new/nip_detail.html?gnpID=2060-186.

[48] Statistique suisse. *Relevé structurel du recensement fédéral de la population 2014: pendularité*. 2014. [7/5/16]. Available from: http://www.bfs.admin.ch/bfs/portal/fr/index/themen/11/01/new/nip_detail.html?gnpID=2016-009.

[49] Steinmetz R, Pola M, *Ernst Basler+Partner AG*. Eidgenössische Volkszählung 1990: Pendlermobilität in der Schweiz (Federal Census: Commuter Travel in Switzerland). Bern: Bundesamt für Statistik; 1997.

[50] Cervero R. *The Transit Metropolis: A Global Inquiry*. Washington, DC: Island Press; 1998.

[51] Bell K. From Squaresville to Triangle Town: Geometries for Public Transport Network Planning. *State of Australian Cities 2015*. Australia: Gold Coast; 2015.

[52] Curtis C, Scheurer J. *Planning for Public Transport Accessibility*. Farnham: Ashgate; 2016.

[53] Wiene Srtadtwerke. *Modal Split*. 2015. [8/5/2016]. Available from: http://www.nachhaltigkeit.wienerstadtwerke.at/daseinsvorsorge/oepnv/modal-split.html.

术　语

CBD	中央商务区
ICT	信息和通信技术
JTW	通勤出行
LRT	轻轨运输
OECD	经济合作与发展组织
SBB	瑞士联邦铁路公司
SNAMUTS	城市多模式交通系统的空间网络分析
UBC	英属哥伦比亚大学

延 伸 阅 读

[1] Litman T. *Autonomous Vehicle Implementation Predictions: Implications for Transport Planning*. Victoria, BC: Victoria Transport Policy Institute; 2014.

[2] Mees P. *Transport for Suburbia: Beyond the Automobile Age*. London: Earthscan; 2010.

[3] Millard-Ball A, Schipper L. Are We Reaching Peak Travel? Trends in Passenger Transport in Eight Industrialized Countries. *Transport Reviews*. 2011; 31 (3): 357–378.

[4] Nielsen G, Lange T. *HiTrans Best Practice Guide No. 2, Public Transport: Planning the Networks*. Stavanger, Norway: HiTrans, EU Interreg IIIB North Sea Programme; 2005.

[5] Skinner I, van Essen H, Smokers R, Hill N. *EU Transport GHG: Routes to 2050?—Towards the Decarbonisation of the EU's Transport Sector by 2050*. Brussels: European Commission Directorate-General Environment; 2010.

[6] Vuchic V. *Transportation for Livable Cities*. New Brunswick, NJ: Rutgers University Press; 1999.

第 8 章
城市交通及其对公共健康的影响

摘要：本章的重点是研究城市交通对健康的影响：包括身体健康、心理健康、社会幸福感、社会健康和宜居性。除了交通事故带来的人身伤害和交通污染对健康的影响，本章着重介绍了城市交通对居民压力、心血管疾病、肥胖的影响。这些健康影响是长期的、微妙的、缓慢的和普遍的，且长期被忽略，直到最近才成为现代交通健康问题的主题。本章将阐述动态城市交通与城市形态和公共健康之间的相互影响作用，并讨论如何客观评估城市交通及其对公共健康的影响。

关键字：城市交通；公共健康；慢行交通；噪声污染；交通

8.1 引言

交通系统对我们生活的影响是无所不在的。城市交通及其对公共健康的影响普遍存在，但是并没有被我们完全了解。交通系统通过影响经济水平、生活质量、社区的宜居性来影响公共健康。交通运输可以促进社会经济的发展，是提高城市生活质量的核心。然而，交通事故会带来人身伤亡。

关于交通健康问题的全球统计数据令人震惊。交通事故每年直接导致 150 万人死亡，7960 万人间接因交通事故和交通空气污染死亡（详见第 2 章）。其中，最主要的致死原因是道路交通事故：据保守估计，每年有 130 万人死于道路交通事故，7820 万人受伤（这是因为官方统计数据与实际的伤亡人数之间往往存在偏差）。交通污染每年造成全球 184000 人死亡。全球每 10 个死亡人数中，6 人死于与交通相关的事故或是交通污染[1]。但是仅靠死亡和受伤人数这一点并不能完全说明交通对健康的真正影响，交通对个人以及整个社会的心理健康和幸福感的影响并没有被包括在内。这种影响往往不容易进行定量衡量，也许这就是造成与交通健康影响相关的大多数统计数据缺失的原因。

什么是健康？根据世界卫生组织的说法，健康包括身体健康、心理健康和社会幸福感，而不仅仅是没有疾病。更为全面的定义是，健康由身体健康、心理健康、社会幸福感（SWB）和社会健康和宜居性这 4 个要素构成，如图 8.1 所示。

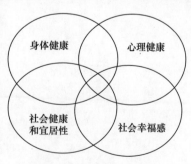

图 8.1 健康的四大要素

本章介绍了交通对健康的影响，包括交通对健康的积极影响和消极影响。本章也会涉及交通事故所带来的对健康的负面影响，但这不是本章的主要内容。

8.1.1　背景介绍

个体的健康状态由 3 个因素决定：遗传基因、饮食和生活方式（交通出行方式的选择是生活方式的一部分），如图 8.2 所示。饮食与生活方式之间存在相互关系，但两者与遗传基因之间没有相互关系，虽然最近的研究表明，更健康生活方式和饮食习惯可以改变我们基因的结构和功能，从而改变我们的健康状态[2]。交通通过实现某些特定行为来影响饮食习惯，从而间接影响健康状态[3,4]。饮食（和食物的选择）与可供选择的交通出行方式之间密切相关。基于出行者的某些社会经济条件，如果仅限步行作为交通出行选项，那么很可能意味着只能到达附近的便利商店获得不那么健康的食物，这有可能完全抵消了步行对健康的积极影响。交通出行方式的选择会直接通过交通事故、交通污染诱发疾病以及久坐的生活方式对健康造成影响（详见第 9 章）。

图 8.2 并未描述这 3 个决定因素之间的相对重要性。交通对健康的直接和间接影响是显而易见的，但往往被低估。从图 8.3 所示的 Frieden 健康金字塔可以看出，交通是继社会经济因素之后的第二大影响健康的因素[5]。低碳出行方式选择（LCMO）是潜在的维持良好健康状态的重要手段。

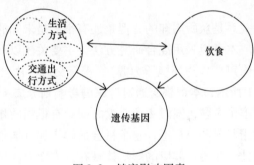

图 8.2　健康影响因素

8.1.2　为什么交通对健康有影响？

交通对健康的影响从交通出现以来就一直存在。目前新出现的研究主要集中在探究交通与公共健康之间的因果联系。如果我们对这个领域有更深的了解，便可以更轻松、更精确地测量和跟踪交通对健康的影响。当然，其中一些影响是显而易见的，如由于撞车事故导致的死亡或伤害。我们目前不太了解的是交通污染对健康的影响以及长途通勤和交通噪声对心理健康的影响。随着时间的推移，尽管我们的理解有所深入，但远非完美。

目前仍然没有一个统一的标准来衡量交通对健康的影响。这些影响的分类基于影响的合意度（即积极或消极）、原因（撞车事故或非事故）、引起健康问题的类别（身体疾病或心理疾病）以及影响范围（个人或整个社区）。这些分类方法都不符合本章的内容，这是因为：①混淆因素太多，隔离交通系统相关因素并不容易；②一些健康问题和/或其诱因相互重叠，尽管部分健康问题及其影响因素之间的因

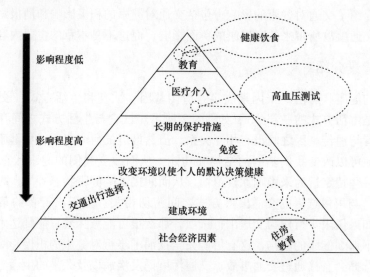

影响程度低

影响程度高

健康饮食

教育

医疗介入

高血压测试

长期的保护措施

免疫

改变环境以使个人的默认决策健康

交通出行选择

建成环境

社会经济因素

住房
教育

图 8.3　影响健康的因素[5]

果关系是众所周知的，但是还有很多是未知的。

　　本章拟采用混合研究方法，主要关注以下主题：交通事故、交通空气污染、交通噪声（作为环境压力源）、慢行交通、社会健康和幸福感、土壤和水污染。如图 8.1 所示，本章将交通对健康的影响划分成 4 个要素进行分析。每一个要素都牵扯到多个主题，同时 4 个要素之间具有很强的相关性。个人的健康程度取决于其心理健康状况和幸福感；整个社会的健康和宜居性取决于每一个公民的健康和幸福感。因此，交通对健康的影响体现在方方面面。例如，医疗设施的可达性会影响居民身体健康；长途通勤和交通拥堵带来的噪声和压力会影响居民心理健康；教育、健康设施和娱乐设施的可达性会影响整个社会的健康和生活质量。

8.1.3　本章概述

　　本章试图全方位地讨论交通对健康的影响，会将更多的重点放在目前研究较缺乏的领域，即非交通事故因素对健康的影响作用。交通事故对健康的影响作用仍包含在本章的内容中，但主要关注点为交通事故对心理健康的长期影响（包括受害人及其家人，或整个社会）。同时，交通也是一些健康问题产生的部分诱因。例如，车辆排放的尾气污染会对臭氧层产生负面影响，臭氧层的破坏会促使极端气候的出现间接产生健康问题，如干旱、洪水、大规模迁移、栖息地损失等。尽管我们对其中的复杂因果关系并不十分清楚，但是我们可以确定交通是导致健康问题的诱因之一。

　　本章剩余部分简述如下。8.2 节简要介绍现代土地利用和发展历史、城市形态和交通出行行为选择以及与公共健康的联系。8.3 节简要介绍 LCMO。8.4 节是本章的重点，介绍城市交通系统对健康的影响，包括以下内容：①交通事故；②交通空气污染；③交通噪声；④慢行交通；⑤社会健康和幸福感；⑥水土污染。8.5 节讨论量化交通对健康影响的方法。8.6 节对目前的研究现状和未来的研究发展方向进行总结。

8.2 城市形态、交通和公共健康的历史和背景

在 19 世纪末和 20 世纪初，城市形态十分紧凑，土地利用情况混杂；工作区、生活区和其他生活必需设施都在步行可达范围之内。传染疾病的爆发往往错误地被归咎于过度拥挤的高密度城市布局。随着低密度城市布局的呼声越来越多，再加上政策的支持，慢慢地就形成了当前相对疏松的城市用地布局。随着时间的推移，事实证明传染病暴发的主因并非是当时过度拥挤的城市布局，而是卫生设施的不健全以及饮用水污染。时至今日，相对疏松的城市形态已经成型，同时，一种新的生活方式已经出现：伴随着城市扩张，高碳出行方式选择（HCMO）随之而来。

伴随着以小汽车为导向的低密度城市开发而来的是长途通勤、交通拥堵、空气污染加剧和对公共健康的负面影响。然而直到最近，我们才开始了解并量化城市交通对健康的负面影响。我们发现情况并不乐观：伴随着工业化的进程，交通已经带来了严重的健康负担。在这种背景下，目前许多可持续发展交通措施，比如低碳出行方式选择（LCMO），是保护社会健康的有力工具。但是如何弥补已经造成的伤害并非易事。正如 Holden 所说的那样，"如何解开当前机动性所带来的积极和负面影响并非易事"[6]。

8.3 低碳出行方式选择和健康

低碳机动性被定义为可大幅降低碳水平的机动性出行方式[7]。本章中，LCMO 指的是：低碳出行方式和技术、土地开发战略和扶持政策。LCMO 除了对环境有明显的积极影响外，还能让城市变得更加宜居，从而提高社会幸福水平，对公共健康也具有积极的影响作用。所有的 LCMO 对公共健康都有积极的影响，且这些积极的影响都是显而易见的。LCMO 没有以增加交通事故和产生污染的形式带来负面影响，尤其是在制定了支持性政策的情况下。

LCMO 对具体健康问题影响的定量评估过程将在 8.4 节进行具体阐述，本节主要列举一些常见的 LCMO。

- 步行：增加运动意味着更好的健康，更多的步行意味着更少使用 HCMO，更少使用 HCMO 意味着减少空气污染，因此更有益健康。
- 骑自行车：类似于步行，但每单位距离或时间燃烧的卡路里更少。毫无疑问，骑自行车是一种健康的交通出行方式，同时可以减少空气污染。

● 公共交通（公共汽车，地铁）和以公交为导向的城市发展战略：公共交通和以公交为导向的城市发展战略都会给公共健康（包括生理和心理）带来积极的影响。以公交为导向的城市发展战略是一种土地利用的倡导方案，为公共交通的高质量供给和使用提供可能。

● 高密度混合用途土地开发：通过减少出行次数和长度来减少能源消耗和污染，同时增加步行、骑自行车、公共交通的出行分担率，节约土地资源。

● 灵活的工作时间：通过减少拥堵来缓解驾驶员的压力和焦虑，这也意味着久坐不动（驾驶）的时间减少。

● 共享汽车：意味着更少的开车时间和较低的压力水平，也意味着更低的小汽车保有量和所需的停车位。从长远来看，这是一个明确的健康收益。共乘意味着更少的燃料消耗、更少的污染，这都可转化为更健康的生活。

● 远程办公：除了通过减少污染、交通事故、压力等对健康有明显消极作用的影响外，Novaco 和 Gonzales 指出通过远程办公可以减少因为社会经济和心理因素造成的压力[8]。

● 车辆技术：包括混合动力和电动汽车，以及空气动力学汽车等。这些车辆减少了能源消耗和污染，也减少了出行和停车位需求。减少拥堵，从而缩短通勤时间，意味着减少压力和缩短久坐时间。

8.4 交通对健康的影响

交通系统是影响健康的四大要素之一（图 8.4）。出行对健康的影响并不仅限于家庭、工作或休闲场所等因素对健康的影响。同时，家庭、工作或休闲场所等因素对健康的影响可以触发、加强或抑制交通系统对健康的影响。从长期而言，LCMO 可以视为一种缓解交通系统对健康影响的工具。图 8.4 中的虚线反映了个人日常生活在时空维度上的联系。不考虑其他因素，孤立地研究交通系统健康问题是不科学的。

交通系统对健康的影响非常多样化：有积极的，也有消极的；有直接的，也有间接的；有因果关系清晰的，也有因果关系不清晰的。图 8.4 描述了交通系统对健康影响的生态学模拟。交通系统可被视为多个互联环境之一，将会影响个人和整个社会的健康水平。与所有健康问题一样，个人和社会可以通过不同的应对策略来缓解交通系统所带来的相关健康问题。当没有其他选择时，个体还可以使用自身的心理暗示和认知技能来处理健康问题。

8.4.1 交通事故和伤亡

统计交通事故中的伤亡人数是最简单的量化交通对健康影响的方法。其影响的规模是惊人的，据统计，交通事故是 15～29 岁人群的主要死因之一[9]。在全球范

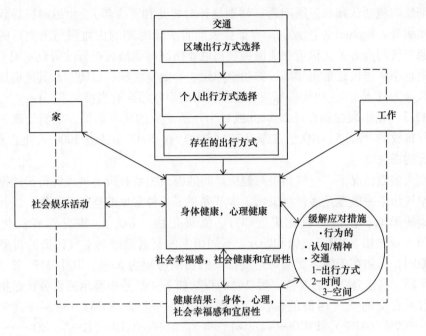

图 8.4　交通和健康的生态学

围内，交通事故每年导致 120 万人死亡，200 万～5000 万人受伤。其中，行人、骑自行车者和摩托车手所占的比例很高。低收入和中收入国家比高收入国家的风险要高得多。平均每年 5% 的国内生产总值用于弥补交通事故造成的损失[9]。除了这些直接损失之外，受害者及其家庭还要遭受事故后的长期身体和心理健康问题的困扰。同时，交通事故对社会幸福感的影响往往是很难通过数字来进行统计的。因此，目前交通事故对社会幸福感、社会总体健康和宜居性的影响程度是不容易被量化的。

　　虽然交通事故对健康的影响程度因国家及其社会经济属性的不同存在一定的差异，但是都可以通过 LCMO 以及相应的政策来消减这些不利影响。大约 65% 的交通事故发生在主城区，因此 LCMO 在未来城市建设过程中是必不可少的。车辆的速度在交通事故风险中发挥重要作用，因此必须采取适当的政策和措施来辅助 LCMO 的推广。例如，LCMO 必须与车速管理相结合，特别是在步行和骑自行车高风险地区，以避免更高的事故风险。

8.4.2　空气污染

　　空气污染对健康的影响是十分严峻的，且涉及多种不同的污染物，与交通技术、燃料类型、天气等其他因素相互联系，因此其对健康的具体影响作用尚不清楚。空气污染对健康影响可以是短期的，也可持续很长时间，影响居民的一生。由空气污染引起的一些直接健康问题包括呼吸问题以及对眼睛的刺激。对健康的长期影响包括认知和发展问题（特别是针对婴儿和青少年）、由铅超标导致的精神类疾病等。Boothe[10]注意到，有证据表明青少年时期的白血病与出生后的住宅区交通空气污染有关。最近在美国加利福尼亚州洛杉矶地区进行的研究发现，高速公路附近小区居民是罹患哮喘、肺功能障碍、心血管疾病、自闭症和其他健康问题的高风险人群[11]。这些疾病都与交通所带来的空气污染有直接关系。Levy[12]分析了 PM2.5（精细颗粒物直径 2.5mm 或更小）所造成的死亡数据，他们发现通过汽车尾气排放的 PM2.5、NO_x、二氧化硫（SO_2）在 2005 年造成 3000 人死亡和 240 亿美元的损失。

在大多数情况下，空气污染与健康之间的因果关系并没有被理解得很透彻；同时，空气污染一般涉及多种污染物。本节列举了几种常见的空气污染物，以及它们对健康的影响，包括一氧化碳（CO）、氮氧化物（NO_x）、挥发性有机化合物（VOC）、颗粒物（PMx）、铅和 SO_2。不同国家的交通系统对空气污染的贡献份额各不相同，例如在美国，交通对空气污染的贡献份额为 53%，其中 34% 来自高速公路车辆。高速公路交通对特定污染物的贡献如下（括号中显示的百分比是指该污染物占所有交通空气污染的份额）：CO——51%（77%），NO_x——34%（56%），VOC——29%（47%），PM10——1.3%（3%），铅——0.5%（12%），SO_2——2.1%（7%）。这些数值根据城乡人口分布情况和高速公路的分布情况会有很大差异。接下来列举几种常见的空气污染物以及对健康的影响：

- 碳氧化物：包括臭氧、CO、二氧化碳（CO_2）。碳氧化物对健康的影响一般是间接的。例如，CO_2 对通过气候变化间接影响健康：以热浪、洪水或干旱等极端气候造成伤亡，同时也会造成其他潜在的长期健康影响[13]。除了其在全球变暖中的已知作用外，臭氧可以引发肺功能障碍和支气管相关疾病[13]。除了对温室气体的间接贡献，CO 对健康的影响主要集中在心血管疾病[14]。CO 能减少血液的携氧能力，在极端情况下会导致死亡。

- 颗粒物（PM）：PM 是极小颗粒或液滴的复杂混合物。PM 由许多物质组成，包括酸（如硝酸盐和硫酸盐）、有机化学品、金属、土壤或尘埃颗粒等[15]。根据其颗粒度的大小，可以将 PM 分为（图 8.5）：①可吸入粗颗粒（PM2.5 ~ PM10），一般分布在道路和尘土飞扬的工业区；②精细 PM（PM2.5 以及更小的 PM），一般分布在烟雾缭绕的工业区。有证据表明，PM 颗粒度越小，对健康的影响越大。超细颗粒（PM0.1）对哮喘患者的肺功能影响大于 PM2.5 和 PM10。PM0.1 可以进入血液，从而通过血液进入肝脏、肾脏和大脑。

在许多城市，即使在发达国家，道路交通也是 PM2.5 的主要来源。PM 通过影响心脏和肺部，从而对健康造成严重影响。量化 PM 对健康的影响并不容易，部分原因是因为目前我们仍然不了解 PM 与健康之间的因果关系。在大多数研究中，PM 对健康的影响是与其他空气污染物一起进行综合研究的，将其孤立出来分析对健康的影响是不现实的。目前研究已经证明了 PM 与呼吸疾病入院率之间的显著相

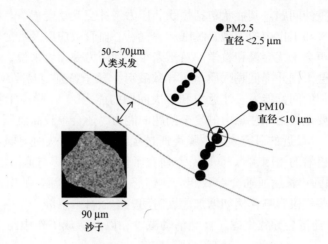

图 8.5 不同尺寸的 PM 的图示[15]

关性。在奥地利维也纳，每立方米增加 10mg PM2.5，会导致每天因呼吸系统疾病入院的住院病人数量增加 5.5%[16]。

● 硫和二氧化氮：硫和氮氧化物对健康的影响并不很容易被理解。NO_2 对健康的影响主要集中在增加呼吸道感染的风险[13]。同样，二氧化硫也会加剧呼吸道症状。

● 铅排放：儿童特别容易受到铅污染的影响。铅污染对健康的影响主要集中在大脑发育和学习能力方面[17-21]。尽管在大多数西方国家都禁止使用铅作为燃料添加剂，但在许多发展中国家，添加铅的燃料仍被广泛使用。即使是低浓度的铅污染仍然会产生严重的健康问题[17]。

上述有多少健康问题是由交通直接引起的呢？公认的对健康有影响的空气污染物与汽车尾气排放直接相关。然而，不同国家地区之间存在重大差异。例如，北欧的汽车尾气排放是所有一氧化碳、75%的氮氧化物、40%的 PM10 和 25%的二氧化碳的来源。这些数字会随时间推移而发生变化。因为土地开发以及汽车技术的不同，欧洲和美国之间存在巨大的差异。在某些区域，技术的进步可以抵消车辆的增加或行程的增长。很多国家特别是欠发达国家都缺乏类似的统计数据，或是统计数据并不精确。空气污染给世界发达经济体以及中国和印度每年所带来的损失为 3.5 万亿美元[22]。在 OECD 国家，2010 年因室外空气污染导致的死亡和疾病的损失为 1.7 万亿美元[22]。

8.4.3 噪声和其他压力源对心理健康的影响

心理健康问题的主要来源是噪声、长途通勤的压力以及交通事故后受害者及其家人的心理健康等。

● 噪声：噪声是压力源，而交通是主要的噪声来源。交通噪声在城市地区是一个普遍而严重的问题。其症状包括烦躁、压力、社交互动受损等。噪声会影响沟通能力、在学校和工作中的表现、睡眠和脾气、心血管效应以及听力障碍等[13,23]。

高分贝噪声会干扰会议和教学。对于老年人和听力受损者来说，这种影响会特别明显。噪声会干扰并降低睡眠质量，导致疲劳。孩子特别容易受到噪声的干扰：噪声会影响他们的阅读能力、注意力和解决问题的能力[23]。噪声干扰会降低我们思考和解决需要记忆力和注意力的复杂问题的能力，还会导致高血压、压力增加和荷尔蒙失调[23]。最近的研究表明，噪声通过扰乱睡眠模式从而削弱免疫系统，是成人霍奇金淋巴瘤的诱因[24]。Orban[25]研究了住宅交通噪声与抑郁之间的联系。

- 长途通勤：长途通勤会导致压力、愤怒、减少社交活动的时间。不过，长途通勤也有一些积极影响，例如增加隐私时间、增强自由感等[8]。
- 拥挤：拥挤会导致焦虑、社交活动减少，以及造成工作中与家人沟通不畅等问题。

8.4.4　慢行交通

慢行交通包括步行和骑自行车（详见第 9 章）。公共交通虽然不属于慢行交通的一种，但是可以增加步行活动。因此，我们将公共交通定义为半慢行交通。慢行交通可以通过减少机动化出行的数量，从而降低污染程度，减轻通勤压力，对健康有积极的作用。

慢行交通有两个主要的好处。第一个优点为可以减少小汽车出行时间，第二个优点为增加规律运动时间。以前，这些健康益处在很大程度上被忽视或被低估。运动对健康的积极影响是无可争辩的事实[26-28]。当然，运动对健康的积极影响取决于选择何种方式进行运动，并且与年龄、性别和现有的健康状况相关。那么，我们通过步行和骑自行车可以获得多少健康收益呢？

人们早就知道步行和骑车通勤有利于健康[29]。其具体的健康益处为：降低50% 的冠心病、成人糖尿病和肥胖风险；降低 30% 的高血压风险；降低 10/8mmHg（毫米汞柱）血压；降低骨质疏松症的风险；缓解抑郁和焦虑的症状[13]。慢行交通同时也增加了交通事故和交通污染的风险，但好处显然胜过风险。对于骑自行车，文献［30］量化了健康益处与事故风险之间的关系，其结论为好处超过风险一个数量级。早些时候，英国医学会（BMA）观察到骑自行车的预期好处是相关伤害风险的 20 倍[31]。至于空气污染带来的风险增加，一些研究证明骑自行车的益处确实会因为空气污染所带来的风险而损失一些。然而，净收益是积极的。这里的关键点是骑车会增加运动时间，步行也是如此。总体来说，交通事故（来自车辆和骑自行车者）和暴露在污染中增加的风险是微不足道。美国疾病控制和预防中心（CDC）认为，慢行交通的好处大于风险，特别是在采取合理预防措施的情况下。

而且，慢行交通能实现的重大健康收益并不需要保持长时间、规律的慢行出行。研究表明，只需30min 的快走（或每天10000 步）或骑自行车便可降低患心血管疾病、糖尿病和高血压的风险，并有助于控制体重[32]，改善健康评分[33]。同时，目前并没有证据证明需要通过剧烈的持续运动才能获得重大的健康益处。因此，步行或骑自行车，即使只作为工作、购物、社交的出行方式也能成为实现公共卫生目标的手段之一。量化结果同样振奋人心，例如，如果8% 的通勤者选择慢行交通出行方式，那么冠心病死亡人数将减少3% ~ 7%[34]；纽约和伦敦通过鼓励慢行交通政策，减少了40% 的交通事故[35]。早期的研究没有使用同一套评估系统，因此评估结果各不相同。8.5 节将讨论系统的评估过程[36]。

8.4.5　社会健康、心理健康和社会幸福感

以下健康问题属于此类别：事故后的创伤和压力、紧张和焦虑、减少社交生活、限制行动空间和社会互动。这些不完全是新的主题，在其他章节中均被提及。

大多数国家都对交通事故造成的伤亡有长期的追踪，但是对心理健康的影响并没有统计数据。研究已经表明，相当一部分交通事故幸存者在事故发生后很长一段时间内会出现压力障碍或精神问题[37-40]。创伤后的心理疾病会造成严重的后果，如注意力不集中和记忆力差等[40, 41]。

除了噪声污染所带来的攻击性、紧张、抑郁和烦躁，交通其他负面影响会带来同样严重的后果。反复接触拥堵会影响工作表现、心理调节和对生活的整体满意度[42, 43]。交通堵塞带来的禁闭感，会增加血压和挫折耐受力，这会降低人们的幸福感，可能导致攻击行为增加、路怒症等[44]。多达1/3 的研究参与者认为他们有路怒症[45]。

社会活动的减少是交通对健康的另一个负面影响。越来越依赖私人汽车和随之而来的郊区化会大大减少社会活动。另外，通过所谓的社区遣散效应，交通也影响了社会联系。关于该主题的最著名的研究表明，在控制所有外部变量之后，随着交通量的增加，生活在同一个街区的朋友和熟人的数量急剧减少[46]。同时研究表明，良好的社会网络关系对于儿童和老年人等弱势群体而言至关重要。缺乏社交活动可使冠心病的死亡率增加4 倍[47]。

交通量的增加限制了儿童可以自由活动的空间，会限制步行或骑自行车的机会，也阻碍了他们的个人发展和与同伴之间联系的能力。Greenwood 发现，儿童在户外度过的时间与感知能力之间存在显著联系[47]。现代通信工具和社交媒体可能已经缓和了这一问题，交通对社会互动和社会健康以及幸福感的负面影响是一个尚未被完全回答的有趣问题。

现代化对健康的影响也不容忽略。许多富人或发达国家饱受现代非传染性严重疾病的困扰，如肥胖、糖尿病、高血压、中风、心血管问题等。这些疾病与久坐不动的生活方式（交通是一个关键的推动因素）和高热量饮食有关。这些现代疾病的流行程度在不同国家和地区有显著的差异性。尽管如此，它们毫无疑问是一种严

重的健康威胁[48]。

8.4.6 土壤和水的污染

交通系统由于涉及危险材料和特定基础设施组件，可能会对地下水、湿地和土壤造成污染。土壤的污染源包括燃料、盐和除冰剂，以及道路污水的储存设备。污染可以通过植被和其他生物传播给人类。目前，我们并没有很好地理解交通对土壤和水的污染机制，因为这是一个很长的过程。污染在食物链中的传递经常在污染本身发生很久之后才会被发现。

目前，该领域已经取得了一些重大进展，但仍存在相当大的挑战。根据 LCMO 的自身属性和其对基础设施要求，仅能在一定程度上帮助遏制与土壤和水污染有关的问题。LCMO 的优点是减少了停车位需求和道路表面面积（从而减少受污染的水径流、减少盐和其他除冰剂、减少燃料溢出，并且由于不透水表面的减少，改善了地下水的补给），减少了道路建设和维护，同时减少了化学品污染物以及雨水径流中的化学和生物污染物等。

8.5 评估交通对健康的影响

全面了解交通对健康的影响，特别是衡量这种影响的经济价值的呼声越来越高。政府单位和机构在政策的决策过程中或是预算编制过程中，必须将交通对健康的影响纳入考量范围。在这之前，第一步应该设计交通对健康影响的评估机制。将交通对健康的影响转变为经济价值并不是一个简单的任务，部分原因在于目前并没有全面的度量指标。同时，在不同状况下衡量出行选择对健康的影响并非易事。

选择衡量健康状况的指标尤其重要。目前常见的指标包括：①生命损失年（YLL）；②伤残损失健康生命年（YLD）；③伤残调整生命年（DALY），是 YLL 和 YLD 的和。无论是从个人还是社会的角度，交通在我们的生活中都发挥着积极作用。因此，在进行交通对健康影响的评估时，也需要考虑社会健康、宜居性和幸福感。目前，该领域取得了一些进展，但仍有许多问题需要进一步研究和解答。健康影响评估（HIA）和健康经济评估工具（HEAT）是目前评估交通健康影响的权威工具。

HIA 可以帮助交通规划者评估其规划方案对健康造成的影响[49]。但 HIA 是一个新工具，其有效性仍待商榷。Dannenberg 等人[49]报道称 2004—2013 年，在 22 个州共开展了 73 项 HIA 研究。类似的工具在新西兰和澳大利亚也有广泛的应用[50]。

HEAT[51]是针对步行和骑自行车出行进行经济评估的工具。目前，没有工具可以对交通对健康的负面影响进行评估。评估过程常采用二进制和李克特量表，但尚无标准的评估流程模式。

8.6　本章小结

交通系统除了对社会和经济做出的积极贡献外，也直接和间接地影响了公共健康。本章指出，交通可以为改善公共健康做出实质性贡献。除了 LCMO 带来的好处之外，交通还可以带来长期的公共健康效益。交通对公共健康的影响并没有都被充分理解，仍需要进一步的研究。

当前，智慧城市的定义也包括健康。但这还远远不够，需要在交通规划设计、建设、运营和维护的过程中，明确将健康因素纳入考量。尽可能地避免交通对健康重大的负面影响，同时最小化其他负面影响。然而，衡量交通对健康的影响并不容易，总体思路是从 HCMO 到 LCMO 的转变。尽管 LCMO 可能会对健康造成一定的负面影响，但积极因素往往会抵消所产生的负面因素。

当前基于需求满足的交通规划是不可持续的，需要将其对公共健康的影响也纳入考量的范围。HCMO 就是基于当前规划思路的产物，其仅关注经济效益，而忽略了对健康的影响。不可否认，经济增长对政治稳定和政权巩固至关重要，因此推动了当前以需求满足为导向的交通规划思路。然而，正是这种需求满足导向的规划思路造成了当前的拥堵。因此，交通需求管理和可持续交通成为交通规划思路的一部分。但目前的交通系统仍然是碳密集型的：继续强调和重视私家车，提高速度和流量[7]。为了解决当前的困境，LCMO 是一个很好的方法。在城市环境中，交通、土地使用、经济、政治和卫生系统等是一个互相连通的整体。因此，在进行交通规划时，必须考虑对其他社会组件的影响。

与所有研究一样，没有任何单个研究能够涵盖交通对健康影响的所有内容，本章也不例外。但有一件事情正在变得清晰：交通对健康同时存在积极和消极的影响，并且其中许多影响尚不清晰，未来仍需要大量的研究来弥补这一领域的空白。

参 考 文 献

[1]　IHME (Institute of Health Metrics and Evaluation). *Transport for Health: The Global Burden of Disease from Motorized Road Transport*, Institute for Health Metrics and Evaluation, University of Washington, 2014.

[2]　Reynolds, G. *How Exercise Changes Our DNA*. NY Times, December 17, 2014.

[3]　Aggrawal, A., A.J. Cook, R.A. Sequin, A.V. Moudon, P.M. Hurvitz, A. Drewnowski. Access to supermarkets and fruit and vegetable consumption. *American Journal of Public Health*. 2014; 104(5):917–923. doi: 10.2105/AJPH.2013.301763.

[4]　Jiao, J., A.V. Moudon, S.Y. Kim, P.M. Murvitz, A. Drewnouski. Health Implications of Adults' Eating at and Living near Fast Food or Quick Service Restaurants. *Nutrition and Diabetes*. 2015;5(7):e171.

[5] Frieden, T. A Framework for Public Health Action: The Health Impact Pyramid. *American Journal of Public Health*. 2010;100(4):590–595.

[6] Holden, E. *Book Review, Moving Towards Low Carbon Mobility*. Editors M. Givoni and D. Banister. Edward Elgar Publishing: Cheltenham, UK, 2013.

[7] Givoni, M., D. Banister. *Moving Towards Low Carbon Mobility*. Editors M. Givoni and D. Banister. Edward Elgar Publishing: Cheltenham, UK, 2013.

[8] Novaco, R.W., O.I. Gonzalez. Commuting and Well-Being. In *Technology and Psychological Well-Being*. Cambridge University Press: Cambridge, UK. Yair Amichai-Hamburger (Ed.) 2011.

[9] WHO. *Global Status Report on Road Safety*, 2015. World Health Organizations. Online document.

[10] Boothe, V.L., T.K. Boehmer, A.M. Wendel, F.Y. Yip. Residential Traffic Exposure and Childhood Leukemia: A Systematic Review and Meta-analysis. *American Journal of Preventive Medicine*. 2014;46(4):413–422.

[11] Cone, M. U.S. *Neighborhoods Struggle with Health Threats from Traffic Pollution, Scientific American*. October 11, 2011.

[12] Levy, J.I., I.L. Jonathan, J.B. Jonathan, von S. Katherine. Evaluation of the Public Health Impacts of Traffic Congestion: A Health Risk Assessment. *Environmental Health*. 2010;9:65.

[13] WHO. *Transport, Environment and Health*. C. Dora and M. Phllips (Editors). WHO Regional Publications, European Series, No. 89. 2000.

[14] Morris, R.D., E.N. Naumova, R.L. Munasinghe. Ambient Air Pollution and Hospitalization for Congestive Heart Failure Among Elderly People in Seven Large US Cities. *American Journal of Public Health*, 1995;85:1361–1365.

[15] EPA (2016). http://www3.epa.gov/pm/. Accessed March 17, 2016.

[16] VCO (Mobility of the Future) (2013). http://www.vcoe.at. http://www.cleanair-europe.org/fileadmin/user_upload/redaktion/aktivitaeten/2013-02_FS_Feinstaub_engl.PDF

[17] Koller, K., T. Brown, A. Spurgeon, L. Levy. Recent Developments in Low-Level Lead Exposure and Intellectual Impairment in Children. *Environmental Health Perspectives*. 2004;112(9 (Jun)):987–994.

[18] Dietrich, K.N., O.G. Berger, P.A. Succop. Lead exposure and the motor developmental status of urban 6-year-old children in the Cincinnati prospective study. *Pediatrics*. 1993;91:301–307.

[19] Damm, D., P. Grandjean, T. Lyngbye, A. Trillingsgaard, O.N. Hansen. Early Lead Exposure and Neonatal Jaundice: Relation to Neurobehavioral Performance at 15 Years of Age. *Neurotoxicology and Teratology*. 1993;15: 173–181.

[20] White, R.F., R. Diamond, S. Proctor, C. Morey, H. Hu. Residual Cognitive Deficits 50 Years after Lead Poisoning During Childhood. *British Journal of Industrial Medicine*. 1993;50:613–622.

[21] Needleman, H.L., C. Gatsonis. Low Level Lead Exposure and the IQ of Children. *Journal of the American Medical Association*. 1990;263:673–678.

[22] UNEP (2014). http://www.unep.org/yearbook/2014/PDF/chapt7.pdf.

[23] WHO. Burden of Disease from Environmental Noise. *Quantification of Healthy Life Years Lost in Europe*. F. Theakston (Editor). World Health Organization. 2011.

[24] Sorensen, M., P.A. Harbo, M. Ketzel, D.S. Oksbjerg, S. Friis, O. Raaschou-Nielsen. *Road Traffic Noise and Risk for Non-Hodgkin Lymphoma Among Adults*. EuroNoise, Tenth European Conference on Noise Control, Maastricht, June, 2015.

[25] Orban, E., K. McDonald, R. Sutcliffe, B. Hoffmann, K.B. Fuks, N. Dragano, A. Viehmann. *et al*. Residential Road Traffic Noise and High Depressive Symptoms after Five Years of Follow-up: Results from the Heinz Nixdorf Recall Study. *Environmental Health Perspectives*, 2016;124(5):578–585.

[26] Buchard, C., S.N. Blair, W.L. Haskell. Why Study Physical Activity and Health? *Physical Activity and Health*. Bouchard *et al*. (Editors), Human Kinetics, Inc. 2012.

[27] McCartney, N. Physical Activity, Muscular Fitness, and Health. *Physical Activity and Health*. Bouchard *et al*. (Editors). Human Kinetics. 2012.

[28] CDC. *The Benefits of Physical Activity. US Center for Disease Control and Prevention*. 2015. http://www.cdc.gov/physicalactivity/basics/pa-health/. Accessed April 15, 2015.

[29] Oja, P., I. Vouri, O. Paronen. Daily Walking and cycling to work: their utility as health enhancing physical activity. *Patient Education and Counseling*. 1998;22(Supplement 1):87–94.

[30] de Hartog, J., H. Boogaard, H. Nijland, G. Hoek. Do the Health Benefits of Cycling Outweigh the Risks? *Environmental Health Perspectives*. 2010;118(8):1109–1116.

[31] BMA (British Medical Association). *Cycling: Towards Health & Safety*. Oxford University Press: Oxford, UK, 1992.

[32] Mourphy, M.H., A.E. Hardman. Training Effects of Short and Long Bouts of Briks Waling in Sedentary Women. *Medicine and Science in Sports and Exercise*. 1998;30(1):152–157.

[33] Raymond, J., S.T. Johnson, W. Diehl-Jones, J.K. Vallance. Walking, Sedentary Time and Health-Related Quality Life Among Kidney Transplant Recipients: An Exploratory Study. *Transplantation Proceedings*. 2016;48(1): 59–64.

[34] Vouri, I.M., P. Oja, O. Paronen. Physical Active Commuting to Work—Testing its Potential for Exercise Promotion. *Medicine and Science in Sports and Exercise*. 1994;26(7):844–850.

[35] BMA. *Road Transport and Health*. British Medical Association, London. 1997.

[36] Kahlmeier, F.R., F. Racioppi., N. Cavil, H. Rutter, P. Oja. Health in All Policies In Practice: Guidance and Tools to Quantifying the Health Benefits of Cycling and Walking. *Journal of Physical Activity and Health*. (Supplement 1)2010, 7(Suppl 1), S120–S125:12–125.

[37] Goldberg, L., M.A. Gara. *A Typology of Psychiatric Reactions to Motor Vehicle Accidents*. Psychopathology. 1990;23:15–20.

[38] Green, M.M., A.C. McFarlane, C.E. Hunter, W.M. Griggs. Undiagnosed Post-Traumatic Stress Disorder following Motor Vehicle Accidents. *Medical Journal of Australia*. 1993;159:529–544.

[39] Bush, S.S., T.E. Myers. Neuropsychological Services Following Motor Vehicle Collisions. *Psychological Injury and Law*. 2013;6(1 (March)):3–20.

[40] Wu, K.K., W.L. Patrick, L. Leung, W. Valda, SC Lawrence, SC Law. Posttraumatic Growth After Motor Vehicle Crashes. *Journal of Clinical Psychology in Medical Settings*. 2016;23(2 (June)):181–191.

[41] De Horne, L.D.J. Detection and Assessment of PTSD by Health and Legal Professions. *Psychiatry, Psychology and Law*. 1993;2(1):65–73.

[42] Novaco, R.W., M.M. Green, A.C. McFarlane, C.E. Hunter, W.M. Griggs. Objective and Subjective Dimension of Travel Impedance as Determinants of Commuting Stress. *American Journal of Community Psychology*. 1990; 18:231–257.

[43] Wener, R.E., G.W. Evans. *Comparing Stress of Car and Train Commuters. Transportation Research Part F: Traffic Psychology and Behaviour*. 2011; 14(2 (March)):111–116.

[44] Harris, P.B. Recklessness in Context Individual and Situational Correlates to Aggressive Driving. *Environment and Behavior*. 2010;42(1):44–60.

[45] Sansone, R.A., L.A. Sansone. Road Rage: What's Driving It? *Psychiatry*. 2010;7(7):14–18.

[46] Cassidy, T. *Environmental Psychology: Behavior and Experience in Context*. Psychology Press. 1997

[47] Greenwood, D.C., K.R. Muir, C.J. Packham, R.J. Madeley. Coronary Heart Disease: A Review of the Role of Psychological Stress and Social Support. *Journal of Public Health Medicine*. 1996;18:221–231.

[48] Bell, J. *The State of the UAE's Health*. 2016. http://gulfnews.com/gn-focus/special-reports/health/the-state-of-the-uae-s-health-2016-1.1658937.

[49] Dannenberg, A.L., A. Ricklin, C. Ross, M.A. Schwartz, J. West, S. White *et al. Use of Health Impact Assessment for Transportation Planning: Importance of Involving Transportation Agencies in Process*. Proceedings of the 2014 Transportation Research Board Meeting, Washington, D.C., 2014

[50] Mueller, N., D. Rojas-Ruedaa, T. Cole-Huntera, de Nazelled Audrey, E. Donse, R. Gerikeg. *et al*. Health Impact Assessment of Active Transportation: A Systematic Review. *Preventive Medicine*, 2015 July; 76:103–114.

[51] WHO (World Health Organization). 2014. http://www.heatwalkingcycling.org.

术　语

BMA	英国医学会
CDC	疾病控制和预防中心（美国）
CO	一氧化碳
CO_2	二氧化碳
CRHI	与交通事故相关的健康影响
HCMO	高碳出行方式选择
HEAT	健康经济评估工具
HIA	健康影响评估
GDP	国内生产总值

LCMO	低碳出行方式选择
NCRHI	与非交通事故相关的健康影响
NO_x	氮氧化物
OECD	经济合作与发展组织（简称经合组织）
PMx	直径小于 x mm 的颗粒物
SO_2	二氧化硫
SWB	社会幸福感
TRB	交通研究委员会（美国）
WHO	世界卫生组织
VOC	挥发性有机化合物
YLD	伤残损失健康生命年
YLL	生命损失年

延 伸 阅 读

[1] Ryanolt, E., E. Christopher. How Does Transportation Affect Public Health? *Public Road*, FHWA-HRT-13-004, 2013; 76(6 (May/June)).

[2] Frank, L., S.Kavage, A.Devlin. *Health and the Built Environment, A Review*. The Canadian Medical Association, June 2012.

[3] Langlois, M., R.A.Wasfi, N.A.Ross, A.M.El-Geneidy. Can Transit-Oriented Developments Help Achieve the Recommended Weekly Level of Physical Activity. *Journal of Transport & Health*. 2012;3(2):181–190.

[4] Dora, C., J.Hosking, P.Mudu. *Urban Transport and Health*. World Health Organization, 2011.

[5] Frank, L., P.Engelke. *How Land Use and Transportation Systems Impact Public Health: A Literature Review of the Relationship Between Physical Activity and Built Form*. US CDC. http://www.cdc.gov/nccdphp/dnpa/pdf/aces-workingpaper1.pdf.

[6] Transport and Public Health. Europe Environment Agency, 2016.

[7] The Hidden Health Costs of Transportation. Report by Urban Design 4 Health and the American Planning Association (APA), 2010.

[8] Litman, T. Transportation and Public Health. *The Annual Review of Public Health*. 2013;34:22.1–22.17.

第 9 章
慢行交通：构建健康幸福环境的政策方向

摘要：居民及其所属社区的健康受到旅行行为的严重影响，特别是在依赖于汽车出行的城市，长期久坐不动的生活方式和区域分割是直接影响结果。本章侧重于研究规划政策、实践和设计如何促进健康，低碳慢行交通，如公共交通、步行和骑自行车。本章将讨论采用此类出行政策带来的潜在共同效益。共同效益主要存在于环境影响，公共卫生，社会凝聚力和经济生产力等领域，并提出了一个识别和评估潜在共生效益的框架，以及鼓励低碳慢行交通形式研究案例。

关键词：慢行交通；公共卫生；共同效益；步行；循环；评定；城市发展

9.1 引言

运动是人类健康和福祉的核心。当我们出行的时候，我们锻炼了身体，当我们从一个地方移动到另一个地方的过程中，不可避免地会遇到其他人。众所周知，个人及其社区的健康和福祉受到出行行为的严重影响。尤其是在现代依赖汽车的城市，久坐不动的生活方式和社交障碍会直接影响道路交通系统。在全球范围内，不爱运动和独处是慢性病流行的重要因素[1]。这些非传染性疾病包括癌症、心脏病、糖尿病、哮喘和抑郁症。普遍认为，这些情况会影响各个年龄、民族和阶级的人[2]。

本章将说明人们的出行方式如何影响健康和福祉，这也与环境影响有关。基于汽车的出行不仅助长了慢性病的危险因素，而且助长了气候变化和生态的退化（第8章）。卫生专业人员、设计师和城市规划人员正在越来越多地合作解决这些相互关联的问题，也正在以支持人类和地球健康的方式设计建筑环境。被称为"共同效益"的这些好处来自低碳出行（Low Carbon Mobility，LCM）政策的采用以及城市中慢行交通方式（步行和骑自行车）的推广而产生的。共同效益主要体现在积极的环境影响、公共卫生、社会凝聚力和经济生产力等领域。本章提供了一个框架，用于识别和评估潜在的共同效益。本章还包括规划实践和政策干预措施的案例研究，以鼓励低碳出行方式，如步行、骑自行车和使用公共交通工具。

9.2 连接居住环境、出行方式和健康

现在，我们从旅行方式来看建筑环境是如何影响健康和福祉的。首先，有必要

为此讨论设置更广泛的背景。有大量的研究证据表明，建筑环境的形状与人们的健康之间存在直接的关系[3,4]。在之前的工作中，Kent 和 Thompson[4] 设计了一种有效的方式来概念化建筑环境与健康之间的关系。这是通过 3 个领域进行的，其中城市规划可以最有效地集中精力支持人们的健康和福祉。这 3 个领域与实现良好健康所需的特定行为有关：

- 让人们多运动（身体活动）：降低肥胖、心脏病、糖尿病、某些癌症和抑郁症的风险。
- 加强社区交互（社会互动）：降低精神疾病，特别是抑郁症的风险。
- 提供健康的食物（营养）：降低肥胖、心脏病和其他慢性病的风险。

表9.1 列出了基于这 3 个领域的健康构建环境的基础。表9.2 使用了关于建筑环境如何在体育活动和娱乐活动方面促进健康的问题，扩展了"让人们多运动"方面的具体行动。表9.3 指出了如何通过"加强社区交互"和"提供健康的食物"方面以不太直接的方式来鼓励和支持活动。

表 9.1 支持健康行为的关键领域和行为[5]

关键领域	支持健康的具体行为
让人们多运动 建成的环境可以通过促进实用体育活动（"慢行交通"）和娱乐性体育活动来使人们活跃起来	1. 促进实用的体育活动：通过慢行交通方式（如步行、骑自行车和使用公共交通工具）增加目的地的可达性，并确保步行、骑自行车和公共交通工具的体验具有高品质，将有助于相对于这些方式的使用，而不是更多地选择更久坐的汽车旅行 2. 促进娱乐性体育活动：在公共场所以及通过商业和非商业组织为正式和非正式、个人和团体体育提供娱乐设施，将有助于提高整体体育活动水平
加强社区交互 建成的环境可以使人与人之间建立联系并加强社区间的联系，通过促进偶然的邻里社会互动，提供社区空间，以及建设预防犯罪的建筑，培养归属感和恢复感，从而支持心理健康	1. 促进邻里互动：确保公共空间"友好"（繁忙、舒适、安全以及对所有人开放），并对公共空间设计中包括的适当行为（例如通过提供设施和标牌）有明确的期望，将有助于鼓励个人和团体之间积极的偶然互动 2. 提供社区空间：向所有人提供明确且设计良好（可访问、舒适、安全）的开放空间，允许整个社区以及特定利益群体进行聚会和其他活动；同样，获得自然绿色环境将扩展社区的概念，包括自然的心理恢复作用 3. 建设预防犯罪的建筑：为防止犯罪和帮助人们感到安全（同时促进社会互动）而设计的建筑环境将有助于总体归属感、关怀和社区承诺
提供健康的食物 建筑环境可以通过提供健康食物和负责任的食物广告来提供健康的食物选择	1. 便利获取健康食品：确保超市、绿色食品杂货店和农贸市场相对于快餐店、酒吧和便利店（例如通过分区和土地使用法规以及有补贴的空间）更容易进入，这将促进健康食品的消费并阻止购买不健康的替代品 2. 推广负责任的食品广告：通过营销和广告宣传，提高健康食品的知名度（例如在学校和其他社区附近，以及相对于不健康食品而言）将对消费习惯产生积极影响

表 9.2　"让人们多运动"的具体规划相关问题和措施

特定的健康支持措施	建筑环境对健康行为的贡献	建筑环境措施的依据
促进实用的体育活动	人们会参与慢行交通吗?	慢行交通（定义为步行、骑自行车和使用公共交通工具）的相对旅行次数表示了非久坐交通工具的水平。区分慢行交通的类型也很重要
	人们使用公共交通工具吗?	公共交通出行的相对次数是慢行交通的一个方面的指标
	公共交通工具是否可行（便捷、舒适、安全和负担得起)?	便捷的公共交通工具可以鼓励人们积极出行 公共汽车候车亭和自行车停放架等设施也可以鼓励公共交通工具的使用。乘坐公共交通工具方便到达更远的目的地
	人们会将走路还是骑自行车作为交通工具?	步行或骑自行车的相对旅行次数表示慢行交通的出行次数。保持适当的步行和骑行，有益于身心健康
	步行是否是可行的出行方式（便捷、舒适和安全)?	土地用途之间的分组、布局和旅行距离，尤其是每天访问的目的地均会影响步行，因此可以将定期步行作为出行方式
	人们是否会将骑自行车作为出行方式?	骑自行车出行的相对次数表示人们运动的程度，而非久坐的交通方式
	骑自行车是否适合慢行交通（便捷、舒适和安全)?	土地用途之间的旅行距离，尤其是每天到达的目的地，会影响骑车，因此也会影响骑车的倾向
	人们使用楼梯吗?	使用楼梯而不是电梯或自动扶梯为偶然的体育锻炼提供了机会
	上楼梯可行吗?	楼梯能见度、易接近性和便利性增加了楼梯的使用倾向
促进娱乐性体育活动	居民或工人是否为娱乐体育活动而步行?	娱乐性步行是一种很好的方式，可以达到保持健康所需的最少运动时间
	步行是否适合娱乐性体育活动（方便、舒适、安全和愉快)?	提供舒适、安全、方便和有吸引力的路线会鼓励人们采用步行进行娱乐性的体育活动。绿色公园和通向水道等自然地区的通道尤为重要
	居民会骑自行车进行娱乐性体育活动吗?	娱乐性骑自行车是达到所需最低运动量以保持健康的好方法
	骑自行车是否适合娱乐性体育活动（方便、舒适、安全和愉快)?	提供舒适、安全、便捷和有吸引力的路线会鼓励人们骑自行车进行休闲运动
	公共开放空间是否提供娱乐性体育活动?	公共开放空间的重要功能是为需要大量空间、特定设备以及团队和团体使用的各种娱乐体育活动提供设施
	是否有其他设施（由公共或私人供应商提供）供娱乐性体育活动使用?	在社区范围内将不会提供一些娱乐性体育活动的公共空间（如椭圆形运动场地、大型公园地带、宽阔的步行道），但仍需要允许其使用。私人空间（例如室内体育馆、瑜伽馆），如果能到达的话（考虑距离、交通方式、营业时间、提供托儿服务等)，则为休闲休育活动提供了更多机会

表 9.3 加强"社区交互"和"提供健康的食物"如何促进体育活动[5]

领域	属性	问题	回答
加强社区交互	自然	公共和私人空间的设计和治理是否允许与自然接触？	提供与大自然接触的机会（绿色景观、水上便利设施以及在公共区域的花园）可以通过培养恢复和放松的感觉来支持心理健康
	可使用性	整个社区是否都可以使用正式的公共和半公共空间？	社区目的地的真实和感知的可达性将促进体育活动和社交互动，并减少车辆出行，增加社区凝聚力和安全性
	安全	使用公共空间进行慢行交通、偶然和有组织的体育锻炼以及社会互动是否受到实际或感知到的人身安全威胁的阻碍？	人们不会在他们认为不安全的社区内互动，也不会成为该社区的一部分。实际和感知的安全级别可以抑制或促进慢行交通、参加娱乐性体育活动和/或进行社交互动的选择。要树立对公共空间的归属感、关怀和承诺，也需要良好的安全感
提供健康的食物	种植	居民可以种植健康食品吗？	提供空间和资源鼓励人们自己种植食物。这有助于获得新鲜、负担得起的营养食品。它也提高了人们对健康饮食的兴趣和认识。一起在花园里种植食物涉及体育活动以及社交互动

健康、建筑、环境这 3 个领域紧密相连，彼此"互锁"。这些互锁还包括空间（建筑环境）和行为的相互作用，例如：

- 当您与相互支持的伙伴一起做事时，更容易活跃（社交）。
- 营养对于最大限度地保持运动非常重要（饮食良好）。
- 食物是维持社会联系（一起吃饭）和运动（通过慢行交通到达当地市场）的良好催化剂。

当这 6 个实体（3 个领域和 3 个连接相互作用）结合在一起时，它们会形成一个"协同"整体，在对健康影响方面比任何单个因素更强大[5]（图 9.1）。支持人类健康的环境需要响应特定的位置和社区特征。尽管如此，城市形式虽然不是专门为支持健康而开发的，但却会产生通常有利于幸福的环境。这些城市形式包括步行社区、公交导向发展、城市村庄、宜居社区、智能增长和新城市化。针对这些方法存在各种手册和清单，其中一些出现在本章的案例研究部分。这些城市形式的特征包括：

- 土地使用规划和交通规划之间存在密切联系。
- 能够支持有效公共交通的人口密度。
- 混合住宅、非住宅和社区土地利用集中在公交站点周围或步行范围内。
- 令人愉快、有吸引力的、维护良好的公共场所和街道。
- 街道设计不仅考虑了汽车，也让其他使用者感到舒适和安全（"完整的街道"）。
- 日常的社区活动聚集在一起，方便人们加入，鼓励社交活动。

• 在新开发项目中，预先提供零售商、公园和其他社区设施，以确保在第一批居民到达时建立有利于健康的行为模式[5]。

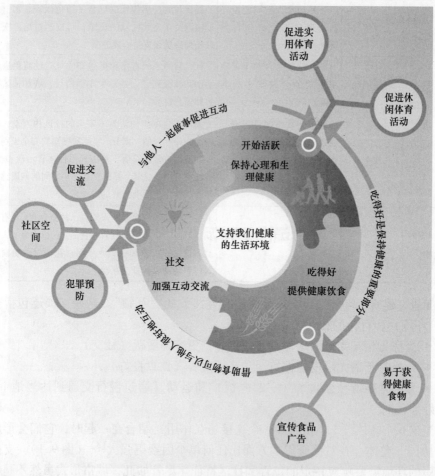

图 9.1　通过构建环境支持运行状况[5]

9.3　定义共同效益

在鼓励 LCM 和慢行交通（如步行、骑自行车和公共交通工具）政策干预的背景下，需要确定相关的共同效益。简而言之，这意味着可以从一项旨在做其他事情的政策倡议中获得多种好处[6]。在应对气候变化的行动中，正在大力发展共同效益的概念，人们认识到低碳生活方式也是健康的生活方式[7-9]。虽然共同效益有不同的定义，但它们源于有意识地以综合方式解决空气污染、能源需求和气候变化，也考虑了可能产生的其他未指明的利益，例如改善交通和城市规划，减少对健康和农业的影响，改善经济或降低总体政策执行成本[10]。Thompson 和 Capon [11]使用图 9.2 来描述考虑人类健康影响的共同效益概念[12]。

156

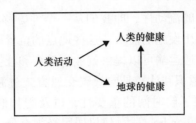

图 9.2　健康共同效益的概念[11,12]

所有人类活动都会潜在地影响人类健康。这是通过营养和身体活动水平等途径，以及通过地球健康（例如气候系统）对人类健康产生的间接影响。由此可见，从应对气候变化的行动中可以获得健康的共同效益。为清楚起见，箭头表示为单向的，但是在两个方向上都存在关系。

本章的重点是通过以健康为基础、经济高效和环境友好的方式促进交通出行所带来的共同效益。这越来越多地涉及私家车、公共交通、自行车和步行等各种出行模式选择。将体育活动作为交通的一部分，可以为纠正久坐行为提供更多机会，如前所述，久坐也是慢性病的重要危险因素。慢行交通包括步行和骑自行车以及使用公共交通工具。在澳大利亚和其他地方进行的一些研究表明，步行上下班乘坐公共交通工具可以达到成人每日建议运动量的近 1/3[13,14]。同样，私人汽车使用量的减少也带来了环境效益。这是通过降低二氧化碳排放来实现的，其降低了呼吸和心血管疾病的相关风险，对健康产生了积极影响[15]。医疗干预支出减少导致经济收益增加。这些经济利益还与骑自行车的基础设施相关，可以减少交通拥堵和停车费用[16,17]。较少的汽车将改善与交通事故相关的安全性，并且由于街道上有更多的人，在他们的街区散步和骑自行车，社区安全也可以改善，有益于社会和文化发展。这些方面均表明慢行交通政策的共同效益。

我们现在更详细地探讨采用慢行交通方案带来的预期收益。它们可被分为以下 4 个类别：①公共健康；②环境；③生活质量和社会福利；④经济和生产力。

为了说明这一点，首先考虑慢行交通规划和政策更广泛的共同效益背景。

9.4　慢行交通的规划与政策说明

北美和澳大利亚的城市通常由低密度、分散的远郊组成，这些郊区依赖于汽车。这属于资源和碳排放密集型地区，因此从长远来看是不可持续的[18]。规划者和政策制定者正在寻求将这些城市转变为低碳城市的方法，以及在碳排放方面更有效的形式和功能。低碳城市必须提高其建筑物和交通系统的能源效率[19]。这种转变的一个关键是交通运输，其需求的水平和强度在很大程度上取决于土地使用和土地规划工具的应用。反过来，这些都会影响人们的生活方式和健康，以及遍布城市的物质、社会和经济环境。

交通系统决定了我们的流动性，即我们从一个地方移动到另一个地方的能力，以满足我们参与活动和利用设施的需求，这些地点的位置取决于整个地区土地利用的分布和强度。例如，交通运输可以提供就业、教育和社会互动，所有这些都是人类发展的基础[20]。公众意识和认知是向低碳交通方式过渡的两个主要障碍。Banister[21]强调，人们有必要了解时间的重要性，以及与其他活动相比，人们希望如何在出行中使用时间。Aditjandra 等[22]建议居民必须充分了解他们寻求可持续旅行选择的可能性。

我们建造的环境的形状和形式，以及生活方式的选择，严重影响了私人汽车在城市地区的使用。Newton 和 Newman[23]在考虑更紧凑的城市形式所能产生的碳效益时考虑了这个问题，其中公共交通和慢行交通模式通常是最有利的。他们考虑了澳大利亚城市设计创新的需求，主要关注住房和交通方面的能源需求，以及可用的替代能源技术和燃料类型。"战后"郊区，也就是 20 世纪下半叶首先开发的那些依赖汽车的城市，向低碳过渡提供了最大的挑战。Newton – Newman 低碳技术干预框架的基础是考虑适用于郊区和内城区住房及交通的低碳技术。该框架确定了较高密度城市地区与郊区发展之间的主要差异。该框架的扩展版本，明确地将慢行交通模式确定为城市和郊区交通的关键因素，如图 9.3 所示。

鉴于住房类型和位置之间的权衡，目前郊区内私人汽车基本可以满足交通需求，因此，减少城市碳排放的策略需要针对该模式提供实质性选择方案，以更多地使用慢行交通和公共交通。要使这一方向可行，就需要深入考虑建筑形式、土地利用 – 交通的相互作用、土地使用的混合、服务和设施的位置和强度、配套基础设施以及区域规划和设计（包括相邻区域之间、区域与中央商务区等主要活动中心）之间的关系。

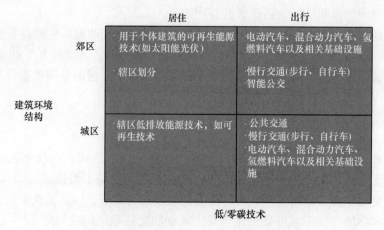

图 9.3 改进的 Newton – Newman 模型框架[23]

9.4.1　规划干预概述

城市形态可对出行的碳强度产生重大影响，一些城市形式显示出比其他形式更大的能力，以降低人均碳排放率。Newton 等人[24]强调了发展中城市综合土地利用和交通规划的重要性。他们提供了运输规划和发展规划独立发生的例子，导致对私家车的依赖或对公共交通服务的过度压力，因此需要对交通计划进行重大转变。在环境和宜居性方面采取新的方法，同时注重在交通和城市区域实现碳效率，这是至关重要的[25]。除了减少碳排放外，改变我们进行城市和交通规划的方式还有可能产生其他重要的长期效益。其中包括开放空间保护、改善空气质量和公共卫生，以及减少基础设施投资，从而改善城市地区的生活质量[20]。

人们做出的旅行决策与建筑环境因素密切相关，如密度、位置、土地利用组合和区域设计[26]。随着汽车使用量的增长达到极限，城市的结构开始发生变化，并且正在偏离传统的城市文化和经济范式[27]。因此，城市设计和规划有可能在建立低碳交通的未来中发挥重要作用。

关于低碳城市的理想布局存在许多理论，然而，理论与实践之间存在巨大差距[26]。目前的理解是，城市形态和布局为出行设定了"可能性的包络"。此外，住宅布局和配套设施与居民的态度、偏好和看法有着复杂的关系[22,26]。"紧凑型城市"方法试图使活动更接近居民，以便他们通过使用低碳方式（如慢行交通或公共交通）来满足其出行需求。在高人口密度环境中，维持生活质量和空间存在问题，而在高密度生活不可行的情况下，可选择建筑环境干预。

9.4.2　政策干预概述

Santos 等人[28]考虑了广泛的 LCM 政策选择，他们将其分为三类：
- 物理政策，涉及基础设施和服务提供。
- 软政策，旨在实现行为改变。
- 知识政策，强调投资在研发中对未来可持续交通的作用。

他们认为政策整合是关键，相互促进政策的最佳融合至关重要。Banister[29]讨论了可持续流动范式的概念，这又需要综合和相互支持的一系列政策。Banister 等[30]为 LCM 系统提出了一个可能的政策框架，但是，这仍然需要确定相关的政策集。一个主要的问题是：应该考虑哪些政策，以及如何优化政策设置？Nakamura 和 Hayashi[31]回顾了有关 LCM 政策和战略的国际发展。他们的结论是，各个城市的具体发展过程显著影响了不同政策的可行性和有效性。例如，Whitehead[32]提供了瑞典斯德哥尔摩的案例，其引入了拥堵收费计划，豁免低排放车辆，同时引入了购买低排放车辆的财政激励措施。随着低排放车辆数量的增加，减少拥堵收费的效果严重下降。因此，豁免政策在推出后不到 18 个月就被逐步取消。

9.5 低碳出行计划带来的共同效益

本节将讨论采用慢行交通方案的预期效益。

9.5.1 公共健康福利

步行和骑自行车可以实现零碳排放，对公共健康来说有诸多共同效益。许多研究调查了慢行交通对公共健康的影响[26,33-36]。提供定期体育活动的机会，如步行和骑自行车，会对改善公共健康和预期寿命产生重大影响[37-42]。事实上，慢行交通带来的量化健康效益比与这些活动相关的任何风险都要高出 77 倍，比起吸入空气污染和受到交通伤害而失去生命，还能延长我们的寿命[43,44]。骑自行车和步行上班率较高的城市似乎也有更多的人口达到建议的体力活动水平，并且肥胖率、高血压和糖尿病的发生率较低[35]。慢行交通不仅可以改善我们的身体健康，还可以改善我们的心理健康和集中注意力的能力[45-48]。特别是在儿童健康方面，Mackett[49]回顾了慢行交通对儿童的影响。这项研究表明，平均而言，步行多于乘车出行的孩子在一天中的大部分时间里的所有活动都有更大的能量[49,50]。Shaw 等人[51]对各种国际运输政策的公共卫生和碳效益进行了系统审查。他们的结论是，由于以下问题，研究质量普遍较差，导致报告结果的有效性存在问题：

- 方法细节有限。
- 选择控制的理由不充分或没有理由。
- 没有关于测量仪器有效性的信息。
- 对交通工具使用和健康结果的衡量不充分。
- 统计分析不良。
- 后续时间短。
- 未能考虑和管理混淆。

然而，有大量证据清楚地表明慢行交通对健康有益。

9.5.2 环境效益

最有害的污染物是在汽车起动几分钟内发出的（"冷起动"现象），这意味着短途旅行可能会因距离更近而污染更多，对我们的整体健康影响比长途旅行更大[52]。这些短途旅行通常可以使用零碳出行方式进行，例如步行或骑自行车。2010 年，经合组织国家室外空气污染对健康造成的影响（包括死亡和疾病）约为 1.7 万亿美元，其中公路运输约占 50%，约为 1 万亿美元[53]。由于汽车数量减少和拥堵减少，汽车使用量减少，噪声污染也将减少。

9.5.3 生活质量和社会福利

社会包容性也被认为是低碳规划和鼓励使用慢行交通方式的主要好处。Taylor

和 Ampt[54] 发现，在采取旨在减少汽车使用和提高慢行交通水平的自愿旅行行为改变干预措施的地方，会经历以下目标区域：

- 增加街道活动和互动。
- 减少当地犯罪报告。
- 在社区层面增加社会互动和信任。
- 提高对当地遗产和文化的认识。
- 增加当地商店的文化产品数量。
- 减少向地方议会提出的"没有解决方案的投诉"。
- 增加社区发起的项目。

9.5.4　经济和生产力效益

多年的规划和建造汽车街道使许多社区严重缺乏自行车和步行基础设施。建立新的自行车和步行设施可以通过以下因素促进经济增长：

- 新增就业机会。
- 房地产价值上升。
- 当地机构业务增加。
- 交通拥堵减少[55]。

对于个人来说，汽车出行的成本远远超过慢行交通模式，可以显著节省家庭开支[56]。通过增加公共交通的资助，可以弥补碳基燃料税减少的收入[54]。更好地整合土地使用和交通政策，也可以提高城市货运业务的生产率[57, 58]。上文讨论的直接和间接健康效益的减少也通过减轻医疗保健系统的负担而产生经济效益。

9.6　当前政策和实践的案例研究

有许多政策和实践倡议的例子可以改善社区和环境福祉。值得注意的是，许多倡议起源于公共卫生机构，并没有将碳减排作为主要目标。实际上，在许多情况下，没有提及与环境可持续性相关的结果。然而，从通过慢行交通鼓励体育活动的角度来看，LCM 具有很强的特色。城市规划和设计使步行和骑自行车成为更具吸引力和易于使用的交通方式。对共同效益框架的理解可以使人们开始意识到，一项旨在采取其他行动的政策举措可能会带来多重利益。提高认识的另一个重要成果是跨学科评价。这是因为不同的专业团体面临着非常不同的政策环境，这些环境可能对他们有利。对于那些在低碳领域进行研究和不了解公共卫生领域的人来说，这是显而易见的。共同效益框架可以促进跨学科交流。接下来，我们在澳大利亚的背景下考虑其中的一些举措和贡献。

9.6.1 国家心脏基金会

澳大利亚心脏基金会是非营利性健康利益管理者，为建筑环境在支持健康，特别是积极生活方面的作用提供了支撑。2014 年，基金会发布了"澳大利亚活跃蓝图"[59]。其目的在于支持在公共领域的规划、设计、开发和维护中发挥作用的专业人员，使之更容易纳入对健康和福祉产生积极影响的设计考虑。蓝图提供了一系列设计考虑因素，这些考虑因素是在当地政府和规划人员在创建支持健康环境中发挥重要作用背景下设定的。设计考虑因素涉及以下方面：

- 步行和骑车路线。
- 街道。
- 当地目的地。
- 开放空间。
- 公共交通。
- 座位、标识、照明、围栏和墙壁。
- 培养社区精神。

心脏基金会还开展了住宅和商业密度方面的工作，研究了不同密度水平如何创造具有一系列特征的不同类型的社区，这些特征影响着环境是支持还是阻碍积极的生活方式。

毫不奇怪，这些报告提供的研究证据表明，更高的社区密度可以促进更多的体育活动。然而，报告警告说，必须谨慎实施社区密度，以便增强邻里的舒适性，提供绿色开放空间。优质公共领域、良好的设计以及目的地和公共交通的接近度都是至关重要的。交通繁忙且污染严重的道路不利于健康，不应成为高密度开发的地点，这一信息对于目前在主要交通走廊沿线兴建中高层住宅楼宇的决策者来说是十分不利的。

9.6.2 Walk21

Walk21 是一项国际运动，旨在支持人们选择步行的健康、可持续和高效社区的发展[60]。2014 年，新南威尔士州政府和悉尼市政府主办了 Walk21。这使人们关注到澳大利亚各地正在发生的事情，以支持健康和环境可持续性的步行。会议提出了研究、政策和实践举措，以帮助澳大利亚规划和公共健康倡导者更好地了解激励和鼓励行走的动因。主持 Walk21 的决定是在"悉尼的步行未来"[61]发布后不久做出的。该报告承认步行具有更广泛的社会和经济效益，旨在使其成为"2km 以下快速旅行的交通选择"。

9.6.3 南澳大利亚州的"所有政策中的健康"

南澳大利亚州的"所有政策中的健康（HiAP）"表明，健康和福祉在很大程度上受到健康以外的政府部门管理措施的影响[62]。HiAP 旨在强调除健康之外的其他部门与政策之间的联系和互动。HiAP 探索有助于实现非卫生部门目标的政策选择，从而改善健康结果。通过考虑农业、教育、环境、财政、住房和交通等所有政策领域的健康影响，可以改善人口健康，并可以减少医疗保健系统日益增长的经济负担。卫生部门的作用是支持其他部门以改善健康和福祉的方式实现其目标。

交通与健康之间的联系被列为采用这种方法的理由，并用于强调所有部门的决策者需要了解其决策对人口健康的影响，并将健康问题纳入其政策。HiAP 寻求就政策重点达成协议，并利用强有力的评估和分析方法来探索政策领域与人口健康和福祉之间的联系。

9.6.4 新南威尔士州的健康城市发展清单

新南威尔士州卫生部认识到，有必要发展其影响健康城市设计和发展的能力，并更积极地参与和影响城市规划及发展过程。"健康城市发展清单"是目前用于实现这一目标的措施之一[63]。清单的目的是协助卫生专业人员就城市发展政策、计划和提案提供建议。

它旨在确保所提供的建议既全面又一致。该清单侧重于帮助卫生专业人员回答以下问题：①城市发展政策、计划或提案对健康的影响是什么？②如何改进以提供更好的健康结果？

清单中有 10 个健康城市发展的特征。每一项都详细说明了其在支持人类健康方面的重要性以及如何将其纳入建筑环境（包括政策和土地使用决策）。主题如下：

- 健康食品。
- 体育活动。
- 住房。
- 交通和物理连接。
- 优质就业。
- 社区安全和保障。
- 公共开放空间。
- 社会基础设施。
- 社会凝聚力和社会连通性。
- 环境和健康。

该清单是审查和评论政策提案以及发展应用计划的工具，并在城市规划和政策过程的早期阶段就健康相关问题提供建议。虽然不是唯一的，但清单的主要用户是使用该文件的当地卫生专业人员：

- 提供标准化工具，以指导和告知当地政府和开发商对新南威尔士州城市发展政策和计划的反馈和建议。
- 评估城市发展的健康方面。
- 支持城市规划者、开发者和卫生专业人员之间的参与。
- 向其他人（规划者、开发者和决策者）介绍在创建健康城市发展时需要考虑的各种因素。

最近又提出了另一个组成部分，即"环境可持续性和气候变化"。虽然这尚未正式纳入原始清单，但也可以使用[64]。通过此更新，"健康城市发展清单"涵盖了共同效益的概念，并将对气候变化行动与人类健康改善之间的相互关系的理解提上了议程。

9.6.5 悉尼大都市战略

以前的案例研究主要是在州/省一级。大都市规模倡议的一个例子是悉尼大都市战略[65]，它将健康作为国家规划决策的重要成果。该战略的目标3："一个与强大、健康且人脉紧密的社区共同生活的好地方"，其中包括有关健康的整个章节。3.3项"创建健康的居住环境"是居住环境支持健康社区的关键方式。此外，悉尼计划还提到了与"绿色覆盖设计原则"相关的共同效益（4.3项），旨在"将植被、渗透性和反射性表面融入城市环境中，解决居住环境中的热负荷问题，并提供降低冷却能源成本、雨水管理、清洁空气和生物多样性栖息地的共同效益"。虽然计划中没有特别提及，但对人类健康会有共同效益。

9.7 估算共同效益

该政策和实践报告概述了向低碳慢行交通模式转变可能带来的共同效益，以及LCM改善社区和个人福祉的潜力。然而，报告还表明，几乎没有采取任何直接的政策行动来减少碳排放量。了解碳减排行动的价值和相关的共同效益，将为决策者和从业者推进碳减排日程助力。我们需要一种简化的方法来量化这些重要的信息，从而可以将其纳入低碳生活决策。

世界卫生组织（World Health Organization，WHO）认识到，促进慢行交通是应对全世界高度缺乏体育活动挑战的重要途径。此外，实现这一目标需要交通和城市规划部门的支持。经济评估是规划中的惯例，然而，由于其复杂的性质，交通干预措施的健康方面影响往往被排除在这些分析之外。为解决这一问题，世卫组织[66]开发了用于步行和骑自行车的健康经济评估工具（HEAT）。该工具基于网络对步行和骑自行车的健康影响进行经济评估。该工具估算了因特定数量的步行或骑自行车而降低死亡率的价值。

Crawford 和 Whyte[67] 提供了一个应用 HEAT 来提高格拉斯哥骑行水平的案例研究。他们发现，骑自行车的人越多，死亡率越低，经济效益就越显著。他们的结论是，该工具可用于为新基础设施和运输服务提供更全面和有意义的成本效益分析。

如本章前面所述，除了公共卫生之外，还可以在许多领域找到慢行交通实施的共同效益。需要一个统一的框架来描述共同效益，并避免经济评估中的"重复计算"问题。联合国大学（UNU）[68] 提出了一个框架，其将运输部门的经济成本效益分析模型与机构评估相结合。这不仅评估了交通政策和规划的影响，还确定了实施政策和计划的障碍。联合国大学工具有 3 个特点，使其成为用于城市规划的灵活工具：

- 它基于可扩展的方法，因此该工具可用于调查不同类型变化的影响。
- 它既可用于事后（项目数据评估），也可用于事前（基于情景的评估），明确考虑环境共同效益作为预期效益。因此，决策者可以在选择特定政策或项目之前使用该工具来确定合适的选项。
- 它可用于协助政策实施，以便决策者可以为特定城市确定合适的替代发展方案。

虽然联合国大学工具本身不适合直接应用于 LCM，但其概念模型提供了一个可以适应该目的的基本框架。该框架的 LCM 版本由 Philp 等人开发[69]，如图 9.4 所示。该模型包括 6 个部分：

1）预期收益，涵盖拟议计划或实施的广泛目标。

2）政策工具，描述可供使用（或考虑）的工具和政策措施。

3）目标，确定具体目标。

4）指标，为实现目标提供量度和基准。

5）模式重点，确定和收集不同旅行方式、车辆类型和技术对替代方案的成本和效益的个体贡献。

6）共同效益，提供每种测试情景或替代设计在指定效益（以温室气体减排为主要效益）方面的表现的定量估计，以健康改善和经济生产力提高作为共同效益。

图 9.4 所示的模型旨在评估公共卫生和经济生产力的共同效益，以开发和实施 LCM 项目和设计措施作为城市发展或再发展的一个组成部分。概念模型很复杂——因为要考虑的各种因素之间存在相互作用的固有复杂性——因此模型的图解表示也很复杂。然而，该模型为共同效益计算器的开发提供了有用的框架。

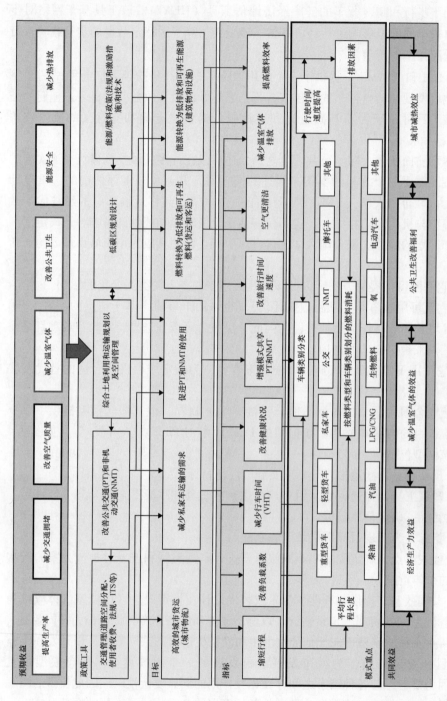

图 9.4 测量低碳流动性项目的共同效益的框架 [68]

9.8　本章小结

健康和福祉受到人们出行方式的影响，而出行方式本身也受到建筑环境形状和形式的显著影响。反过来，这在很大程度上决定了不同出行模式的可访问性和易用性。本章确定了一组与特定行为相关的三个领域来支持实现健康。"让人们多运动"的领域与城市地区的出行和交通系统有直接联系。步行和骑自行车作为慢行交通方式，通过日常生活中涉及的功利性体育活动以及为健身和享受而进行的休闲体育活动，为个人的健康做出了重大贡献。本章包括一系列基本问题和相应的行动，规划者可以使用这些问题来帮助创建居住环境，鼓励体育活动带来积极的社区健康成效，这也有环境和生产力方面的好处，特别是在减少汽车拥堵方面。

研究证据也表明，人们的健康、气候变化与建筑环境的设计、规划和管理方式之间存在着密切的关系。在专业政策、实践和社区行动中采用共同效益方法，为巩固和扩展有效和高效的方法来解决这些问题提供了一个强大的平台。本章探讨了综合城市发展和运输政策的必要性，并将相互加强政策的最佳结合视为关键需求。认识到慢行交通方式在满足人们的无障碍需求方面的作用是城市政策制定和实施的重要组成部分。

环境可持续性是规划的基本原则，是当代实践的基础。有助于健康居住的环境仍在不断发展，但随着"共同效益框架"的使用，城市规划中的政策制定者可以看到，在一个领域的单一支出会带来多重红利。

采用共同效益框架可促进跨学科交流，相互理解和更好地了解健康、运输和环境可持续性学科之间的协同作用。此外，使用共同效益可以帮助专业人员将不同的政策环境联系起来，从而有助于他们能够为自己领域的政策和研究工作做出贡献。这对于支持低碳旅行的政策和实践举措至关重要，有助于人类及其所居住的地球的健康。本章提供了一些案例研究，重点是改善社区福祉和健康，同时减少碳排放。本章进一步提出分析框架，用于估计政策举措可能带来的共同效益。该框架明确地用于评估公共卫生和经济生产力的共同效益，这些政策和项目的制定旨在鼓励和加强城市中慢行交通模式的使用。

参 考 文 献

[1]　Y. Rydin, A. Bleahu, M. Davies, *et al.*, "Shaping cities for health: complexity and the planning of urban environments in the 21st century", *Lancet* 379 (June), pp. 2079–2108, 2012.

[2]　A.S. Daar, P.A. Singer, D.L. Persad, *et al.*, "Grand challenges in chronic non-communicable diseases", *Nature* 450 (7169), pp. 494–496, 2007.

[3] H. Barton, S. Thompson, S. Burgess, and M. Grant (eds.). *The Routledge Handbook of Planning for Health and Well-being: Shaping a Sustainable and Healthy Future*. London: Routledge, 2015.

[4] J.L. Kent and S.M. Thompson, "The three domains of urban planning for health and well-being", *Journal of Planning Literature* 29 (3), pp. 239–256, 2014.

[5] G. Paine and S.M. Thompson. *Healthy Built Environment Indicators*. Sydney: The University of NSW, City Wellbeing Program, CFRC, 2016.

[6] A. Smith. *The Climate Bonus: Co-Benefits of Climate Policy*. Milton Park: Earthscan from Routledge, 2013.

[7] N. Watts, W.N. Adger, P. Agnolucci, J. Blackstock, P. Byass, "Health and climate change: policy responses to protect public health", *The Lancet Commissions*, 386 (10006): 1861–1914. Published Online June 23, 2015. Available at: http://dx.doi.org/10.1016/S0140-6736(15)60854-6

[8] S. Whitmee, A. Haines, C. Beyrer, *et al.*, "Safeguarding human health in the Anthropocene epoch: Report of The Rockefeller Foundation/Lancet Commission on Planetary Health", *Lancet* 386 (10007), pp. 1973–2028, 2015.

[9] D. Ganten, A. Haines and R. Souhami, "Health co-benefits of policies to tackle climate change", *Lancet* 376 (9755), pp. 1802–1804, 2010.

[10] C.K. Castillo, D.C. Sanqui, M. Ajero and C. Huizenga, *The Co-benefits of Responding to Climate Change: Status in Asia*. Mandaluyong City, Philippines: Clean Air Initiative for Asian Cities, 2007.

[11] S. Thompson and A. Capon, "Healthy people, places and planetary systems: the co-benefits framework for understanding and action on climate change", in H. Barton, S. Thompson, M. Grant and S. Burgess (eds.), *The Routledge Handbook of Planning for Health and Well-being: Shaping a Sustainable and Healthy Future*. London: Routledge, 2015.

[12] S. Boyden, "Biohistory," in S.J. Singh, H. Haberl, M. Chertow, M. Mirtl, M. Schmid (eds.), *Long Term Socio-Ecological Research: Studies in Society-Nature Interactions Across Spatial and Temporal Scales*, New York: Springer, 2013, 386 (10006): 1861–914. Available at: http://www.biosensitive futures.org.au/content-images/bio-triangle-2.jpg/view

[13] M.A.P. Taylor and S.M. Thompson, *An analysis of current levels of active transport usage in Australia – towards a measure of baseline activity*. Research Project 2015 – Carbon Reductions and Co-benefits: Final Report – Part II, Co-operative Research Centre for Low Carbon Living, 2015. Available at: http://www.lowcarbonlivingcrc.com.au/resources/crc-publications/crclcl-project-reports/rp2015-carbon-reductions-and-co-benefits-final.

[14] C. Morency, M. Trepanier and M. Demers, "Walking to transit: an unexpected source of physical activity", *Transport Policy*, 18, pp. 800–806, 2011.

[15] IPCC, *Human health: impacts, adaptation, and co-benefits, in climate change 2014: impacts, adaptation, and vulnerability*. IPCC Working Group II Contribution to AR5. Inter Governmental Panel on Climate Change, 2014. Available at: http://ipcc-wg2.gov/AR5/images/uploads/WGIIAR5-Chap11_FGDall.pdf, accessed 1 May 2014.

[16] RTA and DECC, *Evaluation of the costs and benefits to the community of financial investment in cycling programs and projects in New South Wales*. Roads and Traffic Authority of NSW and the Department of Environment

and Climate Change, 2009. Available at: http://www.pcal.nsw.gov.au/_
data/assets/pdf_file/0008/90899/Evaluation_of_NSW_cycling_study.pdf,
accessed 28 September 2015.

[17] A. Davis and J. Parkin, "Active travel: its fall and rise", in H. Barton,
S. Thompson, S. Burgess and M. Grant (eds.), *The Routledge Handbook of
Planning for Health and Well-Being: Shaping a Sustainable and Healthy
Future*. London: Routledge. 2015.

[18] V. Rauland and P. Newman, "Decarbonising Australian cities: a new model
for creating low carbon, resilient cities", in F. Chan, D. Marinova and R.S.
Anderssen (eds.), *MODSIM2011: 19th International Congress on Modelling
and Simulation*, pp. 3073–3079. Perth, WA: Modelling and Simulation
Society of Australia and New Zealand; Dec 12–16, 2011.

[19] A. Chavez and A. Ramaswami, "Progress toward low carbon cities:
approaches for transboundary GHG emissions' footprinting", *Carbon
Management* 2 (4), pp. 471–482, 2011.

[20] P. Donoso, F. Martinez and C. Zegras, "The Kyoto Protocol and sustainable
cities-potential use of clean-development mechanism in structuring cities for
carbon-efficient transportation", *Transportation Research Record 1983*,
pp. 158–166, 2006.

[21] D. Banister, "City transport in a post carbon society", in M. Givoni and
D. Banister (eds.), *Moving Towards Low Carbon Mobility*, Cheltenham:
Edward Elgar Publishing, pp. 255–266, 2013.

[22] P. Aditjandra, C. Mulley and J. Nelson, "The influence of neighbourhood
design on travel behaviour: empirical evidence from North East England",
Transport Policy 26, pp. 54–65, 2013.

[23] P.W. Newton and P. Newman, "The geography of solar photovoltaics (PV)
and a new low carbon urban transition theory", *Sustainability* 5, pp.
2537–2556, 2013.

[24] P.W. Newton, A. Pears, J. Whiteman and R. Astle, "The energy and carbon
footprints of urban housing and transport: current trends and future prospects",
in R. Tomlinson (ed.), *Australia's Unintended Cities: The Impact of Housing on
Urban Development*, Melbourne: CSIRO Publishing, pp. 153–189, 2012.

[25] R. Hickman and D. Banister, "Looking over the horizon: transport
and reduced CO_2 emissions in the UK by 2030", *Transport Policy* 14,
pp. 377–387, 2007.

[26] R. Hickman, "Urbanization and future mobility", in M. Givoni and
D. Banister (eds.), *Moving Towards Low Carbon Mobility*. Cheltenham:
Edward Elgar Publishing, pp. 60–74, 2013.

[27] P. Newman, J., Kenworthy and G. Glazebrook, "Peak car use and the rise of
global rail: why this is happening and what it means for large and small
cities", *Journal of Transportation Technologies* 3, pp. 272–287, 2013.

[28] G. Santos, H. Behrendt and A. Teytelboym, "Part II: policy instruments for
sustainable road transport", *Research in Transportation Economics* 28 (1),
pp. 46–91, 2010.

[29] D. Banister, "Cities, mobility and climate change", *Journal of Transport
Geography* 19 (6), pp. 1538–1546, 2011.

[30] D. Banister, K. Anderton, D. Bonilla, M. Givoni and T. Schwanen,

"Transportation and the environment", *Annual Review of Environment and Resources* 36, pp. 247–270, 2011.

[31] K. Nakamura and Y. Hayashi, "Strategies and instruments for low-carbon urban transport: an international review on trends and effects", *Transport Policy* 29, pp. 264–274, 2013.

[32] J. Whitehead, "Making the transition to a 'green' vehicle fleet – an analysis of the choice and usage effects of incentivizing the adoption of low emission vehicles", unpublished Licentiate thesis in Transport Science, Royal Institute of Technology, Stockholm, 2013.

[33] B. Giles-Corti and R. Donovan, "Socioeconomic status differences in recreational physical activity levels and real and perceived access to a supportive physical environment", *Preventive Medicine* 35 (6), pp. 601–611, 2002.

[34] J. Sallis, L. Frank, B. Saelens and M. Kraft, "Active transportation and physical activity: opportunities for collaboration on transportation and public health research", *Transportation Research Part A: Policy and Practice* 38 (4), pp. 249–268, 2004.

[35] L. Wen and C. Rissel, "Inverse associations between cycling to work, public transport, and overweight and obesity: findings from a population based study in Australia", *Preventive Medicine* 46 (1), pp. 29–32, 2008.

[36] J. Woodcock, P. Edwards, C. Tonne, *et al.*, "Public health benefits of strategies to reduce greenhouse-gas emissions: urban land transport", *Lancet* 374 (9705), pp. 1930–1943, 2009.

[37] R. Buehler, J. Pucher, D. Merom and A. Bauman, "Active travel in Germany and the USA: contributions of daily walking and cycling to physical activity", *American Journal of Preventive Medicine* 40 (9), pp. 241–250, 2011.

[38] P. Gordon-Larsen, J. Boone-Heinonen, S. Sidney, B. Sternfeld, D.R. Jacobs Jr. and C.E. Lewis, "Active commuting and cardiovascular disease risk: the CARDIA study", *Archives of Internal Medicine* 169 (13), pp. 1216–1223, 2009.

[39] M. Hamer and Y. Chida, "Active commuting and cardiovascular risk: a meta-analytic review", *Preventive Medicine* 46 (1), pp. 9–13, 2008.

[40] P. Oja, S. Titze, A. Bauman, *et al.*, "Health benefits of cycling: a systematic review", *Scandinavian Journal of Medicine and Science in Sports* 21, pp. 496–509, 2011.

[41] J. Pucher, R. Buehler, D. Bassett and A. Dannenberg, "Walking and cycling to health: recent evidence from city, state, and international comparisons", *American Journal of Public Health* 100 (10), pp. 1986–1992, 2010.

[42] R. Shephard, "Is active commuting the answer to population health?", *Sports Medicine* 39 (9), pp. 751–758, 2008.

[43] D. Rojas-Rueda, A. Nazelle, M. Tainio and M. Nieuwenhuijsen, "The health risks and benefits of cycling in urban environments compared with car use: health impact assessment study", *British Medical Journal* 343, 2011, doi: 10.1136/bmj.d4521.

[44] P. Jacobsen and H. Rutter, "Cycling safety", in J. Pucher and R. Buehler (eds.), *City Cycling*. Cambridge MA: MIT Press, pp. 141–156, 2012.

[45] J. Garrard, C. Rissel and A. Bauman, "Health benefits of cycling", in J. Pucher and R. Buehler (eds.), *City Cycling*. Cambridge, MA: MIT Press, pp. 31–56, 2012.

[46] A. Singh, L. Uijtdewilligen and J.W.R. Twisk, "Physical activity and performance at school", *Archives of Pediatrics and Adolescent Medicine*, 166 (1), pp. 49–55, 2012.

[47] L. Chaddock, K.I. Erickson and R.S. Prakash, "Basal ganglia volume is associated with aerobic fitness in preadolescent children", *Developmental Neuroscience* 32, pp. 249–256, 2010.

[48] C.H. Hillman, D.M. Castelli and S.M. Buck, "Aerobic fitness and neuro-cognitive function in healthy preadolescent children", *Medicine and Science in Sports and Exercise* 37, pp. 1967–1974, 2005.

[49] R. Mackett, "Children's travel behaviour and its health implications", *Transport Policy* 26, pp. 66–72, 2013.

[50] A. Goodman, R. Mackett and J. Paskins, " Activity compensation and activity synergy in British 8–13 year olds", *Preventive Medicine* 53, pp. 293–298, 2011.

[51] C. Shaw, S. Hales, P. Howden-Chapman and R. Edwards, "Health co-benefits of climate change mitigation policies in the transport sector", *Nature Climate Change* 4, pp. 427–433, 2014.

[52] FHWA, *Report to the US Congress on the Outcomes of the Non-motorized Transportation Pilot Program: SAFETEA-LU Section 1807*, 2012. Available at: www.fhwa.dot.gov/environment/bicycle_pedestrian/ntpp/2012_report/page00.cfm.

[53] OECD, *The Cost of Air Pollution: Health Impacts of Road Transport*. OECD Publishing, Paris, 2014. dx.doi.org/10.1787/9789264210448-en.

[54] M.A.P. Taylor and E. Ampt, "Travelling smarter down under: policies for voluntary travel behaviour change in Australia", *Transport Policy* 10 (3), pp. 165–177, 2003.

[55] F. Creutzig and D. He, "Climate change mitigation and co-benefits of fea-sible transport demand policies in Beijing", *Transportation Research Part D* 14, pp. 120–131, 2009.

[56] T. Litman, *Quantifying the benefits of non-motorized transport for achieving TDM objectives*. Victoria Transport Policy Institute. Available at: www.vtpi.org, 1999.

[57] M.A.P. Taylor, "The City Logistics paradigm for urban freight transport", Proceedings of the 2nd State of Australian Cities Conference. December, Brisbane, Urban Research Program, Griffith University, 2005.

[58] TLIAP, *Collaborative urban logistics: the synchronized last mile*, TE White Paper, The Logistics Institute – Asia Pacific, National University of Singa-pore. Available at: www.tliap.nus.edu.sg, 2013.

[59] Heart Foundation, *Blueprint for an Active Australia* (2nd ed.). Heart Foun-dation of Australia, 2014. Available at: http://heartfoundation.org.au/for-professionals/physical-activity.

[60] Walk21, 2016. Available at: http://www.walk21.com/.

[61] Transport for NSW, 2013. Available at: http://www.transport.nsw.gov.au/sites/default/files/b2b/publications/sydneys-walking-future-web.pdf.

[62] SA Health, *Health in All Policies*, SA Health, Adelaide, 2014. Available at: www.sahealth.sa.gov.au/wps/wcm/connect/public+content/sa+health+internet/health+reform/health+in+all+policies.

[63] NSW Department of Health, *Healthy urban development checklist – a guide*

for health services when commenting on development policies, plans and proposals, NSW Department of Health, Sydney. 2009. Available at: www.health.nsw.gov.au.

[64] Sydney West Local Health District, 2015. Available at: http://www.sswahs.nsw.gov.au/populationhealth/hud/.

[65] NSW Planning and Environment, 2014. Available at: http://www.planning.nsw.gov.au/Plans-for-Your-Area/Sydney/A-Plan-for-Growing-Sydney.

[66] WHO, "Health economic assessment tools (HEAT) for walking and for cycling: economic assessment of transport infrastructure and policies. Methodology and user guide, 2014 update", World Health Organization Regional Office for Europe, Copenhagen, 2014.

[67] F. Crawford and B. Whyte, "Assessing the health benefits of cycling in Glasgow", 2014 STAR Conference. Scottish Transport Applications and Research, 2014. Available at: www.starconference.org.uk/star2014.html.

[68] UNU, *Guidebook: The Co-benefits Evaluation Tool for the Urban Transport Sector*. Yokohama: United Nations University Institute of Advanced Studies, 2014. Available at: www.ias.unu.edu.

[69] M. Philp, M.A.P. Taylor and S.M. Thompson, *RP-2015 Carbon Reductions and Co-benefits: Final Report – Part I, Literature and practice review of Australian policies relating urban planning and public health*. Cooperative Research Centre for Low Carbon Living, Sydney, 2015. Available at: www.lowcarbonlivingcrc.com.au.

术　语

CBD	中央商务区
CNG	压缩天然气
EV	电动汽车
GHG	温室气体
HEAT	健康经济评估工具
HiAP	所有政策中的健康
LCM	低碳出行
LPG	液化石油气
NMT	非机动运输
NSW	新南威尔士州
OECD	经济合作与发展组织
PT	公共交通
TOD	以公共交通为导向的开发
UNU	联合国大学
USD	美元
VHT	车辆行驶时间

Walk21　　　支持和促进步行的国际组织
WHO　　　　世界卫生组织

延 伸 阅 读

[1] Arup, *Cities Alive: Towards a Walking World*, Arup, London, 2016. Available at: http://publications.arup.com/publications/c/cities_alive_towards_ a_walking_world.

[2] Barton, H., Thompson, S., Burgess, S. and Grant, M. (eds.). *The Routledge Handbook of Planning for Health and Well-Being: Shaping a Sustainable and Healthy Future*. London: Routledge, 2015.

[3] Kent, J.L. and Thompson, S.M. "The three domains of urban planning for health and well-being", *Journal of Planning Literature* 29 (3), pp. 239–256, 2014.

[4] Philp, M., Taylor, M.A.P. and Thompson, S. RP-2015 *Carbon Reductions and Co-benefits: Final Report – Part I, Literature and practice review of Australian policies relating urban planning and public health*. Cooperative Research Centre for Low Carbon Living, Sydney. Available at: www.low-carbonlivingcrc.com.au, 2015.

[5] Smith, A. *The Climate Bonus: Co-Benefits of Climate Policy*. Milton Park: Earthscan from Routledge, 2013.

[6] Thompson, S. and Capon, A. Healthy people, places and planetary systems: the co-benefits framework for understanding and action on climate change. In Barton, H., Thompson, S., Grant, M. and Burgess, S. (eds.), *The Routledge Handbook of Planning for Health and Well-being: Shaping a Sustainable and Healthy Future*. London: Routledge, 2015.

[7] Thompson, S. and Kent, J.L. "Healthy Planning: The Australian Land-scape", *Built Environment*, 42 (1), pp. 90–106, 2016.

[8] Watts, N., Adger, W.N., Agnolucci, P., Blackstock, J., Byass, P. "Health and climate change: policy responses to protect public health", *The Lancet Commissions*, 386 (10006): 1861–914. Published Online June 23, 2015. Available at: http://dx.doi.org/10.1016/S0140-6736(15)60854-6.

[9] Wedderburn, M. *Improving the cost-benefit analysis of integrated PT, walking and cycling*. Research Report 537, NZ Transport Agency, Wellington. Available at: www.nzta.govt.nz, 2013.

[10] WHO. *Health economic assessment tools (HEAT) for walking and for cycling: economic assessment of transport infrastructure and policies*. Methodology and user guide, 2014 update. World Health Organization Regional Office for Europe, Copenhagen, 2014.

[11] Woodcock, J., Edwards, P., Tonne, C., *et al.*, Public health benefits of strategies to reduce greenhouse-gas emissions: urban land transport. *Lancet* 374 (9705), pp. 1930–1943, 2009.

第10章
出行与共享经济: 产业发展与影响的初步理解

摘要：共享出行——汽车、自行车或其他方式的共享使用是一种创新的交通策略，是用户能够在"按需"的基础上获得短期使用权的交通方式。共享出行包括各种形式的汽车共享、自行车共享、共乘、租用驾驶员服务和微型运输。此外，智能手机和 App 聚合并优化了这些移动服务，对许多共享移动模式至关重要。快递网络服务使用私家车或自行车将快递员与货物连接起来，试图颠覆现有的包裹和食品递送行业。自动驾驶汽车进入共享出行领域可以进一步改变客运和货运系统，更加强调共享出行。本章描述了共享出行中现有的不同模式，并回顾这些服务对环境、社会和交通相关影响的研究。随着自动驾驶汽车的出现，作者还预测了未来趋势。

关键词：共享出行；可持续交通；共享经济；商业模式；自动驾驶汽车

10.1 引言

近年来，共享出行——机动车、自行车或其他模式的共享使用所占共享经济的比例不断增长。虽然共享的概念并不新鲜，但经济模式已经出现，特别是自 20 世纪 90 年代以来，基于点对点（P2P）的资源共享或协作消费。共享经济的其他名称包括"协作经济"和"P2P 经济"。在线社交网络平台和支持全球定位系统（GPS）的移动技术促进了共享。共享经济商业模式包括住宿、劳动力、设备、食品和运输的共享。消费者选择在没有成本、负担和环境影响的情况下获取商品和服务，而这些通常与个人所有权相关[1]。普华永道估计，共享经济的五个领域（即设备、住房、书籍、DVD 和汽车）在 2014 年创造了 150 亿美元的全球收入，并有望在 2025 年增长到 3350 亿美元[2]。

共享出行和共享经济

虽然 20 世纪后半期在北美和西欧强调个人车辆所有权，但信息和通信技术（ICT）以及新的商业模式催生了创新模式，填补了私人汽车和公共交通之间的空白。出行者现在可以招揽驾驶员和车辆（如 Lyft、Uber）；租一辆汽车或自行车进行短途旅行（如 car2go、Ve'lib'和 Zipcar）；按需乘坐私人班车或众包路线（如

Bridj、Chariot 和 Via）；利用私家车（如 Postmates 和 Instacart）提供杂货或外卖食品——所有这些都使用了联网的智能手机、平板计算机和其他移动设备。这种创新的移动服务属于共享出行服务的总称。

共享出行是车辆、自行车或其他交通模式的共享使用，使用户能够在"按需"的基础上短期使用交通工具。它包括共享汽车、个人车辆共享（Personal Vehicle Sharing，PVS）、共享摩托车、共享单车、租用驾驶员服务（包括出租车 e－Hail 和租赁或运输网络公司 TNC）、共享乘车（即拼车）、微型交通和快递网络服务（Courier Network Service，CNS）。

图 10.1 根据服务对共享出行的关键区域进行了分类。共享汽车、共享摩托车和共享单车（图 10.1，左）是可以共享车辆或设备的服务；共享乘车，租用驾驶员服务和微型交通（图 10.1，中）为乘客提供便利；CNS（图 10.1，右）可以使用私家车辆进行出行。

全球城市记录了共享出行的影响：节省成本、方便、减少车辆行驶里程（VMT 或 VKT）、减少个人车辆所有权，以及减少温室气体（GHG）排放。此外，共享出行通常具有经济效益，例如多式联运枢纽和商业区附近的经济活动增加[3,4]。然而，一些形式的共享出行，例如用于租用服务、微型交通和 CNS，尚未得到广泛研究。许多问题，诸如公平性、可获得性、残疾人访问和数字鸿沟等仍未得到解决。随着共享出行选择范围的扩大，公共政策必须通过制定新的立法来保护公共安全，确保公平，并提供指导性政策以运用共享出行的积极影响。

本章概述了共享出行的关键领域。在每个小节中，我们介绍了每种共享出行模式的历史和当前发展，重点关注能源和环境影响。最后，本章讨论了城市交通的未来，因为自动化和共享交通越来越融入可持续的多式联运系统。

10.2　共享汽车

共享汽车会员可以获得私家车用户的好处，而无须承担所有权的成本和责任（例如，燃料、维护、保险）。相反，会员可以根据需要访问共享汽车，并支付使用费和/或会员费。第一个共享汽车计划可以追溯到 1948 年的瑞士。更多普及的欧洲计划在 20 世纪 80 年代推出，从那时起，该行业在全球范围内发展壮大。2014 年 10 月，全球共有 480 万名共享汽车会员，其中 220 万人参加了欧洲项目，160 万人参加了北美项目[5]。在现有的多种汽车共享商业模式中，最早的是往返模式。最近，出现了单程汽车共享和 PVS。

10.2.1　往返汽车共享

往返汽车共享使其成员每小时可以访问一组共享车辆，并且需要将车辆返回到其被访问的位置。由于往返汽车共享历史最悠久，因此对其对 VMT/VKT、车辆所有权、温室气体排放和个人运输成本的影响进行了多项研究。根据 2004 年对旧金山

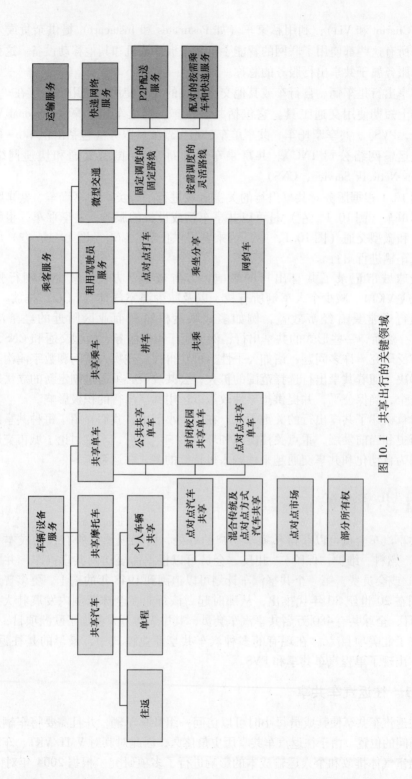

图 10.1 共享出行的关键领域

湾区城市汽车共享（City CarShare）成员的研究，30%的成员放弃了一辆或多辆私家车，2/3 的人在使用该服务两年后才购买车辆[6]。加州大学（UC）伯克利分校的研究人员在 2008 年对 6000 多名北美汽车共享组织成员进行了一项调查，记录了往返汽车共享对模式转换的影响[7]。虽然汽车共享会员的公共交通使用总量下降，但该研究指出非机动和可持续的出行——步行、骑自行车和传统拼车的总量大幅增加。同样，后来的另一项研究发现，加拿大蒙特利尔的汽车共享成员的私人汽车使用模式明显低于非汽车共享成员[8]。

值得注意的是，所呈现的总体水平数据不一定是基于城市或区域基础上的概括（例如，反映建筑环境的影响），因为该分析反映了美国和加拿大研究人群的综合影响。这是因为参与公司的数据协议只允许有限的数据分解。成员调查虽然在测量大量变化方面不完善，但却是获得汽车共享前后影响的重要工具（$n = 6281$）[9,10]。出于这个原因，尽管技术的进步改善了旅行行为测量方法（即活动数据和显示的偏好），但调查可能会继续在评估变化原因和为其测量提供关键输入方面发挥重要作用。类似的讨论与本章讨论的其他共享模式的影响分析有关。

10.2.2　单程汽车共享

单程汽车共享，也称为点对点或自由浮动的汽车共享，其允许成员在一个位置乘坐车辆并在另一个位置放下车辆。2012 年，单程汽车共享开始迅速扩展到全球 7 个国家[11]。截至 2014 年 10 月，全球共有 851988 名单程汽车共享会员，其中 372466 人在欧洲，445722 人在北美，29600 人在亚洲，3500 人在南美，700 人在大洋洲[5]。截至 2015 年 1 月，35.7%的北美车队允许单程旅行，30.8%的会员可以使用此类车队[12]。单程汽车共享的一个优点是其增加的灵活性和进一步增强公共交通和其他模式的"第一公里"和"最后一公里"连接的潜力。此外，由于单程旅行是短途旅行，电动汽车（EV）可用于减少温室气体排放。为了提供这些出行机会，许多公司和城市推出了单程汽车共享计划，从 20 世纪 70 年代的欧洲开始，到 20 世纪 90 年代的东亚，再到 20 世纪 90 年代开始一直持续到现在的北美。

Procotip 是第一个有记录的单程汽车共享试验，于 1971 年 8 月在法国蒙彼利埃推出，其共有 35 辆汽车和 19 个车站。然而，由于技术和财务问题，它于 1973 年 5 月关闭[13]。Liselec 于 1993 年在法国拉罗谢尔（La Rochelle）推出，其在 7 个车站拥有 50 辆电动汽车。Liselec 获得了成功并且今天仍然作为 Yelómobile 存在，它由 Peugeot‐Citroen 赞助并获得政府的财政支持。Praxitèle 于 1997 年推出，是一种与公共交通相连的单程汽车共享系统。50 辆 EV 被安置在法国的圣昆汀恩伊夫林省，允许其 500 名成员在位于社区、办公室附近和公交站点的 14 个车站之间进行单程旅行。到 1999 年 3 月，90%的总出行是单程出行[14]。尽管 Praxite 在技术实施方面取得了成功，但该计划仍在努力解决成本问题，并于 1999 年 7 月结束。

在日本，汽车制造商已经尝试过移动服务和单程汽车共享。1998 年，本田汽车公司部署了智能社区车辆系统，其中包括与公共交通连接的往返和单程汽车共享[15]。同样，1999 年，丰田汽车公司在日本丰田市推出了蜡笔系统。50 辆电动汽车被安置在公交站和其他地方，为 700 名成员提供服务。本田和丰田都采用了新兴技术，包括智能卡、自动车辆定位、车辆信息通信系统，以及预订和充电管理系统[16]。

早期在美国进行单程汽车共享的试验始于车站计划，主要服务于铁路和公共交通通勤者。1999 年，CarLink I 在旧金山湾区东湾的都柏林/普莱森顿湾区快速交通（Bay Area Rapid Transit，BART）站启动[17,18]。12 辆压缩天然气本田思域可以用于往返于 BART 车站和劳伦斯利弗莫尔国家实验室之间。同样，CarLink II 位于加利福尼亚州帕洛阿尔托的 Caltrain 车站，共有 27 个本田思域在 100 个用户中共享[19]。CarLink 计划促进了火车站与家庭和工作出行之间的单程旅行。住在中转站附近的一些人将 BART 带入中央商务区（CBD）。其他人乘坐公共交通到他们的郊区工作场所，使用 CarLink 作为从公交站到工作的"最后一公里"链路。这些通勤者在晚上将他们的车辆送回车站，而家庭用户在从 CBD 乘坐公共交通后使用这些车辆。在 CarLink II 试点结束时，Flexcar 于 2002 年接管了该服务。然而，由于担心成本回收和规模有限，它于 2003 年停止运营。

UC 还试行了几个单程汽车共享项目。UC Irvine 运营零排放车辆网络交通系统（ZEV·NET）。ZEV·NET 于 2002 年推出，旨在促进欧文交通中心通勤铁路枢纽、4 名雇主和加州大学欧文分校之间的出行。此外，其车队完全由电动汽车组成。2013 年 3 月，该系统增加了 30 台丰田 iQ EV，至今仍在运行[20]。UCR Intellishare 在 1999—2010 年在加州大学河滨校区和 Downtown Riverside Metrolink 站周围运营[21]。

自 20 世纪 70 年代以来，尽管许多成功的单程汽车共享项目受到好评，但许多项目已经停止运营，主要原因包括经济可行性（例如，CarLink）、使用不足（例如，Praxitèle）、技术不足（例如，Procotip）。然而，也有一些项目已经成功并且至今仍在运作（例如，Yélomobile）。早期的单程汽车共享尝试为现有的汽车共享服务奠定了基础。

目前，单程汽车共享反映了两种主要模式，即自由浮动汽车共享和基于车站的汽车共享。自由浮动的汽车共享使得共享车辆可以在指定的地理围栏操作区域内的任何地方接送用户。相反，基于车站的模型要求用户将车辆返回到任何指定的站。尽管该模型可能被认为不太灵活，但基于车站的汽车共享限制了车辆搜索以选择位置。

汽车共享专家预测单程系统将继续增长。对汽车共享行业领导者的访谈表明，单程汽车共享的未来创新将涉及其与公共交通的整合以及低排放或零排放车辆的使用[22]。最近的汽车共享文献大多集中在车辆再平衡、人员管理以及单程操作的更广泛后勤（例如文献［23，24］）。一项针对北美 5 个城市的 car2go 用户的研究发现，每辆汽车共享都可以从道路上减少 7~11 辆汽车。2%~5% 的成员出售车辆，

7% ~10% 的成员推迟购买车辆（图 10.2）。此外，每个 car2go 家庭共享汽车可减少 6% ~16% 的 VMT，减少 4% ~18% 的温室气体排放量[25]。有关城市的分类结果，请参阅文献［25］。然而，需要更多的研究来更好地了解单程汽车共享对 VMT/VKT、温室气体排放和汽车所有权的潜在影响[22]。

10.2.3　个人车辆共享

PVS 是另一种汽车共享服务模式，其特点是短期访问私家车（而不是运营商拥有的车辆）。PVS 公司通过提供使交易成为可能和无缝所需的基础设施（例如在线平台、客户支持、汽车保险和车辆技术）来促进车主和租户之间的交易。会员通过从车主到承租人的直接钥匙转移或通过操作员安装的车载技术访问车辆，该技术可实现无人值守的访问。目前，有 4 种不同的 PVS 模型：①P2P 汽车共享；②混合 P2P 往返汽车共享；③P2P 市场；④部分所有权[26]。

10.2.3.1　P2P 汽车共享

P2P 汽车共享使用临时可供个人或 P2P 公司成员共享的私家车。虽然仍然主要集中在城市区域，但由于用户提供浮动车辆，P2P 车辆共享操作并不像其他类型的汽车共享那样受地域限制。此外，与传统的基于车站的汽车共享服务相比，P2P 汽车共享可以服务于更多样化的人群。在俄勒冈州波特兰市开展的 P2P 汽车共享使用研究中，37% 的贫困家庭住在一个至少包含一辆 P2P 车辆的人口普查区域中，而只有 13% 的人口居住在拥有基于车站的汽车共享车辆的人口普查区域[27]。此外，最近的另一项研究预测，P2P 汽车共享将对中低收入消费者产生比中高收入用户更显著的影响[28]，例如美国 P2P 汽车共享运营商 Getaround 和 Turo（以前称为 RelayRides）。P2P 汽车共享服务的定价和租赁条款各不相同，通常由车辆租赁的所有者确定。P2P 运营商通常会将一部分租金作为回报，以促进交易和提供第三方保险。截至 2015 年 5 月，北美有 8 家活跃的 P2P 运营商，欧洲有 15 家活跃的运营商。

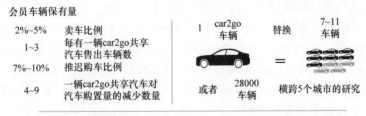

图 10.2　单程汽车共享的影响[25]

10.2.3.2 混合 P2P 往返汽车共享

在混合 P2P 往返汽车共享模式中，个人通过加入维护自己车队的组织来访问车辆，其中也包括整个位置网络中的私家车。

10.2.3.3 P2P 市场

P2P 市场通过互联网实现个人之间的直接交流，包括定价协议。条款通常由交易各方决定，争议由私人解决。

10.2.3.4 部分所有权

在部分所有权模型中，个人可转租或订购第三方拥有的车辆。这些人对共享车辆服务拥有"权利"，以换取承担部分运营和维护费用。这使得个人能够访问原本可能无法负担的车辆，并且当车辆租赁给非所有者时会产生收益分享。通常借助经销商或与汽车共享运营商的合作来促进部分所有权。部分所有权通常用于豪华车和休闲车。该行业的这一细分市场规模很小，部分所有权是否可以与现有的汽车共享模型和个人车辆整体竞争仍有待观察。目前，美国的部分所有权公司包括 Curvy Road、Gotham Dream Cars 和 CoachShare。2014 年 12 月，奥迪在瑞典斯德哥尔摩推出了"Audi Unite"部分所有权模式。Audi Unite 提供多方租赁，价格基于型号、年度里程和驾驶员数量（2~5 人）不等。2016 年 2 月，福特在德克萨斯州奥斯汀市推出了一项部分所有权计划，该计划将车辆出租给最多 6 人的自组织团体。共同所有者可以通过应用程序和车载设备预订车辆、检查其状态、交换消息、进行车辆付款以及监控其账户。

10.3 共享摩托车

共享摩托车是车辆共享商业模式的最新变化。截至 2015 年 9 月，欧洲有 2 个摩托车共享系统，即巴塞罗那的 Motit 和米兰的 Enjoy。此外，北美还有 2 个系统，分别为加利福尼亚州旧金山的 Scoot Networks 和南卡罗来纳州哥伦比亚的 Scootaway。所有这些系统都提供单程和往返短期摩托车共享，包括保险和头盔。欧洲还有其他几个系统正在测试中，包括巴黎的 CityScoot、柏林的 eMio 以及慕尼黑和科隆的 Scoome。除了摩托车，Scoot Networks 还提供电动摩托车共享和 Scoot 四驱车（雷诺的 Twizy EV）共享。截至 2015 年 10 月，Scoot 在其网络中拥有超过 400 辆摩托车和 10 辆四轮摩托车，而 Scootaway 的车队包括 350 辆摩托车。当时，Scoot 的车辆每个月的行驶里程超过 70000mile（1mile = 1.609km）[29]。

由于摩托车的速度较低，必须留在城市街道与高速公路上，因此摩托车共享系统仍留在城市地区。尽管与其他共享模式相比，摩托车共享代表了较小的市场，但它提供的碳排放量少于汽车。与公共自行车共享类似，摩托车在公交站点占用的停车位较少，这可能会增加客流量。未来的研究可以测试多式联运，类似于过去的车站和单程汽车共享驾驶。

10.4 共享单车

共享单车系统允许用户根据需要从自行车共享站（基于站点）的网络访问自行车或在地理围栏区域内自由活动。大多数运营商负责自行车的维护、存储和停车费用。共享单车也可以包括 P2P 系统，私人所有者可以通过第三方硬件和应用程序租用自行车进行短期使用。有 3 种主要类型的共享单车系统：①公共共享单车；②封闭式校园共享单车；③P2P 共享单车[30]。世界上大多数共享单车系统都是公共的，任何人都可以以象征性的费用使用自行车（通常都有信用卡/借记卡存档）。为了更好地为低收入社区服务，一些公共共享单车系统提供补贴和现金会员资格[31]。封闭式校园共享单车系统越来越多地部署在大学和办公校园中，它们仅适用于所服务的特定校园社区。城市地区提供 P2P 共享单车服务，自行车所有者可以租用闲置自行车供其他人使用。共享单车已成为全球许多城市发展最快的交通创新之一。截至 2016 年 4 月，全球共有 1019 个城市采用基于信息技术的公共共享单车系统，包括 1324530 辆自行车，其中大部分位于中国。美国有 75 个项目分布在99 个城市中，当时约有 32000 辆自行车和 3400 个车站[32]。

共享单车有可能影响公共交通和其他模式，作为一个没有使用能源，可以有效且高效地连接"第一公里"和"最后一公里"。加州大学伯克利分校的研究人员对北美公共共享单车计划进行了两部分研究，以确定共享单车计划对模态分裂的影响[31,33]。结果表明，较大城市（如墨西哥城、蒙特利尔和华盛顿特区）的公共共享单车会使乘客脱离拥挤的公共汽车，而较小城市（例如，明尼苏达州明尼阿波利斯 – 圣保罗）的共享单车则可以改善公交线路出入口。此外，受访者表示，由于共享单车出行速度更快，而且可节省成本，大城市的铁路使用量也有所减少。所有共享单车会员中有一半减少了他们的个人汽车使用量[31]。根据北美一些城市（$n = 6168$）的分析，图 10.3 总结了共享单车的综合影响。

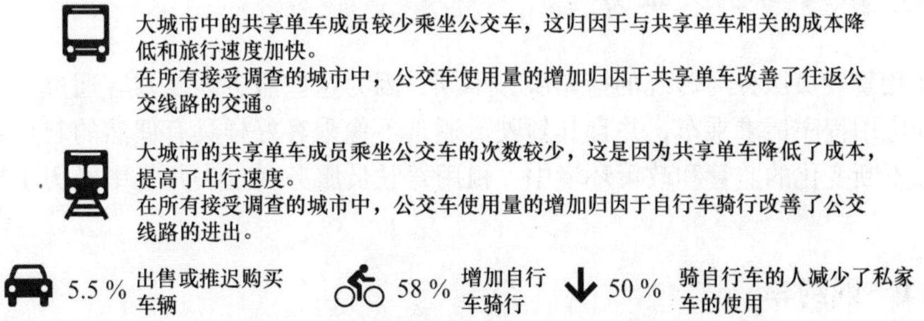

大城市中的共享单车成员较少乘坐公交车，这归因于与共享单车相关的成本降低和旅行速度加快。
在所有接受调查的城市中，公交车使用量的增加归因于共享单车改善了往返公交线路的交通。

大城市的共享单车成员乘坐公交车的次数较少，这是因为共享单车降低了成本，提高了出行速度。
在所有接受调查的城市中，公交车使用量的增加归因于自行车骑行改善了公交线路的进出。

5.5 % 出售或推迟购买车辆　　58 % 增加自行车骑行　　50 % 骑自行车的人减少了私家车的使用

图 10.3　北美公共共享单车的综合影响[10]

10.5　共享乘车

共享乘车有助于在具有共同起点和/或目的地的驾驶员和乘客之间共享乘坐。传统上定义的共乘包括两种，一种是 7～15 人乘坐一辆面包车一起通勤，另一种是7 人或更少人一起乘坐一辆车旅行，几十年来拼车一直是交通出行可供选择的方式。由于共享乘车领域的创新仅在最近才出现，因此术语仍不清楚。为了区分共乘与新兴服务拼车，文中使用了"拼车"和"租用驾驶员服务"这两个术语。

拼车分为以下几类：①基于熟人；②基于组织；③临时[34]。基于熟人的拼车是由已经很熟悉的人（例如，家人和同事之间的拼车）组成的拼车。基于组织的拼车要求参与者通过会员资格或访问网站来加入服务。临时搭车涉及更多独特的搭车形式，包括偶然的拼车，也被称为"临时搭配"。虽然传统模式在美国的份额从1970 年的 20.4％ 下降到 2013 年的 9.3％，但其仍然是第二大出行模式，仅排在自驾之后[35]。

自 20 世纪 60 年代后期以来，公共机构特别是美国和加拿大试图通过政策（例如，交通需求管理和减少出行条例）、高载客率车辆（HOV）基础设施（例如，HOV 车道、停车和乘车设施）以及技术（计算机化的匹配）来增加共乘模式的份额。这些策略的应用被证明是成功的——截至 2011 年 7 月，北美有 638 项匹配服务[34]。然而，随着移动技术在这十年中的激增和改进，公司越来越多地以拼车模式份额为目标。比如 Carma Carpooling、Carzac 和 Scoop。此外，外包公司（下面将详细讨论）已经推出了针对通勤者的服务，让他们使用相应的应用程序来促进共乘。Lyft 于 2014 年开始 Driver Destination 计划，Uber 于 2015 年开始在中国开设uberCOMMUTE，目标是通勤时间较长的驾驶员在上下班途中接载乘客。Lyft 还与旧金山湾区的大都会交通委员会合作，于 2016 年 3 月试行 Lyft Carpool。由于使用不足，Lyft Carpool 于 2016 年 8 月停止运营。

10.6　租用驾驶员服务

租用驾驶员服务与传统的搭车服务不同，因为这些服务涉及乘客通过移动设备和移动应用程序请求乘车，并且其驾驶员通常不像乘客好样具有偶然的起点或目的地。在不断变化的监管和政策环境中，租用驾驶员服务在过去几年中经历了显著的增长。

10.6.1　网约车

网约车（或 TNC）服务使用移动应用程序将社区驾驶员与乘客联系起来。这种新兴的交通方式有各种各样的术语——交通学者使用叫车服务，从业者使用

TNC，大众媒体使用乘车和乘车预订。这些服务的例子包括：Lyft 和 Uber（特别是UberX、UberXL 和 UberSELECT），以及针对儿童和老年人的专业服务。这些服务可以提供各种车辆类型（例如，轿车、运动型多功能车、具有汽车座椅的车辆、可用轮椅的车辆以及驾驶员可以帮助老年人或残疾乘客的车辆）。虽然出租车经常受到监管以收取静态票价，但是当价格通常在高需求期间上涨以刺激更多驾驶员接受乘车请求时，通常会使用市场价格定价，通常称为"激增定价"。

Lift Hero 是一项专门的网约车服务，适合旧金山湾区的老年人和残疾人士。驾驶员经过专门培训，可以照顾这类乘客。同样，Lyft 与 National MedTrans Network合作运营 Concierge，这是一个在纽约市提供非紧急医疗运输的平台。另一种专门的租用车辆服务是 HopSkipDrive，它为儿童提供往返学校或课外活动的游乐设施。驾驶员是母亲或有托儿背景的人。目前，HopSkipDrive 可在洛杉矶和旧金山湾区使用。Shuddle 同样迎合旧金山湾区的儿童，但由于经济困难，它于 2016 年 4 月停止运营。

城市和公共机构对城市地区的网约车普及情况反应不一。虽然有些人试图禁止网约车业务，但其他人则对其补充现有公共交通系统和减少停车需求的潜力感兴趣。2016 年 3 月，佛罗里达州奥兰多市郊区开始了一项试点，为 Uber 在该城市内及往返通勤火车站的出行提供补贴。

自从 2012 年在加利福尼亚州旧金山开始提供服务以来，除了公司专有数据的内部研究之外，相对较少的研究记录了它们的影响。2014 年，旧金山对 380 名网约车用户进行了一项探索性研究[36]。网约车用户通常比城市平均水平更年轻、受教育程度更高（84% 拥有学士学位或更高学历）。UberX 提供了大部分出行（53%），而其他 Uber 服务（黑色汽车、SUV 等）则占 8%。Lyft 提供 30% 的出行，Sidecar（现已解散）提供 7%，其余出行由其他服务提供。拥有汽车的受访者中，40% 表示他们因该项服务而减少了驾驶。图 10.4 提供了研究结果的摘要。

网约车也可以补充公共交通，服务于公共交通较为稀疏的特定时间和地区。2016 年，美国公共交通协会的一项研究发现，网约车最常用于晚上 10 点到凌晨 4 点之间的公共交通，这段时间公共交通很少甚至无法使用。此外，该研究发现，在共享移动用户之间，网约车似乎取代了私家车出行，而非公共交通出行[37]。

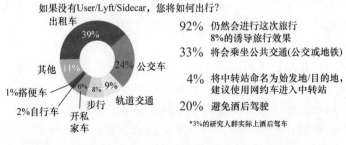

图 10.4　加利福尼亚州旧金山的网约车/TNC 的影响[10]

10.6.2 拼车

最近在网约车方面的一个发展是引入了拼车，它的票价与另一个选择类似路线的乘客进行分摊。如 Lyft Line 和 UberPOOL，它们将具有相似来源和目的地的乘客匹配在一起。这些共享服务使得路线能够在乘客实时请求取车时动态改变。Lyft Line 在旧金山湾区试验了"热点"，鼓励乘客聚集在选定的十字路口以换取折扣票价，作为整合运营和提高效率的一种手段。同样，UberPOOL 已经测试了"智能路线"，用户可以从普通的 UberPOOL 票价中获得 1 美元起的折扣，以换取步行到主干道。这使得驾驶员可以更少地转弯，更快地完成驾驶请求[38]。

Uber 还在华盛顿州西雅图和加拿大多伦多推出了 UberHOP——一种针对高峰期出行的按需拼车服务。乘客通过应用程序申请搭车，然后步行到指定的接送地点并与其他乘客共享。UberHOP 服务涵盖了拼车和按需微型交通（下面讨论）。像微型交通一样，它将更多的乘客聚集在一起并使用预定的接送位置，但该服务采用社区车辆和驾驶员，这更接近于拼车。

10.6.3 电子叫车服务

出租车行业通过自己的移动设备应用程序"e – Hail"来应对叫车服务的日益普及。出行者可以使用由出租汽车公司或第三方提供商维护的 e – Hail 应用程序以电子方式对出租汽车进行呼叫。在美国，电子叫车服务的使用量急剧增加，例如 Arro、Bandwagon、Curb、Flywheel、Gett、Hailo 和 iTaxi。截至 2014 年 10 月，Flywheel 被用于 80% 的旧金山出租车（1450 辆出租车）。这使得出租车等待时间更接近于网约车[39]。越来越多的出租车和豪华轿车监管机构正在开发电子叫车试点计划，并要求 e – Hail 应用程序的兼容性。2015 年 2 月，Flywheel 在 6 个城市运营，拥有 5000 多名驾驶员，而 Curb（由 Verifone 收购）为大约 60 个美国城市提供了 35000 名驾驶员。Bandwagon 应用程序结合了拼车与电子叫车，以促进出租车预约。它能匹配类似方向的出租车乘客，并提供分摊票价的平台。截至 2016 年春季，Bandwagon 在纽约的拉瓜迪亚机场和约翰肯尼迪国际机场开展业务。2016 年 4 月，Gett 应用推出了票价分摊功能，用于伦敦 15000 多辆黑色出租车。由于受管制的出租车收费是静态的，电子叫车服务也采用当地监管的出租车费率，而不像网约车那样，在高需求期间使用"激增定价"。

公共机构、出租车公司和应用程序开发商之间开始建立伙伴关系，以便为旅行者在各个国家/地区使用电子叫车应用程序创建一个共同平台。UpTop 是由 IRU 与出租车、豪华轿车和辅助客运协会合作开发的全球出租车网络。UpTop 一直与应用程序公司合作。最近，它在其网络中添加了 Curb、The Ride 和 zTrip 应用程序，涵盖了 500000 辆出租车，达到全球所有出租车中的 10%。

10.7　微型交通

除传统的固定路线的公共交通外，还存在其他交通方式：由雇主或公共交通机构运营的辅助公共交通、小型公共汽车、货车和接驳班车。最近，出现了一种由技术支持的交通方式，称为微型交通，它包含灵活的路线、灵活的调度或两者兼而有之。微型交通服务通常由私营公司运营，但公共交通机构对运营自己的微型交通服务越来越感兴趣。这些服务的运作方式与过去的小型公共汽车类似，但通过 ICT 得到了增强[40]。微型交通运营商主要针对通勤者，将住宅区与城市和郊区就业中心连接起来。微型交通对移动技术的使用避免了传统和昂贵的预约方式，例如呼叫中心甚至预订网站，从而有可能降低针对特殊人群（如残疾人，老年人和低收入群体）的服务运营成本。微型交通服务可分为以下两种模式：①固定调度的固定路线；②按需调度的灵活路线。

10.7.1　固定调度的固定路线

固定调度的固定路线微型交通的操作类似于固定路线公共交通甚至是拼车。这种服务的一个例子是 Chariot（2016 年 9 月被福特收购），它在加利福尼亚州旧金山的预定路线上运行 14 座货车。Chariot 允许客户通过移动应用程序请求新路线，以确定新的众包路线。虽然这些服务可能看起来像拼车，但微型交通驾驶员是专业驾驶员，而不是共同承担驾驶责任的拼车者。对于一些公共交通机构来说，微型交通似乎直接与公交线路竞争。然而，在拥挤的城市，微型交通可以缓解过度拥挤的公共汽车或为运输干线提供支线服务。为了更好地理解这种动态，需要进行研究。

10.7.2　按需调度的灵活路线

按需调度的灵活路线微型交通的运营方式与拼车和辅助公共交通服务更为相似。例如，马萨诸塞州波士顿的 Bridj 公司、堪萨斯城（密苏里州和堪萨斯州）和华盛顿特区，其应用程序允许用户可以在特定的街区请求搭车。根据收到的请求，Bridj 选择一个中央集合地点，乘客可以步行前往，并与沿着类似路线出行的其他乘客共享乘车。根据 Bridj 的说法，该服务每辆车每小时可运送 22 名乘客。值得注意的是，堪萨斯城的 Ride KC：Bridj 是共享出行公司、汽车制造商（福特汽车公司）和公共交通机构（堪萨斯城地区交通管理局）之间的第一个公私合作伙伴关系。另一种按需微型交通服务是纽约市的 Via。Via 用户实时请求搭车，并与方向相似的乘客共享乘车。由于纽约市的单向大道设计，乘客经常被要求步行到相邻的单向大道，以最大限度地减少路线偏差并提高运营效率。Via 自 2013 年底推出以来已经服务了 150 万次，并扩展到伊利诺伊州的芝加哥。

公共部门也在试验这种模式。在芬兰赫尔辛基，公共微型交通服务机构 Kutsuplus 于 2012 年开始作为类似于 Bridj 的试点服务，区别只是它让乘客聚集在公共汽车站接车。然而，由于公共补贴成本增加和乘客人数减少，该服务于 2015 年底关闭。另一个例子是 2016 年初在加利福尼亚州圣何塞市推出的 Santa Clara Valley 交通管理局的 VTA FLEX 飞行员，这是一种按需巴士服务，即在现有的公共交通路线上开行巴士接载乘客。与固定路线微型交通类似，按需微型交通可以为公共交通提供"第一公里"和"最后一公里"的服务，但需要进行深入研究以了解影响。

10.8 快递网络服务

CNS（也称为灵活货物交付）使用在线平台（如网站或移动应用程序）提供租用配送服务，以将快递员使用其个人车辆、自行车或小型摩托车与货运（例如，包裹、食品）连接起来。虽然这个领域的商业模式正在发展，但似乎出现了两种通用方法：①P2P 配送服务；②配对的按需乘车和快递服务。

10.8.1 P2P 配送服务

在 P2P 配送服务中，快递员使用他们自己的车辆、自行车或摩托车进行配送。在 P2P 配送服务中，有各种商业模式。例如，Postmates 的快递员可以从城市的几乎任何餐馆或商店中提供杂货、外卖食品或商品。除了基于货物的成本收取 9% 的服务费外，他们还收取运费。Instacart 与 Postmates 类似，但仅限于杂货店送货，并根据完成交货所需的时间收取 4~10 美元的运费。DoorDash 是外卖食品送货服务，收取 7 美元的固定送货费。Roadie 是另一种快递服务，主要用于城际货物运输，而不是当天的城市内运输。最后，Shipbird 是一种航运服务，将日常通勤者与寻求快递的个人联系起来。快递员为 Shipbird 应用程序提供其可用性、通勤路线以及他们为了完成配送愿意偏离通勤路线的距离。然后，Shipbird 将这些快递员与请求的配送作业进行匹配。在快配员使用其个人车辆或旅行模式的情况下，P2P 配送服务的激增可以减少配送公司维护其运营车队的需求。

10.8.2 配对的按需乘车和快递服务

已经出现的第二种 CNS 模型是租用驾驶员服务（例如，租赁），也可以进行包裹配送。通过这些模式的配送可以在单独的旅行中进行，也可以在混合目的旅行中进行（例如，出租驾驶员可以在同一行程中运输包裹和乘客）。Sidecar 是唯一一家通过名为 Sidecar Deliveries 的服务进行混合目的旅行以及专用货物运输旅行的公司。2015 年 2 月，该公司声称在旧金山有 10% 的乘客搭载了快递[41]。Sidecar Deliveries 还允许采用步行、自行车和摩托车的快递员进入其网络。该服务与 Yelp Eat24（一种食品订购服务）合作，以协助交付。该公司声称已将预计的送货时间缩短了一半。Sidecar 于 2015 年 12 月停止运营。

Uber 还通过 UberEATS（食品）和 UberRUSH（自行车、步行和车辆配送货物服务）进入配送服务市场。除食品成本外，UberEATS 还收取 3 美元的固定运费（纽约市为 4 美元），而 UberRUSH 在纽约市收取 20% 的运费，在旧金山和芝加哥收取 25% 的运费。Uber 于 2014 年在纽约市试行了 UberRUSH，最初是一项自行车配送服务，配送员从请求者处获取物品，并在同一天内将其送达覆盖区域内的某个地方。现在，这一服务正扩展到商家配送，其中物品从商店中取出并通过步行或交通工具配送给请求者或第三方。它最近扩展到旧金山和芝加哥[42]。Uber 还在香港试验 UberCARGO 的移动和配送需求（例如，将床垫配送到新房）。2015 年 6 月的一天，Lyft 在星巴克推广了免费的冰咖啡。Lyft 和 Uber 现在正在与沃尔玛合作，开展当日杂货配送业务。因此，3 个主要的租赁运营商已经尝试扩展他们的乘车服务以包括包裹/物品配送、食物配送或两者兼而有之。由于这种配对的乘车和快递模式还很新，可能会在未来几年继续发展。

10.9 共享出行的未来

智能手机正在重新定义 21 世纪的交通可达性和机动性。人口变化、地理空间路线和计算能力的进步、云技术的使用、能够承载更大带宽的更快的无线网络、对拥塞的担忧以及对环境和气候变化的高度认识正在改变人们对出行的看法。出行消费者越来越多地使用被称为"App"的智能手机应用程序和具有移动功能的网站来实现各种交通功能。越来越多的人开始使用智能手机参与路线规划、寻找下一班巴士或火车的出发信息，或请求驾驶员（如 Lyft、Uber 或出租车）等。随着数据可用性、共享和互操作性的不断增长，智能交通系统、GPS、无线和云技术的功能、可用性和可承受性不断提高，这使得更多人使用智能手机应用程序来满足其运输需求。节省时间（例如，动态共乘用户可以使用 HOV 车道）、节省费用（例如，动态定价提供高峰和非高峰出行的折扣以及选择低容量路线）、奖励（例如，提供积分、折扣或彩票）和游戏化（例如，在非游戏环境中使用游戏设计元素）是推动交通应用程序增长的关键因素。本节重点介绍共享移动的未来，包括使用出行计划移动应用程序的使用、自动驾驶汽车的潜在机会，以及移动即服务（MaaS）或按需移动（MOD）的概念。

10.9.1 与移动性相关的智能手机应用程序

本章中提到的许多共享移动服务只能通过智能手机或移动应用程序访问。智能手机应用程序有助于创建创新的商业模式、服务和访问目的地的方式。这些可以概括为以下 5 个类别：

1）已启用按需租用驾驶员服务的应用程序（例如，网约车和 e - Hail 出租车）。

2）与公共交通相关的应用程序，提供实时到达信息，并可帮助规划路线和换乘。

3）支持企业对消费者交易的应用程序（例如，往返或单程汽车共享）。

4）促进 P2P 交易的应用程序，例如具有共享汽车或共享单车模式的应用程序。

5）汇总不同模式、路线和实时出行条件的应用程序，以协助出行计划。

上面列出的第 5 类或出行计划应用程序，可以帮助其他 4 种应用程序服务的使用。出行计划应用程序可帮助出行者根据成本、便利性、时间和环境影响来确定自己喜欢的出行路线和模式。它们还可以在用户选择路线时提供逐步协助。通过这种方式，它们可以作为共享出行使用的支持技术。初步研究表明，80% 的此类应用程序的用户选择私人汽车以外的交通方式，大多选择公共交通[43]。出行计划应用程序可以分为两大类：①单一模式出行计划；②多式联运聚合商。对 82 种美国常见交通应用程序（包括下面讨论的应用程序）的调查发现，93% 是免费提供的[44]。

10.9.1.1 单一模式出行计划

出行计划应用程序可以设计为单一模式，通常使用公共交通和驾驶路线辅助。移动应用越来越多地使用实时信息。Transit 出行计划应用程序使用有关延迟的实时信息来增加静态地图和时间表。例如，华盛顿哥伦比亚特区的地铁拥有自己的应用程序，可提供有关其列车的实时延误信息。与驾驶相关的单一模式应用程序包括 Waze 和 Metropia。这些应用程序使用实时交通拥堵和事故数据来生成最佳出行路线，并且还在途中提供转弯辅助。转弯指引类似于 Google 地图和 Apple 地图，不过这些应用程序在为特定行程生成路线选项时，还会显示驾驶以外的其他模式。

10.9.1.2 多式联运聚合商

多式联运聚合商提供单一平台，用于规划涉及不同模式的旅行，包括：公共交通、出租车服务、共享汽车、共享乘车、租用驾驶员服务、骑自行车、步行和私家车。在使用不同的模式和路线时，出行者可以快速查看时间、成本甚至燃烧的卡路里。这些应用程序还使用实时信息来提供准确的出发和到达时间。对于骑自行车的人来说，一些应用程序也显示了最平坦的路线。这些应用程序还可以量化二氧化碳（CO_2）排放量，并为跨模式的集成支付提供平台。旅行聚合应用程序的一些其他示例包括 Citymapper、Moovit、Nimbler、Swiftly（以前的 Swyft）、Transit App 和 TripGo。

公司还与城市合作，创建适用于特定城市或地区的模式和服务的应用程序。例如 Go LA，这是一个由 Xerox 和洛杉矶市合作开发的多式联运应用程序。此应用程序于 2016 年 1 月推出。2016 年 2 月，Xerox 为丹佛市推出了类似的应用程序——Go Denver[45]。

10.9.1.3 游戏化

一些移动应用程序使用游戏化或博弈论和游戏机制来激励积极的出行行为。除了其他工具之外，这些应用程序还通过排行榜、徽章、关卡、积分和进度条来实现这一目标[46]。例如，Waze 的用户如果向其他驾驶员提供交通数据和道路危险（建筑物、警察、摄像机）警告，就会得到积分。Metropia 提供通勤路线，但它也鼓励人们采取替代路线和出发时间，以减少某些路线的交通。通过社区赞助商提供的奖励包括在线音乐、本地和在线商店的礼品卡等。该应用程序还会跟踪用户节省了多少磅二氧化碳。针对洛杉矶用户的 Metropia 试点研究发现，使用 6 周后，86%的通勤者报告节省了时间，超过 60% 的用户改变了他们的常规出发时间。用户改变了出发时间和路线后，通勤时间减少了 20% ~ 30%[47]。

10.9.1.4　对出行行为的影响

使用智能手机交通应用程序可能会对用户产生经济、社会和心理影响。首先，它们减少了用户在考虑公共交通选项和延误以及路线偏好和当前道路交通状况之后计划行程的认知负担。出行计划应用程序另一个经常被忽视的好处是给予用户感知控制，这可能使用户的出行更满意，无论舒适度是否有客观改善[44]。例如，一些研究表明，没有实时到达数据的公交车乘客感觉他们的等待时间比有实时数据的乘客所感知的要长，这表明实时信息的存在可以提高感知的出行满意度[48]。此外，智能手机应用程序（如 Swiftly）可帮助用户考虑可用选项菜单，并可方便公共交通使用。智能手机应用程序将乘客与其他乘客、驾驶员或 P2P 共享汽车相匹配，也有助于培养人们对网络的信任感。这是通过使用评级系统以及连接社交媒体资料来实现的。将嵌入式社交网络的存在更进一步，出行应用程序还利用社交动态来影响行为调整。这是由 Waze、Moovit 和 GasBuddy 等应用程序完成的，这些应用程序使用积分、竞争或评级来塑造行为。随着越来越多的用户在开始出行之前咨询出行应用，交通应用程序所采用的行为机制值得进一步研究。未来研究的结果可能建立在证据的基础上，这些证据表明与移动相关的应用程序成功地影响了出行行为[44]。

10.9.2　自动驾驶汽车对共享出行的影响

自动驾驶汽车（Automated Vehicle，AV）可以在没有人为干预的情况下运送乘客或货物。关于 AV 的研究和开发活动正在增加（第 11 章），许多知名公司和研究机构正在开发 AV 或合作开发 AV。一些人预测，AV 技术到 2030 年将被接受，到 2050 年将占主导地位。近年来，共享出行的使用呈指数级增长，共享自动驾驶汽车（Shared Automated Vehicle，SAV）的前景也是如此。2020 年，一些汽车制造商推出了有限制的 AV。在这种情况下，AV 可以自动行驶到汽车共享用户面前、停车、自己加油或充电，不仅节省了时间，还增加了用户的便利性。此外，通过增强的安全功能，共享汽车环境中的 AV 可以降低运营商的保险成本。这些节省可以转移到共享出行消费者身上。更高级别的自动化可能会增强 SAV 节省的能力和便利性[49]。

目前，对 SAV 的研究是有限的。基于代理的 SAV 模型的初步结果估计，1 辆

SAV 可以取代 11 辆传统车辆（第 11 章，第 13 章）。由于用户出行请求之间的行程，这样的系统还可以将 VMT 增加大约 11%[50]。另一项研究假设，与低碳电网相结合的小型电动 SAV 可以比现在的车辆减少 90% 的温室气体排放。此外，可根据乘客的占用需求部署合适规模的 SAV，进一步减少过量的温室气体排放[51]。最近的研究表明，AV 具有显著的减少排放和能源消耗的潜力，但这些减少并不能得到保证。由于对这种新技术的社会和行为反应存在不同的假设，制定了各种方案来确定 AV 对能源使用的净影响，其变化范围很广——从排放减半到增加一倍[52]。需要通过研究、评估和适应性政策来实现最大的 AV 效益。

10.9.3　出行即服务

随着通过智能手机可访问的不同移动服务的激增，实施一种集成方法来管理最终用户易于理解的交通服务可能具有挑战性。这导致了被称为"出行即服务"（Mobility as a Service，MaaS）的移动范式，出行者可以通过单一平台或通过单一服务提供商重新包装和销售的一揽子个人服务，获得越来越多样化的出行选择生态系统（第 13 章）。这种构想城市交通的新方式反映了对出行的态度转变——从强调所有权的行为转变为使用权行为。与上面提到的各种出行选择不同的是，它们可以根据特定用户和出行进行无缝定制。这个概念类似于多式联运聚合商的出现，但它的目标是进一步提高城市或区域范围内的集成水平，其中支付和操作可以通过单一门户网站完成。MaaS 或 MOD 提供商可以是公共交通机构或专业 MaaS 提供商[53]。MaaS 是一个刚刚开始应用的概念[54]。

10.10　本章小结

共享出行是较大的共享经济的一个子集，使用户能够根据需要获得对交通模式的短期访问。共享汽车、共享摩托车、共享单车、共享乘车、租用驾驶员服务、微型交通和 CNS 正在改变城市旅客的出行方式、与其他模式建立联系以及收发货物的方式。研究发现了共享出行服务的环境、社会、交通相关影响，例如减少车辆行驶里程、车辆使用率和车辆拥有率。用户经常将成本节约和相对于私家车的便利性作为使用共享模式的原因。往返和单程汽车共享以及共享单车已经证明了这一点；然而，需要更多的研究来更好地了解租用驾驶员服务、微型交通和 CNS 的影响。

尽管共享出行带来了影响和机会，但在公共政策领域仍然存在挑战。在解决公共安全、保险和责任以及公平劳动实践等问题的同时，城市和国家在制定和/或修订政策以应对共享出行创新方面遇到了困难。公平方面的考虑往往没有得到解决——早期的证据表明，低收入人群可能缺乏对某些共享出行服务的充分访问。此外，有关租用驾驶员的劳工问题引发了有关驾驶员是否应被视为独立承包商或员工的问题。公私合作伙伴关系，例如"Ride KC：Bridj"试点，雇用堪萨斯城地区交通管理局的驾驶员，可以就公共机构如何解决劳工问题提供指导。随着自动驾驶汽车将大幅改变城市交通，SAV 也可能成为一种主要的公共交通模式，填补现有固定路线网络的空白，实现"第一公里"和"最后一公里"的连接。虽然对 AV 的研究和开发有所增加，但其对出行和排放的影响仍然是推测性的。未来的研究应该集中精力更好地了解这个新兴产业对未来交通网络的长期影响。

致　　谢

感谢加州交通部、联邦公路管理局和加州大学伯克利分校的交通可持续性研究中心为本章的研究提供资金。本章的内容仅反映了作者的观点。

参 考 文 献

[1]　R. Botsman and R. Rogers, *What's Mine Is Yours: The Rise of Collaborative Consumption*. New York: Harper Collins, 2010.

[2]　PwC, "The sharing economy—sizing the revenue opportunity," Price waterhouseCoopers, 2014. Available at: http://www.pwc.co.uk/issues/megatrends/collisions/sharingeconomy/the-sharing-economy-sizing-the-revenue-opportunity.html, accessed 15 September 2015.

[3]　X. Wang, G. Lindsey, J.E. Schoner and A. Harrison, "Modeling bike share station activity: effects of nearby businesses and jobs on trips to and from stations," *Journal of Urban Planning and Development*, vol. 142, no. 1, 2016

[4]　R. Buehler and A. Hamre, "Business and bikeshare user perceptions of the economic benefits of Capital Bikeshare," TRB 94th Annual Meeting Compendium of Papers, Transportation Research Board, 2015.

[5]　S. Shaheen and A. Cohen, "Innovative mobility carsharing outlook," Transportation Sustainability Research Center, University of California, Berkeley, Winter 2016.

[6]　R. Cervero and Y. Tsai, "City CarShare in San Francisco, California: second-year travel demand and car ownership impacts," *Transportation Research Record: Journal of the Transportation Research Board*, vol. 1887, pp. 117–127, 2004.

[7]　E. Martin and S. Shaheen, "The impact of carsharing on public transit and non-motorized travel: an exploration of North American carsharing survey data," *Energies*, vol. 4, no. 11, pp. 2094–2114, 2011.

[8]　L. Sioui, C. Morency and M. Trépanier, "How carsharing affects the travel behavior of households: a case study of Montréal, Canada," *International Journal of Sustainable Transportation*, vol. 7, no. 1, pp. 52–69, 2013.

[9]　E. Martin and S. Shaheen, "Greenhouse gas impacts of carsharing in North America," Mineta Transportation Institute, Report 09–11, 2010.

[10]　S. Shaheen and N. Chan, "Mobility and the sharing economy: impacts synopsis, shared-use mobility definitions and impacts, special edition,"

Transportation Sustainability Research Center, University of California, Berkeley, Spring 2015.

[11] S. Shaheen and A. Cohen, "Innovative mobility carsharing outlook: carsharing market overview, analysis, and trends," Transportation Sustainability Research Center, University of California, Berkeley, Fall 2012.

[12] S. Shaheen and A. Cohen, "Innovative mobility carsharing outlook," Transportation Sustainability Research Center, University of California, Berkeley, Winter 2015.

[13] V. Biau, "Montpellier 1971–1974: une expérience de 'transport individuel public'," *Transports Urbains*, vol. 38, no. 72, pp. 21–25, 1991.

[14] M.-H. Massot, "Praxitèle, un concept, un service, une expérimentation, bilan d'un prototype," *TEC, Transport, Environment, Circulation*, no. 2000, pp. 25–32, 2011.

[15] Honda Motor Co., Ltd. "Honda announces the development of Intelligent Community Vehicle System (ICVS) management technology and vehicles," Honda Motor Co., Ltd., Tokyo, 10 September 1998. Available at: http://world.honda.com/news/1998/c980910.html, accessed 1 March 2016.

[16] M. Barth, S. Shaheen, T. Fukuda and A. Fukuda, "Carsharing and station cars in Asia: an overview of Japan and Singapore," *Transportation Research Record: Journal of the Transportation Research Board*, vol. 1986, pp. 106–115, 2007.

[17] S. Shaheen, "Dynamics in behavioral adaptation to a transportation innovation: a case study of CarLink - a smart carsharing system," Institute of Transportation Studies, University of California, Davis, UCD-ITS-RR-99-16:232, 1999.

[18] S. Shaheen, J. Wright, D. Dick and L. Novick, "CarLink—a smart carsharing system field test report," Institute of Transportation Studies, University of California, Davis Publication UCD-ITS-RR-00-4:182, 2000.

[19] S. Shaheen and L. Novick, "Framework for testing innovative transportation solutions: case study of CarLink, a commuter carsharing program," *Transportation Research Record: Journal of the Transportation Research Board*, vol. 1927, pp. 149–157, 2005.

[20] UC Irvine News, "UC Irvine's car-sharing program charges ahead," University of California, Irvine, 2013. Available at: http://news.uci.edu/press-releases/uc-irvines-car-sharing-program-charges-ahead/, accessed 21 March 2013.

[21] M. Barth, M. Todd and H. Murakami, "Intelligent transportation system technology in a shared electric vehicle program," *Transportation Research Record: Journal of the Transportation Research Board*, vol. 1731, pp. 240–245, 2000.

[22] S. Shaheen, N. Chan and H. Micheaux, "One-way carsharing's evolution and operator perspectives from the Americas," *Transportation*, vol. 42, no. 3, pp. 519–536, 2015.

[23] M. Nourinejad, S. Zhu, S. Bahrami and M.J. Roorda, "Vehicle relocation and staff rebalancing in one-way carsharing systems," *Transportation Research Part E: Logistics and Transportation Review*, vol. 81, pp. 98–113, 2005.

[24] S. Weikl and K. Bogenberger, "A practice-ready relocation model for free-

floating carsharing systems with electric vehicles—mesoscopic approach and field trial results," *Transportation Research Part C: Emerging Technologies*, vol. 57, pp. 206–223, 2015.

[25] E. Martin and S. Shaheen, "Impacts of car2go on vehicle ownership, modal shift, vehicle miles traveled, and greenhouse gas emissions," Working Paper, UC Berkeley, Berkeley, CA, July 2016. Available at: http://innovativemobility.org/wp-content/uploads/2016/07/Impactsofcar2go_FiveCities_2016.pdf?platform=hootsuite, accessed 3 August 2016.

[26] S. Shaheen, M. Mallery and K. Kingsley, "Personal vehicle sharing services in North America," *Research in Transportation Business & Management*, vol. 2416, no. 3, pp. 71–81, 2012.

[27] J. Dill, "Early insights into peer-to-peer carsharing," Transportation Insight for Vibrant Communities, Portland State University, 31 October 2014. Available at: http://trec.pdx.edu/blog/early-insights-peer-peer-carsharing, accessed 2 March 2015.

[28] S. Fraiberger and A. Sundararajan, "Peer-to-peer rental markets in the sharing economy," NYU Stern School of Business Research Paper, 2005. Available at: http://ssrn.com/abstract=2574337, accessed 2 March 2015.

[29] Scoot Networks, Personal communication, 2015.

[30] S. Shaheen and M. Christensen, "Shared-use mobility summit: retrospective of North America's first gathering on shared-use mobility," Transportation Sustainability Research Center, University of California, Berkeley, June 2014.

[31] S. Shaheen, E. Martin, N. Chan, A. Cohen and M. Pogodzinski, "Public bikesharing in North American during a period of rapid expansion: understanding business models, industry trends and user impacts," Mineta Transportation Institute, Report 12–29, 2014.

[32] R. Meddin, Personal communication, 2016.

[33] S. Shaheen, E. Martin, and A. Cohen, "Public bikesharing in North America: early operator and user understanding," Mineta Transportation Institute, Report 11–26, 2012.

[34] N. Chan and S. Shaheen, "Ridesharing in North America: past, present, and future," *Transport Reviews*, vol. 32, no. 1, pp. 93–112, 2012.

[35] U.S. Census Bureau, "Sex of workers by means of transportation to work," American Community Survey 1-Year Estimates, Table B08006, American FactFinder, 2013. Available at: http://factfinder2.census.gov, accessed 5 April 2015.

[36] L. Rayle, D. Dai, N. Chan, R. Cervero and S. Shaheen, "Just a better taxi? A survey-based comparison of taxis, transit, and ridesourcing services in San Francisco," *Transport Policy*, vol. 45, pp. 168–178, 2016.

[37] APTA, "Shared mobility and the transformation of public transit," American Public Transportation Association, March 2016. Available at: http://www.apta.com/resources/hottopics/Pages/Shared-Use-Mobility.aspx, accessed 17 March 2016.

[38] C. de Looper, "Uber testing bus-like 'Smart Routes'," *Tech Times*, 2015. Available at: http://www.techtimes.com/articles/79084/20150824/uber-

testing-bus-smart-routes.htm, accessed 14 March 2016.

[39] K. Steinmetz, "Taxi drivers are using apps to disrupt the disruptors," *TIME*, 2014. Available at: http://time.com/3119161/uber-lyft-taxis/, accessed 15 March 2016.

[40] R. Cervero, *Paratransit in America: redefining mass transportation*, Westport, CT: Greenwood Publishing Group, 1997.

[41] T. Lien, "Sidecar to expand package delivery service," *Los Angeles Times*, 9 February 2015. Available at: http://www.latimes.com/business/la-fi-0210-sidecar-delivery-service-20150210-5-story.html, accessed 11 February 2015.

[42] A. Cutherbertson, "Uber planning same-day merchant delivery service through UberRush," *International Business Times*, 29 April 2015. Available at: http://www.ibtimes.co.uk/uber-planning-same-day-merchant-delivery-service-through-uberrush-1498887, accessed 3 May 2015.

[43] J. Gossart and A. Whitney, "RideScout T 76 IDEA grant," IDEA Program Final Report: Transportation Research Board, 2014. Available at: http://online pubs.trb.org/onlinepubs/IDEA/FinalReports/Transit/Transit76.pdf, accessed 28 March 2016.

[44] S. Shaheen, A. Cohen, I. Zohdy and B. Kock, "Smartphone applications to influence travel choices: practices and policies," Federal Highway Administration, Report FHWA-HOP-16-023, July 2016. Available at: http://www.ops.fhwa.dot.gov/publications/fhwahop16023/index.htm, accessed 3 August 2016.

[45] B. McKee and J. Palmeroni, "Los Angeles commuters to usher in new era of daily trip planning," Press Release, Norwalk, CT: Xerox Corporation, 27 January 2016. Available at: http://news.xerox.com/news/City-of-LA-intro duces-new-Xerox-Go-LA-app, accessed 20 March 2016.

[46] A. Marczewski, *Gamification: a simple introduction and a bit more*, Seattle, WA: Amazon Digital Services, 2012.

[47] X. Hu, Y. Chiu, S. Delgado, L. Zhu, R. Luo, P. Hoffer, *et al.*, "Behavior insights for an incentive-based active demand management platform," TRB 93rd Annual Meeting Compendium of Papers, Transportation Research Board, 2014.

[48] K.E. Watkins, B. Ferris, A. Borning, G.S. Rutherford and D. Layton, "Where is my bus? Impact of real-time information on the perceived and actual wait time of transit riders," *Transportation Research Part A: Policy and Practice*, vol. 45, no. 8, pp. 839–848, 2011.

[49] J.B. Greenblatt and S. Shaheen, "Automated vehicles, on-demand mobility, and environmental impacts," *Current Sustainable Renewable Energy Reports*, vol. 2, no. 3, pp. 74–81, 2015.

[50] D.J. Fagnant and K.M. Kockelman, "The travel and environmental implications of shared autonomous vehicles, using agent-based model scenarios," *Transportation Research Part C*, vol. 40, pp. 1–13, 2014.

[51] J.B. Greenblatt and S. Saxena, "Autonomous taxis could greatly reduce greenhouse-gas emissions of US light-duty vehicles," *Nature Climate Change*, vol. 5, pp. 74–81, September 2015.

[52] Z. Wadud, D. MacKenzie and P. Leiby, "Help or hindrance? The travel,

energy and carbon impacts of highly automated vehicles," *Transportation Research Part A*,vol. 86, pp. 1–18, April 2016.

[53] S. Hietanen, "'Mobility as a service'—the new transport model?" *Euro-transport*, vol. 12, no. 2, pp. 2–4, 2014.

[54] M. Kamargianni, M. Matyas, W. Li and A. Schafer, "Feasibility study for 'mobility as a service' concept in London." University College London Energy Institute, May 2015. Available at: https://www.bartlett.ucl.ac.uk/ energy/docs/fs-maas-compress-final, accessed 27 July 2016.

术　语

Automated Vehicle	自动驾驶汽车，无须人工干预即可运送乘客或货物的车辆
Bikesharing	共享单车，该系统中，用户可以根据需要访问自行车进行单程（点对点）或往返出行
Carpooling	汽车共乘，一种正式或非正式的安排，具有共同出发地、目的地或两者兼而有之的通勤者共享交通工具
Car rental	汽车租赁，一种非会员制的服务或公司，通常在一天或一周内出租汽车或轻型货车
Carsharing	共享汽车，个人可以在短期内使用车辆而无须承担所有权费用和责任
Closed – campus bikesharing	封闭式校园共享单车，在大学和办公校园中部署的共享单车系统。自行车仅适用于所服务的特定校园社区的成员。
Courier network service	快递网络服务，使用在线应用程序或平台的快递服务，这些服务还可用于将包裹配送与现有旅客行程进行配对
e – Hail	电子叫车服务，由出租车公司或第三方提供商运营的服务，允许出行者通过智能手机应用程序请求出租车
Employer shuttle	班车，由雇主赞助的班车，在工作场所和公交站点之间运送员工
Fractional ownership	部分所有权，个人转租或预订访问汽车的模式或第三方拥有的低速模式
Hybrid peer – to – peer access model	混合点对点访问模式，组织和个人获取车辆的混合模式
Microtransit	微型交通，私人拥有和运营的共享交通系

	统，通常由货车和公共汽车组成，可以有固定的路线和时间表，也可以有按需调度的灵活路线
Mobility as a Service（MaaS）	出行即服务，一种出行方式，出行者可以通过一个平台访问多种出行方式
Modal split	方式分担率，每种交通方式（例如，汽车、公交、自行车、步行）的总人次出行比例
Multimodal	多式联运，使用多种运输方式完成行程
One – way carsharing	单程汽车共享，拼车的一种形式，使成员能够在一个位置取车并在另一个位置放车。这也被称为点对点汽车共享服务
Peer – to – peer（P2P）Bikesharing	点对点共享单车，用户可以租用私人自行车的系统
Peer – to – peer（P2P）Carsharing	点对点共享汽车，该程序使用私人拥有的车辆，这些车辆暂时可供个人或点对点进行汽车共享
Personal vehicle sharing	私家车共享，私人车主与租车人之间进行的私家车共享
Ridesharing	拼车出行，在具有共同出发地和/或目的地的驾驶员和乘客之间共享乘车
Ridesourcing/Transportation Network Company（TNC）	拼车服务公司，通过移动应用程序连接私家车的驾驶员与乘客，以提供预先安排的按需交通服务。
Ridesplitting/pooling	拼车服务，一种共享出行的形式，其中，具有相似起点和目的地的出行者会实时匹配到同一位驾驶员和车辆，并且出行成本在用户之间分摊
Roundtrip carsharing	往返汽车共享，该计划允许会员每小时访问共享车辆，这些车辆必须返回到取车的相同位置
Scooter sharing	共享摩托车，该计划使会员可以使用私人摩托车往返或单程使用
Shared mobility	共享出行，共享使用汽车、自行车或其他低速模式交通工具
Slugging	非正式拼车，陌生人之间的非正式拼车（通勤拼车和搭便车的混合体），这也称为休闲

	拼车
Taxi	出租车，由一名或多名乘客使用的出租汽车服务类型（预先安排或按需）
Vanpooling	共乘，该项目包括货车、小型巴士和其他提供共乘服务的车辆，最多可容纳 7 位乘客。通常，参与者会分摊车辆运营成本，并可能分担驾驶责任
Vehicle miles traveled (VMT) /vehicle kilometers traveled (VKT)	车辆行驶里程数（VMT）/车辆行驶里程数（VKT）

延 伸 阅 读

Bikesharing

"Riding the Bike-Share Boom: Top Five Components of a Successful System Info Graphic". Institute of Transportation and Development Policy. ITDP Bike Share Planning Guide, 2013.

Nair R, Miller-Hooks E, Hampshire R, and Busic A. Large-Scale Vehicle Sharing Systems: An Analysis of Velib. *International Journal of Sustainable Transportation*. 2013; vol. 7, pp. 85–106.

Shaheen S, Guzman S, and Zhang H. "Chapter Nine: Bikesharing across the Globe". *City Cycling*. The MIT Press, pp. 183–210, 2012.

Carsharing

Elliot M, Shaheen S. "Impacts of car2go on Vehicle Ownership, Modal Shift, Vehicle Miles Traveled, and Greenhouse Gas Emissions: An Analysis of Five North American Cities. Transportation Sustainability Research Center", 2016. Available at: http://innovativemobility.org/wp-content/uploads/2016/07/Impactsof car2go_FiveCities_2016.pdf.

Ridesharing

Deakin E, Frick KT, Shivley K. "Dynamic Ridesharing". *Access Magazine*. 2012; vol. 40, pp. 23–28.

Ridesourcing, Taxis, and Transportation Network Companies

Daus MW, Klein S, Mallah S, Matera A, Mischel J, and Taye B. "Study for a Centralized Application for Taxis in Montréal". City of Montreal Taxi Bureau, 2016. Available at: www.windelsmarx.com/resources/documents/Study%20for%20a%20Centralized%20Application%20for%20Taxis%20in%20Montreal%20-%20April%202016.pdf.

Matthew DW, Mischel JR. "Accessible Transportation Reform: Transforming the Public Paratransit and Private For-Hire Ground Transportation Systems". *The Transportation Lawyer*. 2014; 17 (2): 37–41. Available at: http://www.beneschlaw. com/Files/Publication/0f84dd11-9c46-4ccc-b1e9-5fed7d22db70/Presentation/Pub lication Attachment/603fac98-36e9-4b0f-a446-6a63f40d74cf/TTL%20October% 202015_Web.pdf.

The Sharing Economy, Shared Mobility, Smartphone Applications, and Millennials

Shaheen, S, Cohen A, Zohdy I, Kock, B. "Smartphone Applications to Influence Travel Choices: Practices and Policies", 2016. Available at: www.ops.fhwa.dot. gov/publications/fhwahop16023/fhwahop 16023.pdf.

Sakaria, N, Stehfest, N. Millennials and Mobility: Understanding the Millennial Mindset and New Opportunities for Transit Providers. *Transit Cooperative Research Program*, 2013. Available at: http://onlinepubs.trb.org/onlinepubs/tcrp/tcrp_w61.pdf.

"Between Public and Private Mobility: Examining the Rise of Technology-Enabled Transportation Services". Transportation Research Board, 2016. Available at: http://onlinepubs.trb.org/onlinepubs/sr/sr319.pdf.

第11章
自动驾驶汽车与共享出行：塑造城市交通的未来

摘要：自动驾驶汽车的发展受到多种力量的推动，其中包括自动驾驶技术的创新、移动计算的兴起以及共享交通的普及。这些先进技术以道路安全和低碳生活的需求为目标，构建了城市交通未来发展的雏形。自动驾驶汽车的出现将对社会、经济和生活产生重大的影响，它将有助于大幅提高城市道路安全性、改善城市交通拥堵的现状，但是如果没有系统地从低碳的角度去认识、规划和设计自动驾驶领域，它们可能会对城市的宜居性产生负面影响。本章客观地评估和分析了自动驾驶汽车的发展趋势，以及自动驾驶汽车对当代经济、社会、交通运输行业和市场的影响。本章概述了在推广自动驾驶汽车前必须解决的技术、社会和政策方面的问题。同时本章梳理了大量文献，以帮助城市规划者、基础设施工程师和其他利益相关者了解这种创新性技术的需求和可能造成的影响，并为打造未来城市交通提供政策支持。

关键词：自动驾驶汽车；共享按需出行；颠覆性技术；智能出行

11.1 引言

根据世界经济论坛所述，如今我们正处于技术变革（第四次工业革命）的边缘，它将从根本上改变人们生活、工作和交流的方式[1]。在规模、范围和复杂性方面，此次变革将不同于人类所经历过的任何一次变革[1]。这一次工业革命的不同之处在于其变化速度更快、涉及范围更广、对体系的影响更大[1]。如今，科学技术正在以一种史无前例的速度发展，并且创新层出不穷。它几乎涉及每个国家的每个行业，技术变化的广度和深度也推动着整个生产、管理和治理体系的变革。

现如今，智能移动设备使数十亿的人和机器实现信息共享，它有着强大的数据处理功能、知识获取能力和存储容量，具有无限的发展潜力。这些潜力将随着人工智能（Artificial Intelligence，AI）、机器人、物联网、自动驾驶汽车、能量存储和量子计算等新兴领域的技术突破而成倍增加。近年来，由于计算能力的快速增强和大数据的广泛应用，AI领域取得了令人瞩目的发展。

自动驾驶技术作为科技发展的分支，也取得了重大突破。如今已有不同自动驾驶水平的车辆可供消费者选择[3]，预计在未来的 5 ~ 10 年内，自动驾驶汽车将会在道路上行驶[2]，并且在 15 ~ 30 年内实现完全自动驾驶[4]。实现完全自动驾驶的时间很大程度上取决于消费者、政府管理部门和相关行业在面临该技术的冲击和影响时的接受程度[5]。

尽管完全实现自动驾驶还需要很长时间，但是交通领域的变革已经悄然来临。这种变革由自动化自动驾驶汽车、车辆电气化、云计算、互联网、物联网、移动计算和共享经济多种力量汇聚而成（图 11.1）。这些新兴技术的结合塑造了以零道路伤亡和低碳生活为最终目标的城市交通的未来。

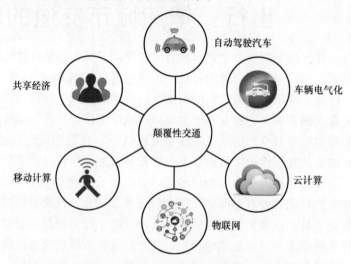

图 11.1　塑造城市交通未来的关键力量

随着自动驾驶技术和科学技术的快速发展，减少智能化出行技术的负面影响、发挥其积极作用，变得越来越具有挑战性。本章旨在通过更好地了解自动驾驶汽车可能带来的影响，以及确定更有利于自动驾驶汽车安全、可持续发展的政策来解决上述问题。

当自动驾驶技术趋近成熟时，它将对我们的社会产生诸多影响。本章将对其发展现状、技术成熟度和部署时间表进行阐述，确定其在改善道路安全和促进低碳出行中的意义。

本章考虑了当前和未来自动驾驶技术的外部影响因素，以及这些因素与城市低碳出行环境的关联。具体而言，本章包括以下主题：

1）概述自动驾驶汽车组件以及促进其发展所需的技术。

2）确定引入自动驾驶汽车的潜在影响，以及它们将如何影响交通安全、车辆所有权、拥堵模式、按需出行、货物运输、车辆保险业、停车、尾气排放和空气污染。

3）调查自动驾驶汽车对交通行业劳动力的影响，分析引入的新型商业模式及其机遇。

4）确定促进引入自动驾驶汽车所需的法律法规，并阐述在高速发展和不断变化的交通领域中该如何谨慎决策，以最大限度地发挥该技术所能带来的社会效益，同时尽量减少其不利影响。

5）阐述从国外的一些司法管辖区（例如美国的加利福尼亚州和内华达州）获得的经验教训，这些区域已经制定了相应法律允许自动驾驶汽车上路。

6）就利益相关者如何继续监测和了解发展现状，以及未来在关键领域需要研究的问题提出建议。

11.2　汽车技术和自动驾驶功能

汽车自动化是自动化领域和通信领域中的颠覆性创新。自动驾驶汽车所需的设备包括一系列传感器、雷达和摄像头，它们共同提供紧急制动、车道偏离警告、交叉路口警告、行人检测、防撞、盲点检测、后方碰撞、环绕视角和交通信号识别等功能。自动驾驶汽车采用"感知 – 规划 – 行为"的设计理念，这是一种主流且成熟的机器人控制方法。

如今，自动驾驶技术已经非常成熟。目前可用的自动驾驶汽车原型采用最先进的传感器来收集有关周围环境的信息，并结合高精度地图，运用机载系统识别合适的导航路径、障碍物和相关标志。这种车辆还基于 AI 技术运用更加复杂的算法来处理传感器数据并控制车辆的运行。而当前时代的计算芯片以及处理器的计算能力足以支持这种发展水平，并且可以实时执行指令。

汽车制造商和技术公司正致力于实现完全自动驾驶的愿景。他们已经在该领域取得了巨大的突破。比如近些年来基于"深度神经网络"开发的自动驾驶软件就包括数百万个模仿大脑的虚拟神经元。神经网络不包括任何用于检测对象的显式编程。相反，它们使用真实驾驶情况中内部数据比较集中的数百万个图像和示例来识别和分类对象。虽然机器人系统很擅长收集外部环境数据，但如何处理这些数据仍然是开发安全的自动驾驶汽车过程中最难的部分。

尽管在过去几年中随着科技的发展，完全自动驾驶汽车的机器人系统的许多局限性（如准确性）已得到明显改善，但是到底怎样组合不同类型的传感器可以平衡整体的经济性和实用性依旧是一个值得探讨的问题。而且为了实现无人操纵方向盘的汽车全自动驾驶，该技术必须有充足的安全保障以避免发生碰撞。例如，若交通系统的一个元件发生故障，则必须有足够强大的备用系统，以确保即使车辆发生故障也可以安全停车。因此，如何提高可靠性水平是当前许多汽车制造商在未来几年需要解决的问题。

11.3　自动驾驶等级划分

国际自动机工程师学会（Society of Automotive Engineers，SAE）将国际自动化驾驶水平定义为车辆基于其环境感知能力和执行能力实现一系列的自主行为。自动驾驶汽车必须善于收集信息，并分析信息做出决定，最终执行该决定。这些信息可能源于车辆设备、数字基础建设等任何有关公共或者私人的信息。如今，这些技术已经能够引导车辆在特定环境下，没有驾驶员干预或者驾驶员较少干预决策时在道路上运行。

SAE 根据人与机器驾驶任务的分配比例来划分自动化驾驶等级[6]。例如，0 级代表没有机器自动化加入的传统人类驾驶，5 级代表完全由机器自动化执行驾驶操作的完全自动化驾驶。换句话说，自动驾驶技术与配置越成熟，人类参与驾驶的任务越少，自动驾驶的等级越高。而中间阶段的人机交互问题一直备受关注，虽然此技术预计在未来几年内就能达到 5 级，但目前大多数技术供应商仍还专注于中间阶段的研究。

完全自动化驾驶可能会遵循两条发展途径[6]。第一条途径是在传统车辆中逐步引入自动化驾驶技术，使驾驶员可以慢慢转移更多的动态驾驶任务给机器。第二条途径是在没有驾驶员的情况下部署车辆，并逐步将此操作扩展到更多环境。现在生产的许多汽车都能提供 1 级自动驾驶水平，而这大多是通过使用自适应巡航控制系统以根据跟随距离调节速度来实现的。一些豪华车还采用了主动式车道保持辅助功能，从而使其能够实现部分自动化（2 级）。这两种自动驾驶水平均是由人类驾驶员来主动监控驾驶环境。

部分自动化（2 级）和有条件自动化（3 级）之间的阈值符合人们在日常生活中所接受的非自动驾驶和自动驾驶之间的划分界限。有条件自动化中的人机交互特别困难，而且目前尚未找到合适的解决方案。超出有条件自动化的自动驾驶水平可以仅基于来自车辆传感器的自感应或近乎实时地向车辆传递车网与基础设施的交互信息来操控车辆。后一种方法需要具备可用的数据传输频率，低延迟、可信且安全可靠的数据传输协议和统一的数据处理程序以确保信息交互的安全性[6]。对于高度自动化（4 级）的车辆，如果人类驾驶员没有主动驾驶的意愿，那么该车辆的驱动系统将以最小风险状态操作运行[6]。显然，在该等级下不同环境的可操作性也不同，如低速停车比在城市高速公路上停车更容易。出于这个原因，高度自动化的驾驶系统只能在特定环境或者人为驾驶的条件下操作。高度自动化是前文提出实现完全自动化（5 级）的第二条途经的前期阶段，该阶段可实现无人驾驶需要的特殊的环境需求，即指定的路线或者车辆低速行驶路况。

当下，人们面临的最大挑战就是让这些车辆有能力适应更多的地理区域、道路类型、交通状况、天气状况和各种突发事件。一旦高度自动化的车辆能在大多数交通和天气条件下运行，它将接近完全自动化并且能够像人类驾驶员一样独自应对不同的道路状况和环境条件[6]。

11.4 自动驾驶汽车部署时间

目前，有关高度自动化和完全自动化汽车的商业成熟度问题还未达成共识。很久前，一些制造商指出在 2019 年就可迎来高度自动化或完全自动化汽车。2015 年 12 月，特斯拉汽车公司宣布 2 年后将推出全自动驾驶汽车[7]。也有其他公司就完全自动化汽车的到来时间提出了不同的想法，以丰田和尼桑为代表的日本汽车工业将 2020 年作为他们希望向公众发布完全自动驾驶汽车的一年。奥迪公司预计将在 2025 年推出完全自动驾驶汽车。许多研究表明，达到完全自动驾驶的时间将会进一步延迟[4,6,8]。值得注意的是，现如今，有些自动化技术已然实现，但有些技术还值得挖掘和研究，这些技术的应用与否将取决于具体的技术创新或特定的政策选择。

11.5　自动驾驶汽车的信息物理系统

目前正在开发的自动驾驶汽车使用各种传感器来感知周围的环境。其中包括雷达传感器、摄像机、全球定位系统（Global Positioning System，GPS）、超声波传感器（Light Detection And Ranging，LiDAR）和激光雷达传感器。雷达和 LiDAR 激光传感器可完成探测其他车辆、行人和障碍物的大部分工作，而摄像机通常用于读取路牌和车道标记。超声波传感器也叫位置探测器，它可配合 GPS 帮助车辆确定其位置。高端激光束、雷达技术和相机的组合，通常作为自动驾驶汽车的"眼睛"，其中最突出和最先进的传感器是 LiDAR，在 20 世纪 70 年代的阿波罗 15 号登月任务中就使用过这种传感器。该传感器帮助自动驾驶汽车智能探测现实世界中的障碍物、其他车辆、人和物体。它可以在很短的时间内提供高精度数据和 3D 图像扫描。

由于 GPS 功能有限，它无法检测物体或绘制车辆周围的地图，但汽车在路网上行驶时，LiDAR 可以做到这一点。在 20 世纪 60 年代，LiDAR 作为一种遥感技术首次应用于扫描仪中，当时的扫描仪体型很大并且需要耗费高额成本。虽然现在它仍然是一项昂贵的技术（谷歌车辆中售价约 80000 美元），但是近年来它的尺寸和成本大幅降低，使得研究人员和汽车制造商更容易将 3D 视觉映射技术引入车辆中。LiDAR 的价格变得越来越实惠，并且在一些特定情况下可以将其设计成网球大小的物体。随着 LiDAR 技术多年来的不断发展，现在警方已使用 LiDAR 速度枪测量超速汽车。它还被广泛应用于地质研究、考古测量和绘图领域。

LiDAR 技术基于以下原则：向目标发射探测信号（激光束），然后将接收到的从目标反射回来的信号（目标回波）与发射信号进行比较，做适当处理后，就可获得目标的相关信息。测量的距离有助于 LiDAR 系统创建 3D 图像。在存在自动驾驶机器人的情况下，机器人系统会分析生成的 3D 图像，并且通过处理复杂的编码，命令机器人执行相应的决策。LiDAR 与其他类型的传感器、导航系统和详细地图一起，通过获得车辆行驶过程中周围的人和物体的精确 3D 图像，引导自动驾驶汽车安全行驶。

自动驾驶汽车安全行驶的核心是必须拥有行驶道路的高精度3D地图。这些地图包括路缘、车道线、树木和标志的确切位置，以及当地限速和其他相关规则等细节。自动驾驶汽车越了解某个区域，其传感器就能越集中地实时检测车辆周围的临时障碍物（如人和其他车辆）。这些地图还具有另一个优点：车辆可以使用它们来确定障碍物在任意时刻所在的位置。例如，车辆无法看到车道线，但可以看到地图上附近的停车标志，这时LiDAR扫描仪可以准确地反馈车辆与标志的距离，然后快速确定它离车道线的距离。

该技术的使用并非没有风险。牛津大学最近的一项研究表明，人们可以使用专门改装过的激光笔在短距离内"误导"LiDAR传感器[11]。黑客可以通过设置自动驾驶汽车即将撞击的车辆、人或墙壁这样的假想障碍来"说服"LiDAR传感器，从而迫使自动驾驶汽车停止或转弯。这是因为LiDAR使用光的原理，而这种光谱任何人都可以获得。幸运的是，已经有一些方法可以减少这种攻击，例如从原始LiDAR数据中识别和删除异常值。如今，LiDAR凭借其近乎瞬时的3D扫描功能，已成为快速覆盖大面积范围的理想设备。

鉴于LiDAR成本仍然很高，研究人员正在研究替代方案。剑桥大学的一组研究人员最近宣布他们可能已经找到了廉价的LiDAR替代方法[11]。英国团队开发了一种新的传感器系统，该系统依赖于智能手机中常见的摄像头技术。该技术可以扫描周围环境并识别物体种类，如电线杆、道路上的车辆和建筑物等，从而可以快速准确地"看到"车辆周围发生的事情。新系统依赖于深度学习算法，即教会系统如何利用数万个不同的物体图像来区分对象[12]。

人工智能算法在自动驾驶汽车中的应用

前文描述了如何使用不同的雷达和传感器技术捕获图像和数据，但是如果没有能够准确分析数据的软件，这些数据本身就失去了价值[13]。前文提到的不同车辆中的所有硬件都是类似的，故而软件的优劣是影响车辆性能差异的重要因素。

软件通常是基于人工神经网络（Artificial Neural Network，ANN）和深度学习算法，使车辆能在遇到陌生的情况时具有自适应性。软件设计得越精细，车辆的自适应性、容错性和自我修复能力就越强。这些算法将从环境感知、路径规划和学习训练三个方面引导车辆。

ANN算法是智能汽车的核心程序。ANN的第一步就是要利用实际驾驶情形中汽车在路网上的响应数据对算法进行不断的训练。例如，对于场景感知和寻找路径来说，车辆将训练中收集的视频图像数字化，并记录驾驶员对不同场景做出的决策。通过在较多场景和不同环境条件下训练ANN算法，便可以使其在没有人为干预的情况下也能发出合适的驾驶操作指令。一些更复杂的算法还可以通过人类驾驶员对算法决策实时矫正来对其加以训练。

如前所述，自动驾驶汽车使用大量的传感器来感知周围环境。应用于自动驾驶的技术示例是 NVIDIA DRIVE，它能以每秒 24 万亿次深度学习的速度处理摄像机、雷达和超声波传感器的输入数据，这相当于 150 台专业版 MacBook 的计算能力。它通过融合这些技术来准确地检测物体、识别物体从而确定车辆相对于周围环境的位置，然后计算其安全行驶的最佳路径。这些工作由一套加速开发和测试的软件工具、数据库和模块完成。一些工具通过在专用和通用处理器上运行复杂算法以实现传感器校准、环绕数据的采集、同步、记录，然后处理传感器的数据流。软件模块涉及自动驾驶多方面的应用，例如目标检测、目标分类、地图定位和路径规划等。上述技术将成为未来自动驾驶汽车的核心，并且它们将不断被创新改进，最终实现高水平的环境感知。

如今大多数知名的汽车制造商都在机器学习方法和技术方面加大投资力度，这有助于他们推进自动驾驶汽车的应用。谷歌、特斯拉和福特在近几个月都采取了较多的举措，譬如在硅谷设立研究中心。丰田于 2015 年 11 月宣布加入自动驾驶汽车在加利福尼亚的竞争，并承诺在 5 年内为其项目投入 10 亿美元[14]。而且，越来越多的汽车制造商与专注研究机器学习的技术公司保持合作，研究智能和复杂的 AI 算法，以便可以更好地辅助汽车驾驶，避免发生事故。显而易见，这一领域将在未来几年内取得重大的发展和突破。

11.6　自动驾驶汽车对道路安全的影响

全世界每年有近 120 万人死于道路交通事故（第 2 章）[15]。令人震惊的是，大约 70% ~ 90% 的机动车事故是由人为错误引起的[16]。而通过使用自动驾驶汽车可以避免大部分碰撞，并且在自动驾驶中可以避免由于人类的分心等造成的事故。在 AI 算法的驱动下，自动驾驶汽车不会像人类驾驶员那样做出错误判断，也不会在事故发生瞬间有很长的反应决策时间，它们不会醉驾、不会疲劳驾驶、更不会被短信和智能手机影响导致分心。此外，车辆的传感器能够从远处各个方向感知物体，并以毫秒的时间差计算最佳运行方案，这使得它们成为非常安全的"驾驶员"。以谷歌自动驾驶汽车为例：最近的一份报告显示[17]，这些汽车在 6 年内的行驶里程超过了 170 万 mile，仅发生了 11 起轻微事故。2015 年 12 月，该公司的汽车每周在公共街道上的平均行驶里程为 10000 ~ 15000mile，其中有 23 辆雷克萨斯 SUV 和 30 辆原型汽车在行驶[18]。但是自动驾驶汽车对技术的完全依赖也具有一定的危险性，例如当通信网络崩溃时，就会导致路网事故率飙升。因此，辅助系统成为汽车基础设施设计中一个重要的考虑因素。

兰德公司的一份报告显示，自动驾驶汽车需要行驶大约 2.75 亿 mile，且没有死亡率，才能证实这些汽车与人类驾驶员一样安全[19]。这意味着要加快自动驾驶测试程序的开发，其中包括对某些极端情况的测试。例如，传感器在天气恶劣的环境、城市峡谷或地图数据库更新不及时的地方是否可靠。在现实环境中，传感器对交警的手势识别也是一个关键的问题。

如果自动驾驶汽车如预期一样能消除绝大多数致命的交通事故，那么我们就有充分的理由相信，在未来 20 年内全球将减少数千万的交通事故死亡人数[20-22]。在汽车技术与交通工程领域，已经有相应的发明可以明显减少交通事故死亡率。例如在 1970 年，仅在美国就有大约 6 万人死于交通事故，但是随着安全带和安全气囊的出现，驾乘人员的行车安全性大幅度提高，交通事故中的人员伤亡总数也大幅降低。

人机交互和控制权转移

这是一个不断发展的新兴研究领域，其旨在研究人的行为特征、人机交互的安全性和必要时的车辆控制权转移。因为汽车行驶的具体环境、驾驶员以及自动驾驶软件的技术和成熟度都存在差异，所以这些都是相当复杂的问题。而该领域预计将集中研究高等级的自动驾驶汽车所产生的负面影响，如对自动驾驶汽车的过度信任或信任不足、道路自动驾驶汽车等级混乱和技术老化等。探索自动驾驶汽车在可控情况下，社会可以接受机器执行哪些任务和驾驶行为。

在此期间，还需要对自动驾驶汽车和由人驾驶的传统车辆同时在公共路网上运行的情况进行研究，以得到最优的安全结果。如前文所述，到目前为止自动驾驶汽车所涉及的大多数碰撞事故均是由于人为错误引起的。这种人为错误可能是传统汽车一方操作失误，也可能是在自动驾驶汽车将控制权转移给驾驶员时驾驶员的操作失误等。由此可见，未来应集中研究智能汽车和传统汽车在混合交通情况下如何避免碰撞，以及如何最大限度地发挥决策者、汽车制造商和软件开发者在实现自动驾驶汽车安全性方面的作用。

大多数学者认为，完全自动驾驶汽车至少需要与有人驾驶的传统汽车一样的安全性才可以大范围推广，但至今没有人提出确切的衡量标准。在以后的研究中，建议学者们提出一些测试车辆安全性能的评价指标[6]。正是因为我国还没有明确的自动驾驶汽车安全性能认证标准，因此很多保险公司不愿意提供保险，智能汽车上路也没有得到许可。通过对驾驶员眨眼频率、眼睛观察方向以及手握方向盘的位置等能用传感器检测到的行为数据的研究，可以判定驾驶员是否疲劳或者分心。测试时也需要使用这些传感器获取测试对象的行为数据，一旦获得大量驾驶员的行为数据，我们就可以将这些数据与自动驾驶汽车的统计数据进行比较，从而评估哪个更安全。

11.7　自动驾驶汽车的潜在影响

自动驾驶汽车的引入将对我们的社会产生重大影响。中国有一句古话是："欲思其利，必虑其害"，自动驾驶汽车的引入具有两面性，本节将主要介绍这些影响。

11.7.1　对汽车保有量的影响

一些文献研究表明，在某些发达城市，人们对拥有一辆小汽车的期盼程度较之前有所降低[8,23]。这是因为拥有一辆汽车的成本是很高的，除了汽车的购买成本，还有许多其他方面的成本，包括燃料、维护保养和保险等。自动驾驶技术无疑会使新车变得更加昂贵，但通过减少每个家庭拥有多辆汽车的需求，可以减轻一些费用。一些国家已经出现了这种情况，例如，在美国，年轻人的机动车执照率已经暴跌[23]。

还有其他的研究表明，消费者认为将资金用于每天闲置 20～22h 的非充分利用资产是不合理的。McDuling 的研究显示，美国公民全年汽车消费仅占总消费的 4%，平均汽车使用成本近 9000 美元[24]。随着自动驾驶共享汽车的逐渐普及，很多人将会拒绝购买第二辆车，甚至有些人从一开始就直接使用自动驾驶共享汽车来解决个人交通需求。

国际交通论坛最近的一项研究结果指出了自动驾驶共享汽车对汽车保有量的影响[25]。该研究模拟了自动驾驶共享汽车对葡萄牙里斯本市的影响，其结果显示："在使用自动驾驶共享汽车补充大容量公共交通工具（地铁、公交等）时，高峰时段路面上仅需现有 35% 的汽车就可满足城市交通需求，而若以 24h 为一个统计时间，那么该市仅需现有 10% 的汽车就可满足城市交通需求。"该研究还发现，取代私家车和公共汽车的自动驾驶共享汽车不再需要路边停车位，从而释放出相当于整个街道面积 20% 的空间。其他研究表明，若使用自动驾驶共享汽车，则汽车利用率可高达 8h/天[26]。

11.7.2　对车辆销售的影响

尽管自动驾驶汽车尚未上市，但最近的一项研究表明，自动驾驶汽车可能会使美国的汽车销量减少近 50%[27]。

密歇根大学交通研究所的一项研究表明，随着自动驾驶汽车开始上市，汽车销售数据可能会在未来 10 年内暴跌。研究小组调查了美国 150147 个家庭中每个成员的每日出行情况，他们发现家庭成员之间很少出现"出行重叠"的现象，这意味着一个家庭很少出现同一时间使用多辆汽车的情况。自动驾驶汽车可以在一段行程结束后自行前往下一段行程的出发点，因此家庭成员间可以更轻松地共享汽车。

通过上述调查，研究人员发现，大约 84% 的家庭出行都可以共享交通工具。此外，据研究人员估计，自动驾驶汽车可以减少高达 43% 的新车购买需求，从而减少汽车保有量。这将使美国普通家庭的汽车数量从 2.1 辆/家减少到 1.2 辆/家。他们还指出，由于共享方式的出现（第 10 章），美国家庭私人汽车出行里程增加了 75%，每辆车每年从 11661mile 增加到 20406mile。因此，车辆可能会磨损得更快，这会减缓汽车的需求量。

麦肯锡全球研究院根据自动驾驶汽车市场份额，预测完全自动驾驶汽车将于2030年或更早进行大规模市场销售，并且销售份额将占据全球汽车销售份额的15%[28]。该研究还表明，大规模市场销售将在2020—2022年左右开始。另外，它分析了其对Uber和Lyft等共享乘车公司的影响，以及对所有对自动驾驶市场感兴趣的潜在企业的影响。该研究预测，在短期内共乘公司将减缓全球汽车销售额的年增长率，从目前的3.6%降至2%。然而从长远来看，增长率将会反弹，到2030年共乘公司将促进增加约30%的销售额。到2050年，麦肯锡预测全球1/3的汽车销售类型将为共享汽车。

11.7.3　对道路使用者的影响

自动驾驶可以减轻驾驶员的压力，增加无法或不愿开车的人的出行选择。下面将介绍自动驾驶汽车对道路使用者的影响。

11.7.3.1　乘客压力变小，工作和闲暇时间变长

第8章的一些研究表明，从长远来看，在拥挤的交通条件下长时间驾驶会使驾驶员产生一种慢性压力并严重威胁其健康水平[29]。除了减轻驾驶员的压力之外，自动驾驶汽车的拥护者认为自动驾驶汽车还可以包揽乘客的驾驶任务，并为无法驾驶或不愿驾驶的人提供更多的出行选择。像Uber和Lyft的乘车共享（拼车）服务以及GoGet和Flexicar等汽车共享服务正逐步成为取代私家车的出行方式，并且这种服务正迅速流行起来。麦肯锡全球研究院的一项研究估计，自动驾驶汽车每天能为用户提供多达50min的免费服务，用户可以将这些出行时间用于工作、放松或娱乐[30]。据估计，在全球范围内用户们每天节省的时间累计可达10亿h[30]。然而，如果人们在较短行程中选择乘坐自动驾驶汽车而放弃步行或者骑自行车，那么这就可能会对乘客的健康产生负面影响。

11.7.3.2　提高老年人和小孩等无驾驶能力人员的机动性

自动驾驶共享汽车的出现可能会改变如今交通工具的乘客范围，例如，当汽车不需要人类驾驶员时，盲人、残疾人或年龄较小的人都可以操控自动驾驶汽车，并且无须担心出行不便。这就降低了这些群体的"社会孤立"危机，提高了他们的生活质量和独立性，也有助于国家社会福利事业的发展。

自动驾驶共享汽车的普及可以便利数百万的人，其中就包括老年人、穷人或者是失去驾驶权利的人——比如由于反复超速或罚款而被视为存在高安全驾驶风险的人[31]。

11.7.3.3　对行人的影响

越来越多的人呼吁汽车技术开发人员和城市规划人员介绍含有自动驾驶汽车的交通系统，以便行人可以直观地了解自动驾驶汽车的运行方式。自动驾驶汽车的存在绝不应该取代行人步行的出行方式，而是应该与其他出行方式相辅相成，特别是

步行和骑自行车这两种环保健康的出行方式。这需要相关人员确保自动驾驶汽车能以高度直观的方式与行人通信，并制定合理的标准来解决该问题。

11.7.4　对基础设施和互联汽车投资的影响

一些技术提供商（例如谷歌）声称他们的技术不需要任何特殊的基础设施仪器就可以成功操控车辆。汽车中的摄像机利用图像识别程序来读取驾驶环境中的交通标志以及其他元素等。其他的汽车制造商也朝着这一方向努力，并致力于车辆系统的改进和扩展，以便车辆可以更好地完成高度自动化驾驶。然而，在路网中逐步引入自动驾驶汽车将面临一段过渡期，在此期间必须处理好传统汽车和高度自动化汽车的共存问题以确保道路交通的安全性与高效性。而道路基础设施仍将在这一过渡期间发挥重要作用。

对基础设施投资的影响

在国际层面，人们在智能交通系统（C‐ITS）领域进行了大量投资。其中包括车到车、车到基础设施的通信和相关技术。这些投资将在未来 15～20 年内继续进行，并且这些投资在我们达到完全或接近完全自动化之前可能仍将是优先考虑的事项。只要存在人力驱动汽车和自动驾驶汽车混行，C‐ITS 投资对于确保公众出行安全依旧很重要。由于技术发展非常迅速，故而现阶段推测还不能确定一旦我们达到完全自动化，可能会发生什么。随着未来 15～20 年自动化的发展，汽车将变得更加智能化，这可能会减少对相关基础设施的需求。

11.7.5　对交叉口控制和城市干道拥堵的影响

得克萨斯大学奥斯汀分校的一个研究小组正在研究道路管理部门如何管理交叉路口的自动驾驶车辆交通流[32]。他们的项目"交叉口自治管理（AIM）"正在开发一个多智能体框架，用于管理交叉口的自动驾驶汽车。研究人员认为，从长远来看，交叉控制机制可以提供更精确的控制、更好的传感器和更快的反应时间。研究人员称，未来的交叉路口不需要交通信号灯或停车标志。相反，自动驾驶汽车在交叉路口的运动将由虚拟交通控制器管理。研究小组提出了一种交叉口控制系统，该系统使用传感器技术、标准化通信协议以实现随着时间推移逐步改进系统的目的，以便在自动和人力驱动车辆比例不断变化的情况下能够安全兼容。

对于交叉口控制，研究人员正在开发一种"预约"系统，其中接近交叉路口的车辆通过数字短程通信提前呼叫"交叉路口管理员"，请求通过交叉路口。该请求将传输车辆的到达时间、速度、大小、加速能力以及到达和离开时的车道信息。然后，交叉口控制器模拟交叉路口的车辆轨迹，计算其通过所需的空间。无论是人力驱动还是自动化，它都可以根据其他车辆运动轨迹的时空需求允许或拒绝该车辆的请求。交叉路口管理器向驶入的车辆发送确认、拒绝或其他信息。在该系统的模拟中，四个方向中的每个方向最多有三个车道，与传统控制的交叉路口相比，车辆等待时间显著减少。该项目建议充分利用自动驾驶汽车的传感器和控制能力，以减少拥堵。当交通流量得到优化时，自动驾驶汽车有可能大幅增加道路通行能力，同时消除由人为错误引起的碰撞事故。研究人员目前正在研究确定切实可行的后续步骤。在进行单个交叉口评估和全失效模式分析之后，研究人员将模拟并分析该系统在交叉口网络中的可行性。首先，他们使用小型自主实验室机器人模拟驾驶，然后引入全自动驾驶汽车，最后研究人员将提供交叉口管理器的软件原型和具体的通信协议。在最新的一篇论文中，试验研究结果表明，当大多数车辆是半自动化时，即使完全自动化的车辆很少，该交叉口管理器也可以大大减少交通延误[33]。随着越来越多的车辆采用自动化功能，交通延误将不断减少。

11.7.6 对出行、停车、公共空间和拥堵的影响

公众对自动驾驶汽车的接受程度将在很大程度上取决于他们如何看待这些技术带来的便捷，以及自动驾驶如何在不影响安全的情况下提高他们的生活质量。鉴于迄今自动驾驶汽车并没有大规模的部署，这仍是一个活跃的研究领域，本章将基于智能体（Agent）建模技术，针对复杂交通仿真环境中自动驾驶汽车产生的影响进行评估。

11.7.6.1 基于 Agent 技术的建模研究

文献中大多数案例都使用了基于 Agent 的模型来评估包括共享自动驾驶汽车在内的颠覆性的交通技术造成的影响。这些模型提供了许多具体功能来模拟路网工况，出行者在多种交通方式下实现门到门的出行，而不是通过车辆或步行进行单模式出行。该方法还可以对个体出行者的出行行为进行建模，即结合个体出行者的动态选择函数进行动态决策处理。模型中的出行者在交通工具和行走路线上进行实时选择。例如，模型中的个体最初打算步行到公共汽车站并乘坐公共汽车到达目的地。到达公交车站后，信息显示器告知公交车因交通拥堵而迟到。出行者根据自己的延迟容忍度阈值，决定是否使用智能手机应用程序请求自动驾驶汽车。尽管现有的微观仿真工具可以在一种模式中模拟动态路线选择，但是其交通需求是由 OD 矩阵指定，很难模拟个体出行者从一种出行方式切换到另一种出行方式的情况。而基于 Agent 技术的模型则允许个体在其行程期间任意选择新的出行模式来贴合实际路网中的动态模式。

11.7.6.2 自动驾驶按需出行

在已有的研究中，自动驾驶共享汽车是减少私人汽车保有量的有效方法，而且如果自动驾驶汽车全部采用电力或者燃料电池驱动，那么石油短缺和环境污染问题也可以得到缓解。自动驾驶共享汽车还可以提高汽车利用率、减少对停车空间的需求。迄今为止，许多研究都已经涉及了自动驾驶按需出行（AMoD）系统，其研究结果如下：

1. 里斯本

在里斯本的研究对运行完全自动驾驶共享汽车所带来的潜在影响进行了分析[25]。为进行评估，研究人员开发了一种基于 Agent 的模型来模拟系统中所有交通对象的行为：出行者——作为共享出行系统的潜在用户；车辆——在路网上实时调度去接送客户，或运行在车站与车站之间。调度系统的任务是在满足服务质量标准（例如等待时间和绕行时间）的同时有效地将车辆分配给客户。该模型基于葡萄牙里斯本市的真实城市环境，通过详细的出行调查和数据库访问得到出行数据的 OD 矩阵，从而绘制出街道路网。出行方式大致可以分为步行、自动驾驶共享汽车、大容量公共交通。该模型还设置了一系列约束条件，例如平均总行程时间应比现在车辆的平均行程时间至多长 5min，并假设所有行程均由共享汽车完成，而没有任何公共汽车或私家车参与。该研究还模拟了有大容量公共交通（里斯本的地铁）参与的场景。同时模拟了两种不同的汽车共享概念，"TaxiBots"为多个乘客同时乘坐自动驾驶共享汽车（即乘车共享）的场景，"AutoVots"为单车按顺序接送乘客（即汽车共享）的场景。对于不同的情景，研究人员评估了汽车数量、行驶里程数对交通拥堵以及停车位的影响。

结果表明，共享的自动驾驶汽车可以在车辆总数明显减少的情况下提供相同的机动性。使用 TaxiBots 和地铁等公共交通系统提供服务时，可以将90%的汽车从城市中移除。即使在高峰时段，道路上也只需要35%的车辆运行并且不会降低整体机动性。在使用 AutoVots 且没有地铁等公共交通系统提供服务时，同样可以在不影响服务水平的情况下减少近一半的车辆。由于自动驾驶共享汽车不需要路边停车场，故而里斯本等中等规模的欧洲城市可以重新分配150万 m^2 的公共用地，这大约相当于路缘至路边街道面积的20%。在环境影响方面，仅仅需要增加2%的电动化自动驾驶共享汽车，就可以补偿降低的行程和电池充电时间。

2. 斯德哥尔摩

斯德哥尔摩的研究评估了由目前正在使用的汽油车、柴油车以及电动车组成的车队[34]。结果表明，基于自动驾驶汽车的个体交通系统可提供按需接送的高水平服务，并且仅需使用不到10%的现有车辆和停车位。为了增强环境效益、降低交通拥堵，自动驾驶汽车要求用户允许拼车，且接受可能增加的15%（最大30%）的出行时间和10min 的乘车等待时间。如果用户不能接受这些条件，那么过多空置车辆的行驶将导致道路交通流量的增加，从而加重环境污染和交通堵塞现象。在提倡电动出行的时代，若能完美结合车辆的自动驾驶系统和电动汽车技术，将有助于斯德哥尔摩可持续交通系统的发展。

3. 奥斯汀

奥斯汀案例通过模拟得克萨斯州奥斯汀市 12mile×24mile 的区域，研究自动驾驶共享出行系统潜在的出行条件和带来的环境影响[26]。此项目使用了大型交流仿真平台——MATSim 软件，在450万人口的区域中随机模拟10万人出行。该研究报告表明，此区域范围内每辆自动驾驶共享汽车在提供相同服务水平的条件下可以取代 9 辆常规汽车，但同时也会增加大约 8% 的车辆行驶里程。此研究还证实，该系统可以通过取代排放率高的大型车辆来减少汽车尾气排放，并且由于自动驾驶共享汽车的启动次数相对较少，汽车排放量也会有所下降。

4. 纽约

纽约案例的研究引入了扩展目标算法[35]，该算法与三种不同的调度策略相结合来调度自动驾驶汽车。该研究还应用了基于 Agent 技术的仿真平台，并使用纽约市出租车数据对所提出的方法进行了实证评估。试验结果表明，该算法减少了乘客大约 30% 的等待时间，且提高了约 8% 的出行成功率，这在很大程度上改善了乘客的乘车体验（一次成功的出行必须要满足一些关键的指标，如乘客的最大允许等待时间）。

5. 墨尔本

墨尔本案例［36－39］使用基于 Agent 技术的仿真方法来研究在小型郊区网络上部署 AMoD 服务的影响。试点研究区域如图 11.2 所示。首先该仿真创建了一个基础（BC）场景，这个场景模拟了试验区域早高峰期间（上午 07：00—09：00）单人驾驶传统汽车的所有行程（共 2136 次行程）。第二个场景中引入了 AMoD 服务系统，其中 25% 的人使用私人自动驾驶汽车，另外 75% 的人使用共享自动驾驶汽车，这些自动驾驶汽车可乘坐 2～4 人。无论自动驾驶汽车的所有权属于谁，乘客都会被自动驾驶汽车送往目的地。到达目的地后，为了避免占用路边停车位，私人自动驾驶汽车将返回出发地（家）并等待其所有者做出进一步指示。而自动驾驶共享汽车通常由商业汽车公司拥有，该公司引导车辆到附近的等候区域，并在那里发出下一步的指示。

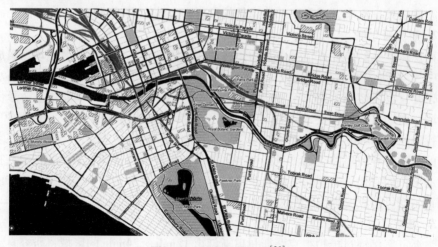

图 11.2　试点研究区域[36]

此外，他们还模拟了其他情景中未来 AMoD 模式对车辆运行的影响。在第一种情况（简称 AMoD1）中，假设按需分配的自动驾驶汽车在乘客发出乘车请求的瞬间就需要提供相应服务，即乘客能接受的最长等待时间为零。在第二种情况（简称 AMoD2）中，乘客所能接受的最长等待时间为 5min。结果（表 11.1 和图 11.3）表明，使用 AMoD 系统可以显著减少社区交通所需的车辆数量（AMoD1 减少 43%，AMoD2 减少 88%）和所需的路内停车位（AMoD1 减少 58%，AMoD2 减少 83%）。

表 11.1　基础场景和 AMoD 场景的比较评估（墨尔本试点研究）

场景名称	减少车辆数量（%）	总 VKT 增加量（%）	减少所需停车位（%）
场景 1（AMoD1）与基础（BC）场景进行比较	43	29	58
场景 2（AMoD2）与基础（BC）场景进行比较	88	10	83

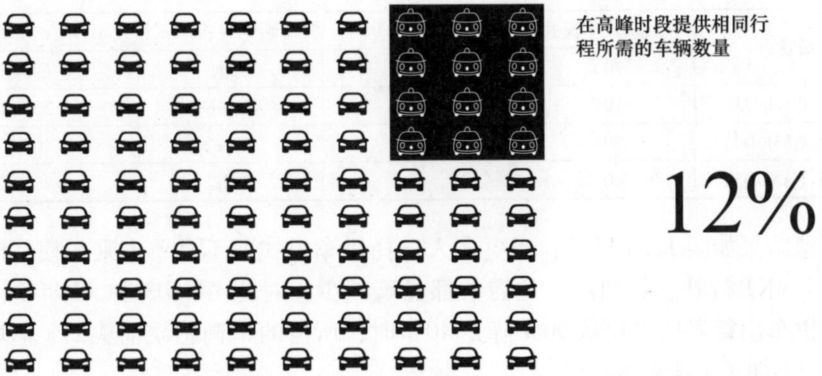

图 11.3　共享自动驾驶出行对车辆规模的影响（墨尔本试点研究）[36]

模拟还表明，上述优势是以增加总车辆行驶里程数（Vehicle Kilometers of Travel，VKT）为代价而实现的，其中 AMoD1 中 VKT 增加 29%，AMoD2 中 VKT 增加 10%。本研究除了评估 AMoD 服务对车辆的机动性影响外，还对比分析了不同的出行方式选择偏好（即乘客是选择单人乘车模式还是拼车模式）对车辆运行的影响。研究结果显示，与 BC 场景相比，如果有 40% 的人愿意接受自动驾驶共享汽车的拼车服务，那么汽车的总体规模将减少 70%，行驶总里程将减少 14%。同时他们还进一步探究了在有公共交通系统支持的情况下，如何能够减少 AMoD 模式下汽车的行驶里程数，结果表明，若将 30% ~70% 的 AMoD 用户转移到公交车上，则可以减少 8% ~15% 的自动驾驶汽车的行驶里程。

该项目还研究了另外几个场景来探究不同出行模式选择偏好对车辆运行的影响。在场景 2 中，模型假设所有出行者均具有相同的模式选择偏好，他们都偏向于选择单人独自乘坐自动驾驶共享汽车到达目的地。事实上，人们在现实生活中对这两种乘车模式的倾向性是不断变化的，它与当日的时间分配和出行目的有关。因此，若拼车模式所增加的出行时间不同，那么出行者对这两种乘车方式的偏好也会有所不同。此研究将乘客分为高出行时间价值（Higher Values of Travel Time，HVoTT）的人和低出行时间价值（Lower Values of Travel Time，LVoTT）的人。其中出行时间价值较高的人愿意花费高额的价钱去节省时间，他们通常会选择价格比较昂贵的单人乘车模式，即选择没有乘车等待时间的自动驾驶共享汽车。这将需要足够数量的自动驾驶汽车为这类客户提供服务。而出行时间价值较低的人则会选择与其他乘客共同乘坐自动驾驶汽车，并且他们需要等待一定的时间直到有车辆能够提供服务。将乘客送到目的地后，为 HVoTT 客户服务的自动驾驶汽车即使客户没有乘坐需求，也将会停在出租车停靠站以便接送其他乘客。而为 LVoTT 客户服务的自动驾驶汽车将根据需求被调往其他需要服务的地点。场景 2 使用相同的分配系统用于重置空车。为了更好地理解出行方式选择偏好带来的影响，该研究还模拟了3 种场景，其中选择拼车出行的比例在 40% ~90% 之间变化，具体比例见表 11.2。

表 11.2 　场景 3 ~ 5 中共享汽车和共享乘车乘客的比例

场景	共享汽车模式	共享乘车（拼车）模式		
	单人	两人	三人	四人
场景 3（AMoD3）	10%	30%	30%	30%
场景 4（AMoD4）	20%	20%	30%	30%
场景 5（AMoD5）	60%	—	20%	20%

模拟结果如图 11.4 所示，当更多人选择拼车模式而不是单人乘车模式时，车辆总数、VKT 行驶总数和停车位需求都显著减少。对比 AMoD3 和 AMoD5 两个场景，当拼车出行者的占比从 90% 降至 40% 时，所需的车辆总数也从 273 辆增加到632 辆，增加了 132%。

AMoD5 和基础场景的比较结果还表明，若有 40% 的人选择自动驾驶拼车服务，那么车辆总体规模将减少 70%，总车辆行驶里程将减少 14%，所需停车位也将减少 57%。

11.7.7　对公共交通的影响

里斯本的模拟研究表明，在存在大容量公共交通系统的情况下，自动驾驶汽车按需出行可以实现效益最大化。而该发现增加了人们对传统型和创新型公共交通持续投资的需求。

与此同时，人们目前正在开展按需出行的共享自动驾驶公交的研究。虽然很难预测其发展趋势，但有人认为，Uber 公司的共享乘车等颠覆性技术实际上可能是对公共交通的最大威胁[40]。

这些颠覆性的出行解决方案通过提高汽车的利用率来降低票价，通常情况下，每 60min 会有 50 辆自动驾驶共享汽车被租用。根据相关人员的预测，在某些选定的市场中，这些车辆很快就会开始运送包裹和乘客。美国的 Lyft 公司最近推出了一项名为 "Friends with Transit" 的计划，该计划主张与公共交通机构建立伙伴关系，

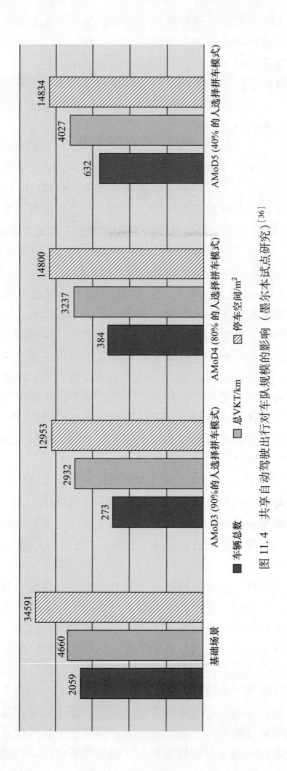

图 11.4　共享自动驾驶出行对车队规模的影响（墨尔本试点研究）[36]

以便乘客可以将 Lyft 与固定线路运输结合使用。该公司认为自由式乘车和公共交通协同工作会填补交通服务的空白，例如"第一公里"和"最后一公里"的问题。

公共交通角色的潜在变化

自动驾驶提供的新的出行选择可以弥补现有公共交通系统的不足。例如，里斯本的模拟研究表明，部署自动驾驶按需出行车辆与大容量地下公共交通相结合是提高城市行人出行效率的最佳方式。

在一些城市中，自动驾驶共享汽车非常受欢迎[41]。旧金山的研究结果表明，到目前为止，自动驾驶共享汽车的出现并没有对公共交通产生显著的负面影响。截至 2013 年 12 月，Uber 公司已经在旧金山湾区提供 160000 次/周的出行服务，并且其出行次数在未来几个月可能会持续增加。然而，这些出行几乎没有减少公共交通乘客的数量[41]。根据美国公共交通协会的统计数据，该地区四个主要交通运营商所运营的公共汽车和火车的乘客量在 2013—2014 年期间均有增加。有人提出共享汽车服务类似于出租车，会因为收取的价格太高而无法吸引大多数人。例如，UberPool 每次收费 5 ~ 7 美元，每天 10 ~ 14 美元的交通支出不是多数人可以负担得起的，因此公共汽车和火车的乘客量不太可能受到严重影响。然而自动驾驶汽车会很好地解决这一问题，虽然在车辆购买和运营方面的价格相对昂贵，但是它没有额外支付驾驶员的费用，因此价格可能会低得多。虽然现在得出结论还为时尚早，但研究表明，就整个城市的交通而言，公共交通工具特别是长距离大容量的交通工具在城市交通中仍将发挥重要作用。然而，公交、班车、小型货车和校车等小容量的公共交通可能会受到影响，特别是对于步行时间太长、驾车时间太短的短距离出行来说，人们可能更愿意乘坐自动驾驶共享汽车。自动驾驶汽车虽然可以弥补一些公共交通的不足，但很难完全取代公共交通。

其他研究表明，这也可能改变政府部门在公共交通中的作用，政府可能会从为所有人提供交通补贴，转向为低收入人群提供乘坐自动驾驶汽车的代金券[41]。如果要满足没有私家车的社会群体的出行，就需要通过发放补贴来发挥公众作用。这会给世界各地的政府部门带来许多挑战，例如："这些补贴将如何运作？人们能否获得不受限的出行？"

政府向残疾人提供出行服务补贴也可能会影响公共交通领域。如今许多城市尤其是北美的城市，都提供了辅助客运服务，它为出行受限的人提供了类似于自动驾驶汽车的点对点接送方案。特别是在美国，辅助客运出行的成本是普通公共汽车和铁路服务的 3 倍以上，但这是由于该辅助客运汽车效率低、劳动力成本高且提供的是非固定路线的服务造成的。大多数地区符合条件的客户可以用与传统交通相同的票价提前预订这项服务，完成自己的出行计划。

值得注意的是，任何自动驾驶汽车技术的进步都可能促进其他自动化公共交通工具的发展，进而通过减少对驾驶员劳动力的需求来节省运营成本。新的地铁和高架铁路系统已经普遍应用了自动驾驶列车，巴黎等城市的一些铁路线上的车辆已从驾驶员操控转为自动化运营。由于劳动力成本降低，在城市中完全自动驾驶的公交车可能会增多，因此国家在某些公交线路上的运营也可能会盈利。换句话说，汽车自动化可能会成为自动化公共交通的有力竞争者。但是若真正实现了完全自动化的公共汽车和火车，交通运输行业的工作岗位将明显减少。

11.7.8　对步行、骑行的影响

对世界上的许多城市而言，为不同年龄和不同能力的人创建自行车行驶路线已成为市议会和规划人员关注的焦点。为了做到这一点，人们普遍选择建设独立的自行车专用车道，该设计旨在保护骑车者，防止与机动车碰撞造成人身伤害。而自动驾驶汽车可以避免类似事故，它可以通过编程以 20km/h 的速度在"低应力自行车路线"上行驶，并为骑行者留出空间让他们可以在路的右侧骑行，并且除非要求进入目的地，否则它也可以完全避开某些街道。

不同类型的道路使用者在同一车道上容易发生冲突，自动驾驶汽车的出现可以不必再为它们分别创建单独的行驶车道，从而为人们提供相对安全且低压力的共享空间，甚至即使在更狭窄的街道上运行这种汽车也可以更有效地利用空间。公众必须相信这项技术有能力改善道路交通，虽然该技术不会一夜之间成熟，但是我们应该开始思考相应的情景，以便在这些问题出现时，专业人士和倡导者可以提前做好准备。

如前所述，特别是对于短途出行来说，人们如果放弃步行和骑自行车而使用自动驾驶汽车取代这些出行方式，则很有可能会影响身体健康。

11.7.9　对就业和劳动力的影响

虽然目前还不确定自动驾驶技术和机器人的崛起会对未来的就业情况产生何种影响[42]，但一些研究者提出，在自动驾驶汽车推出后的 10~15 年内，仅在美国就会减少大约 1 亿个工作岗位。这一推测是基于普华永道（PwC）的报告[42]和劳工局的统计数据得出。普华永道的报告预测道路上的车辆数量将从 2.45 亿辆减少到 240 万辆，减少了 99%。劳工局的统计数据列出了目前有 884000 人从事汽车及零部件制造行业，另外还有 302 万人从事汽车销售和网络维护。货车、公交、快递和出租车司机在美国占据近 600 万个驾驶工作岗位。但同样也有文献推测，尽管减少汽车保有量会有人失业，但是将产生超过 1 万亿美元的额外可支配收入，人们可能会进入前所未有的高效和创新就业的时代。

或许当一些工作被淘汰时，会有更多的工作机会来应对新时代的创新。但是同时也存在相反的可能——随着科学技术的加速发展，汽车会变得更加智能从而需要更少的劳动力，这一现象将对驾驶员的就业带来尤为明显的影响。还有一些猜测认为人工智能对经济的影响会更广泛，不仅涉及汽车行业，许多蓝领和白领的工作也可能会在未来 20 年内被机器人和智能软件所取代。这显然会导致劳动力市场的某些领域出现就业不平等，并带来经济风险。因此，必须要认真探讨这些社会问题，确保未来随着自动化的普及，上述问题可以被妥善解决。

11.7.10　对环境和污染物排放的影响

研究表明，室外空气污染每年会导致全球超过 250 万人死亡[43]。在一些国家，交通尾气排放量约占导致全球变暖总排放量的 30%。在澳大利亚，交通排放是与化石燃料燃烧有关的主要排放源之一[44]。而城市地区的汽车废气排放是最大的交通运输排放来源，占澳大利亚净排放量的 8.5%，约 3970 万吨二氧化碳。而通过应用自动驾驶汽车可以减少污染排放。

11.7.10.1　自动驾驶共享汽车对环境和污染物排放的影响

里斯本的模拟结果表明，随着共享自动驾驶汽车的发展，汽车行驶的总里程可能会增加，这是因为汽车在乘客下车后需要重新定位。然而如果自动驾驶汽车全电动化，则有可能抑制交通排放并减少汽车对化石燃料的依赖，从而减少空气污染。谷歌最近宣布其计划在加利福尼亚推出少数自动驾驶电动汽车，未来大多数自动驾驶汽车很可能也将采用电动或氢燃料电池技术。

11.7.10.2　电动化自动驾驶汽车对环境和污染物排放的影响

美国劳伦斯伯克利国家实验室最近的一项研究发现，自动驾驶的电动出租车无须人工干预电池的供电和驱动，并且它可以在 2030 年前减少约 94% 的温室气体（Green House Gas，GHG）排放[45]。到 2030 年，这些汽车将更多使用可再生能源，并且可以量身定制汽车的尺寸，比如减小仅运送一两个人的专用汽车的车身尺寸。这也有助于减少碳排放。此外据报道，人类驾驶员会导致车辆运行效率降低 20% ~30%，而自动驾驶能够以更有效的方式控制汽车。一篇发表在 *Nature Climate Change* 杂志上的文章对 4 种类型的汽车进行了比较，其中包括传统的内燃机汽车（Internal Combustion Engine Vehicle，ICEV）、混合动力电动汽车（Hybrid Electric Vehicle，HEV）、氢燃料电池汽车（Hydrogen Fuel Cell Vehicle，HFCV）和电池供电的电动汽车。文章预测了每种类型的汽车 2014—2030 年每英里的温室气体排放量。研究发现，美国汽车出行的行驶里程中约有 62% 是单人出行，但他们通常乘坐拥有 5 人座椅、甚至更大的汽车。为了降低这种低利用率，研究人员建议未来的自动驾驶汽车生产公司能在生产大型汽车的同时也生产一些仅为 1 ~2 人乘坐的小型汽车。在这项研究中，小型汽车是基于 5 座日产 Leaf 生产的，但其宽度减少了 40%，可容纳 1 个座位。随着更多地使用可再生能源，预计 2030 年的电动汽车将会非常有助于温室气体减排。该研究结果还表明，与现有的汽油驱动汽车相比，2030 年的自动驾驶电动汽车将有助于减少 87% ~94% 的温室气体排放。而具体数值将取决于 3 种汽车发电模型的效果。虽然自动驾驶电动汽车的减排量是巨大的，但其产生的实际影响将取决于未来几十年中它在个体出行中的地位。

11. 7. 10. 3 高度自动化汽车对能源和碳排放的影响

在利兹大学的另一项研究中[46]，作者认为汽车自动化可能会通过出行需求、车辆设计以及车辆变化等多种方式影响道路车辆能耗、温室气体排放和燃料选择[46]。在他们的研究中，作者确定了自动化可能影响出行和能源需求的具体机制。作者概述了已有文献中关于每种机制对能源需求的影响，并且在文献资料缺乏的情况下，使用工程经济分析对能源进行了估算。他们还考虑了各种机制的适用范围，并量化了各种机制的潜在影响，如美国轻型或重型车辆温室气体排放总量的百分比变化。他们的主要关注点是与出行相关的能源消耗与排放。研究者通过几个示例情景探讨了自动化对排放的净化效应，他发现自动化可以减少一半甚至更多的道路交通温室气体排放量和能源使用量。通过部分自动化可以实现许多潜在的节能效益，但是若想大规模减少温室气体排放和能源使用则需要实现完全自动化。

11. 7. 11 对车辆保险和其他行业的影响

自动驾驶技术进步会带来的最明显的优点是可以显著减少交通事故。但这会对保险业产生什么影响呢？一些研究人员推测，若自动驾驶汽车的引入率高于 90%，事故率可能会显著减少[47]，那么在这种情况下，人们为什么要购买汽车保险呢？一些研究推测，特别是当驾驶员不再需要获得保险，事故责任从驾驶员转移到产品制造商和技术公司上时，保险费用将会降低约 75%。在这种情况下，保险公司可能会从对私人客户造成的"人为错误"出险，转而对服务提供商出险。

11. 7. 12 事故责任划分

划分事故责任需要拟定一个协议大纲，用于确定从单车事故到多车事故中的责任方。在使用自动驾驶汽车时，发生交通事故究竟是汽车制造商还是提供相关硬件或代码供应商的责任？去年，沃尔沃表示将承担涉及其自动驾驶汽车的事故责任。该公司规划在 10 年内推出自动驾驶汽车，并表示已经找到了一种相对简单的方法来解决事故责任划分，即若其中一辆车处于自动驾驶模式时发生交通事故，则该公司承担这起交通事故的全部责任。谷歌和梅赛德斯 - 奔驰公司也表示，如果他们的自动驾驶汽车在自动驾驶模式下发生碰撞，他们将承担全部责任。沃尔沃的方法是否有效仍有待商榷，特别是如今对自动驾驶汽车的威胁主要来自非自动驾驶汽车及其人类驾驶员。

11. 8 新商业模式的契机

自动驾驶已经在塑造一些新的商业模式。例如，据报道，Uber 正在开发自动驾驶汽车，谷歌正在研究自动驾驶共享出行，硅谷也在扩大其在汽车行业的影响力。这表明，与技术和信息娱乐相比，人们对车联网和自动驾驶汽车的关注度更高，这可能标志着全新共享经济商业的开始，从而打开新的商业市场，使智能出行无缝融入人们的生活。

协作出行

自动驾驶汽车在未来可能对协作出行产生重大影响。迄今为止，交通运输行业是协作经济中投资金额最多的行业。这一点体现在交通行业最具有颠覆性且流行的概念——出行即服务（Mobility as a Service，MaaS）。MaaS背后的关键理念是将道路使用者置于运输服务的核心，基于单个平台为他们提供基于个人需求的出行解决方案。该平台组合了所有出行选项并以简单且完全集成的方式呈现给客户。这意味着，用户可以轻松获得最合适的出行方式或服务，选择一组灵活的集成出行服务选项。MaaS提供的多样化交通方式出行服务可以从根本上改变人们的行为并减少人们对汽车的依赖。因此，特别是在城市智能化背景下，服务的焦点应从城市交通网络，即公交、有轨电车和火车等交通工具的构建，逐渐转移到如何针对个人出行需求，通过更加周到和综合的方法提供更好的出行服务。

自动驾驶汽车将对城市生活产生巨大影响，特别是当它们开始模糊私人和公共交通方式之间的区别时。通过将共享乘车与共享汽车相结合，便可以用少量的汽车满足乘客需求，将他们送到目的地。

11.9 国际视角下公众对待自动驾驶汽车的态度

密歇根大学对自动驾驶汽车的公众舆论进行了调查[48]。该调查研究了3个国家：美国、英国和澳大利亚。

该调查获得了1533个成年人的有效数据。主要调查结果（适用于3个国家中的每一个）如下：

1）大多数受访者此前曾听说过自动驾驶汽车，并对该技术能带来的便利抱有很高期望。

2）大多数受访者对自动驾驶汽车相关的安全问题高度担忧，害怕自动驾驶汽车的表现不如实际驾驶员。

3）受访者对完全自动驾驶汽车、自动驾驶商务车、公交和出租车具有极高的关注度。

4）大多数受访者表示希望在他们的汽车中使用这种技术。但是，大多数人也不愿意为这项技术额外支付费用；那些愿意支付额外费用的人可承受的金额在每个国家是相近的。

5）女性对自动驾驶汽车的担忧程度高于男性，并且女性会更加谨慎地预估自动驾驶汽车带来的益处。

6）与英国和澳大利亚的受访者相比，美国的受访者更关注乘坐自动驾驶汽车的数据隐私、与非自动驾驶汽车的互动，以及普通人能否乘坐没有驾驶员控制的自动驾驶汽车。

综上所述，3 个国家的驾驶员和普通大众对自动驾驶汽车到来持有积极态度，对其产生的效益抱有乐观的期望。尽管有些人对使用自动驾驶汽车出行表示高度担忧，且不愿意支付额外费用，但是他们仍然非常期待使用自动驾驶汽车。

11.10　自动驾驶汽车带来的道德挑战

自动驾驶汽车带来了许多道德挑战。在公众可以接受自动驾驶汽车之前，必须要解决各种道德问题。最重要的道德问题是驾驶和出行没有绝对的安全，这就会引发很多棘手的问题，比如交通安全法规的制定。

11.10.1　道德困境的本质

想象一下在不久的未来，你拥有一辆自动驾驶汽车。某一天当你开车时，汽车突然发生故障并且制动失灵，径直冲向正在过马路的 10 个人，此时你可以通过转向侧边的墙壁避免与这 10 人发生碰撞，但如果撞向墙壁你就会死亡，面对这种抉择的时候你该怎么办？

面对不可避免的事故时，应该如何命令车辆做出决策？它是否应该选择最小化人身伤亡，还是应该不惜一切代价保护消费者？它应该在这些极端选项之间做出抉择吗？

解决这类问题的一种方法是最小化生命损失。很多人认为杀死一个人总比杀死一群人更好，但是这种方法可能会产生其他后果。如果自动驾驶汽车被设定为以牺牲车主来最小化生命损失，那么就只有较少的人会选择购买自动驾驶汽车，其他人则继续使用普通汽车，这样反而会发生更多的交通事故，造成更多的人身伤亡和财产损失。

研究人员正试图通过衡量公众舆论来找到解决这种道德困境的方法[49]。他们认为公众更有可能同意符合自己观点的情景。因此，法国研究人员调查了数百人对此类道德困境的想法。首先，研究人员向参与者描述前文提到的场景，并让他们选择其中一种解决办法。与此同时，研究人员还会随机改变一些细节，例如可以解救的行人实际数量、转向与否的决定权到底在驾驶员还是自动驾驶汽车上，以及是否要求参与者将自己想象为当事人。

结果表明，人们更加赞同自动驾驶汽车应该选择解救大多数人。这种功利主义的方法当然值得称赞，但是研究小组表示，他们并不确定在现实生活中这样命令自动驾驶汽车是否是正确的。因为被采访者实际上更希望其他人乘坐功利主义的自动驾驶汽车，而不是自己乘坐这类自动驾驶汽车。人们赞成牺牲乘客以拯救其他生命的前提是自己不会牺牲。研究小组还指出,这类问题可能只是自动驾驶汽车道德困境的冰山一角,未来还需要考虑更多情况下的事故责任分配。

比如研究人员还提出了另外几个问题:"考虑到乘客的生存概率大于骑车者,自动驾驶汽车是否需要通过撞击墙壁来躲开摩托车?当事故不可避免时,是否应该命令自动驾驶汽车瞄准最小的物体去撞击以保护其乘客的安全?如果那个最小的物体是一个婴儿车怎么办?如果汽车必须在一群人和乘客之间做出选择,那么正确的道德选择是什么?如果制造商提供不同版本的道德算法,并且买方故意选择其中一个,那么买方应该为算法决策的后果负责吗?"

有些研究人员[50]认为情况并没有想象中的那么复杂。研究自动驾驶汽车法律和社会影响的人员表示,汽车工程领域早已做出了许多道德决策。比如安全气囊固有的假设是它们将挽救多数人的生命并且只能杀死少数人。研究者们认为如今涉及人为错误的致命交通事故的数量很多,自动驾驶技术引入太慢也是不道德的,他们认为如何快速实现完全自动化才是最大的道德问题。虽然我们的自动化技术并不完美且可能会杀死人,但是它实实在在可以拯救更多人的生命。

11.10.2 安全与合法

在他人安全受到威胁,自动驾驶汽车做出伤亡最小化但违背法律法规的决策时,这种行为是否应该被定义为违法?比如双黄线问题:"当道路工作人员或其他物体突然出现在道路上,自动驾驶汽车没有足够的时间停下来并且必须做出决定,它是遵守法律不穿越双黄线并撞击物体,还是违反法律并避让道路工作人员,又或者在最后一刻转向且几乎与工作人员相撞?"很明显,车辆应该选择避开道路工作人员。困难的是如何对车辆进行编码以进行违反法律或更复杂的道德约束。该领域的研究人员认为社会应该开始考虑制定结合实际行为的交通规则,以避免让软件开发商或汽车制造商决定什么行为是安全的、合法的。

11.11 法规条例

法律法规将在自动驾驶汽车技术的出现和发展中发挥重要作用。它们也可能是自动驾驶汽车在测试和试验之后推广的最大障碍。

世界各地的几个司法管辖区(包括南澳大利亚州)正在考虑制定或通过某些法规,授权对自动驾驶汽车的研究和开发测试。绝大多数法规都涉及自动驾驶汽车在公共道路上运行的安全性。现在,更多的司法管辖区将其工作重点放在自动驾驶汽车大规模部署所造成的影响上,特别是可能因为这种大规模部署而出现的新商业模式。政府部门必须调整和重新考虑他们的管理模式,在不扼杀这些技术创新的前提下避免产生冲突。

监管机构需要和开发商之间进行交流,并且要积极规划未来监管模式,制定灵活强大的法律框架，降低未来的社会风险。监管机构的一个重要作用是限制实际风险——特别是在传统汽车与自动驾驶汽车相互作用的过渡阶段可能造成的风险。

现如今，很多研究为政策制定者提供了一些关于监管类型、监管方法和政策选择的指导。不同国家监管机构将根据其国家的运作框架制定相应政策。

11.12　本章小结

自动驾驶汽车在技术和商业模式发展的不同方面显示出强劲且不断增长的势头。科技的快速发展为改进和提高自动驾驶技术创造了机遇。未来 10 年，自动驾驶和共享出行市场的融合将迎来新的浪潮，这将对市民出行产生重大影响。

当自动驾驶汽车时代到来时，我们的生活也会迎来更多的机遇。比如自动驾驶汽车的普及可以减少交通事故，提高社会效益；可以发展新的商业模式，如 MaaS 的集成服务模式；以及优化公共交通系统来解决如"第一公里"和"最后一公里"服务等。

然而在享受这些便利之前，人们需要解决一些关键问题，包括法规的制定、公众接受度、体制问题、自动驾驶汽车和传统汽车共用道路期间的过渡问题、人机交互问题。具体做法如下：

1）制定灵活且强大的法律法规。

2）让公众接受和了解自动驾驶的益处与相关影响。

3）政府积极做好准备，以便未来能更有针对性地指导和管理交通、最大限度地造福市民。

4）确保自动驾驶汽车和传统汽车共用道路期间的行车安全性。

5）处理好人与机器对车的控制权转移。

6）更好地了解自动驾驶汽车对交通拥堵、出行和可达性的影响。

致　谢

作者要感谢许多学生在本章准备期间做出的贡献，其中包括斯威本科技大学的 Farid Javanshour 和 Jack Hill。

参 考 文 献

[1] Maynard, A. (2016, Jan). *The fourth industrial revolution: what does WEF's Klaus Schwab leave out?* [Online]. Available: https://theconversation.com/the-fourth-industrial-revolution-what-does-wefs-klaus-schwab-leave-out-53049

[2] Kageyama, Y. (2015, May 18). *CEO: Nissan will be ready with autonomous driving by 2020* [Online]. Available: http://phys.org/news/2015-05-ceo-nissan-ready-autonomous.html

[3] Mercedez-Benz (2015, Jan 5). *World premiere of the Mercedes-Benz F 015*

Luxury in Motion research vehicle [Online]. Available: https://www.youtube. com/watch?v=DYTV4d-Gn0s&feature=youtu.be

[4]   Cathers, T. (2014, Jul 17). *When will you be able to buy a driverless car?* [Online]. Available: http://www.mojomotors.com/blog/when-will-you-be-able-to-buy-a-driverless-car/

[5]   Kessler, A. M. (2015, May 4). *Hands-free cars set to drive into a legal void* [Online]. Available: http://www.afr.com/lifestyle/cars-bikes-and-boats/handsfree-cars-set-to-drive-into-a-legal-void-20150504-1mz9ww?stb=lkn

[6]   International Transport Forum (2015). *Automated and autonomous driving regulation under uncertainty* [Online]. Available: http://www.international transportforum.org/pub/pdf/15CPB_AutonomousDriving.pdf

[7]   Horwitz, J. (2015, Dec 23). *Elon Musk says he now knows when the safe, fully autonomous self-driving car will arrive*. Available: http://qz.com

[8]   Deloitte (2014). *Gen Y automotive consumer study – the changing nature of mobility* [Online]. Available: http://www2.deloitte.com/us/en/pages/man-ufacturing/articles/2014-gen-y-automotive-consumer-study.html

[9]   Davies, A. (2015a, Oct 11). *Ford's skipping the trickiest thing about self-driving cars*. Available: http://wired.com

[10] Davies, A. (2015b, Nov 01). *The clever way Ford's self-driving cars navigate in snow*. Available: http://wired.com

[11] Segnet (2015). *A deep convolutional encoder–decoder architecture for robust semantic pixel-wise labelling*. Available: http://mi.eng.cam.ac.uk/projects/segnet/demo.php#demo

[12] Brueck, H. (2015, Dec 29). *The key to perfecting driverless cars could be hiding in your smartphone*. Available: http://fortune.com

[13] Protin Pictures (2015, Mar). *How does Google's driverless car work?* [Online]. Available: https://www.youtube.com/watch?v=ftouPdU1-Bo

[14] Toyota (2015, Nov 5). *Toyota will establish new artificial intelligence research and development company*. Available: http://pressroom.toyota.com/

[15] World Health Organisation (2015, May). *Road traffic injuries* [Online]. Available: http://www.who.int/mediacentre/factsheets/fs358/en/

[16] Smith, B. W. (2013, Dec 18). *Human error as a cause of vehicles crashes* [Online]. Available: http://cyberlaw.stanford.edu/blog/2013/12/human-error-cause-vehicle-crashes

[17] The Guardian (2015, May 12). *Google acknowledges its self-driving cars had 11 minor accidents* [Online]. Available: http://www.theguardian.com/technology/2015/may/12/google-acknowledges-its-self-driving-cars-had-11-minor-accidents

[18] Olanoff, D. (2015). *Google's November self-driving car report details learnings, a pull-over, and a rear-end collision*. Available: www.tech crunch.com

[19] RAND (2016). *Driving to safety: how many miles of driving would it take to demonstrate autonomous vehicle reliability*. Available: http://www.rand.org/pubs/research_reports/RR1478.html

[20] Lafrance, A. (2015a, Sep 29). *Self-driving cars could save 300,000 lives per decade in America*. Available: http://www.theatlantic.com

[21]　Lafrance, A. (2015b, Jun 27). *How airbags are supposed to work.* Available: http://www.theatlantic.com

[22]　Skeptical Raptor(2015, Oct 2). *It's simple math – vaccines saved 700,000 children's lives.* Available: www.skepticalraptor.com

[23]　Neil, D. (2015, Dec 1). *Could self-driving cars spell the end of ownership?* Available: www.wsj.com

[24]　McDuling, J. (2014, Sep 12). *The latest attack on America's car culture comes from Wall Street* [Online]. Available: http://qz.com/264781/the-latest-attack-on-americas-car-culture-comes-from-wall-street/

[25]　International Transport Forum (2015). *Urban mobility system upgrade: how shared self-driving cars could change city traffic* [Online]. Available: http://www.internationaltransportforum.org/cpb/projects/urban-mobility.html

[26]　Fagnant, D., Kockelman, K. and Bansal, P. (2015). Operations of a Shared Autonomous Vehicle Fleet for the Austin, Texas Market. *Proceedings of the 94th Annual TRB Meeting* [Online]. Available: http://www.caee.utexas.edu/prof/kockelman/public_html/TRB15SAVsinAustin.pdf

[27]　Read, R. (2015, February). *Self-driving cars could slash auto sales by nearly 50%* [Online]. Available: http://www.thecarconnection.com/news/1096761_self-driving-cars-could-slash-auto-sales-by-nearly-50

[28]　McKinsey (2016). Automotive revolution – perspective towards 2030. *How the convergence of disruptive technology-driven trends could transform the auto industry* [Online]. Available: https://www.mckinsey.de/sites/mck_files/files/automotive_revolution_perspective_towards_2030.pdf

[29]　Abu Lebdeh, G. (2015, March 22). *Transport systems and public health* [Online]. Available: https://www.linkedin.com/pulse/transport-systems-public-health-ghassan-abu-lebdeh

[30]　McKinsey (2015). T*en ways autonomous driving could redefine the automotive world* [Online]. Available: http://www.mckinsey.com/industries/automotive-and-assembly/our-insights/ten-ways-autonomous-driving-could-redefine-the-automotive-world

[31]　Cox, J. (2015). *Tesla is 'Uniquely Positioned to Dominate' auto business* [Online]. Available: http://blogs.wsj.com/moneybeat/2015/08/17/tesla-is-uniquely-positioned-to-dominate-auto-business/

[32]　AIM (2016). *Autonomous intersection management* [Online]. Available: http://www.cs.utexas.edu/~aim/

[33]　Au, T.C., Zhang, S. and Stone, P. (2016). *Autonomous intersection management for semi-autonomous vehicles* [Online]. Available: http://www.cs.utexas.edu/~aim/papers/BookChapter14-au.pdf

[34]　Rigole, P. 2014. *Study of a shared autonomous vehicles based mobility solution in Stockholm.* Master of Science Thesis, KTH University. Available: http://bit.ly/1Qig7Cu

[35]　Shen, W. and Lopes, C. (2015). Managing autonomous mobility on demand systems for better passenger experience. *Principles and practice of multi-agent systems.* Springer International Publishing. Available: http://bit.ly/1nC1WyN [accessed 11 January 2016].

[36]　Dia, H., Javanshour, F. and Hill, J. (2016). Network impacts of autonomous

shared mobility. *Proceedings of the Machine Learning for Large Scale Transportation Systems Workshop, The 22nd ACM SIGKDD International Conference on Knowledge Discovery and Data Mining*, San Francisco, United States, 13–17 August 2016.

[37] Dia, H. and Javanshour, F. (2016). Autonomous shared mobility-on-demand: Melbourne pilot simulation study. *Proceedings of the 19th EURO Working Group on Transportation Meeting,* EWGT 2016, 5–7 September, Istanbul, Turkey.

[38] Dia, H., Javanshour, F. and Hill, J. (2016). Modelling the impacts of autonomous shared mobility systems. *Proceedings of the 23rd ITS World Congress*, Melbourne, Australia, 10–14 October 2016.

[39] Dia, H., Hill, J. and Javanshour, F. (2016). Autonomous mobility on demand – review of recent literature and insights for shaping policy directions. *Proceedings of the 23rd ITS World Congress*, Melbourne, Australia, 10–14 October 2016.

[40] Passenger Transport (2016). *Uber is biggest threat to buses, says TfL chief* [Online]. Available: http://www.passengertransport.co.uk/2016/02/uber-is-biggest-threat-to-buses-says-tfl-chief/

[41] Freemark, Y. (2015). *Will autonomous cars change the role and value of public transportation?* [Online]. Available: http://www.thetransportpolitic.com/2015/06/23/will-autonomous-cars-change-the-role-and-value-of-public-transportation/

[42] Ford, M. (2015). *Rise of the robots: technology and the threat of a jobless future* [Online]. Available: http://www.amazon.com

[43] Kinver, M. (2013, Jul 15). *Air pollution kills millions each year, says study* [Online]. Available: http://www.bbc.com/news/science-environment-23315781

[44] NGGI (2011). *Australian national greenhouse gas accounts* [Online]. Available: http://www.environment.gov.au/climate-change

[45] Greenblatt, J. and Saxena, S. (2015). Autonomous taxis could greatly reduce greenhouse-gas emissions of US light-duty vehicles. *Nature Clim. Change*, vol. 5 (9), pp. 860–863. Nature Publishing Group. Available: http://dx.doi.org/10.1038/nclimate2685

[46] Wadud, Z., MacKenzie, D. and Leiby, P. (2016). Help or hindrance? The travel, energy and carbon impact of highly automated vehicles. *Transp. Res., A: Policy Pract,* vol. 86, pp. 1–18. ISSN 0965-8564

[47] Manyika, J. (2013, May). *Disruptive technologies: advances that will transform life, business, and the global economy, McKinsey* [Online]. Available: http://www.mckinsey.com/insights/business_technology/disruptive_technologies

[48] Schoettle, B. and Sivak, M. (2014). *A survey of public opinion about autonomous and self-driving vehicles in the U.S., the U.K. and Australia.* Available: https://deepblue.lib.umich.edu/bitstream/handle/2027.42/108384/103024.pdf

[49] Bonnefon, J.-F., Shariff, A. and Rahwan, I. (2016). The social dilemma of autonomous vehicles. *Science,* vol. 352 (6293), pp. 1573–1576

[50] Knight, W. (2015). How to help self-driving cars make ethical decisions. *MIT Technology Review.* Available: https://www.technologyreview.com/s/539731/how-to-help-self-driving-cars-make-ethical-decisions/

术　语

AI	人工智能
AIM	交叉口自治管理
AMoD	自动驾驶按需出行
ANN	人工神经网络
BC	基础案例
C－ITS	协同智能交通系统
FIA	国际汽车联合会
GPS	全球定位系统
HFCV	氢燃料电池汽车
HEV	混合动力电动汽车
HVoTT	高出行时间价值
ICEV	内燃机汽车
ITS	智能交通系统
MaaS	出行即服务
MATSim	多智能体交通仿真
NHTSA	美国高速公路安全管理局
LVoTT	低出行时间价值
LiDAR	激光雷达
SAE	国际自动机工程师学会
SAV	自动驾驶汽车
VISTA	维多利亚旅游活动综合调查
VKT	车辆行驶里程数

延 伸 阅 读

[1] Barclays (2015b). *Disruptive mobility: AV deployment risks and possibilities.* Available: http://orfe.princeton.edu/~alaink/SmartDrivingCars/PDFs/Brian_Johnson_DisruptiveMobility.072015.pdf

[2] Fishman, T. (2012). *Digital-age transportation: the future of urban mobility.* Deloitte University Press. Available: http://dupress.deloitte.com/dup-us-en/industry/automotive/digital-age-transportation.html

[3] Litman, T. (2015). *Autonomous vehicle implementation predictions – implications for transport planning.* Victoria Transport Policy Institute. Available: http://www.vtpi.org/avip.pdf

[4] Michael, S. and Brandon, S. (2015). *Potential impact of self-driving vehicles on household vehicle demand and usage.* Sustainable Worldwide Transportation Program, University of Michigan. Available: www.umich.edu/~umtriswt

第12章
游戏化与可持续出行在变化的交通环境中面临的挑战与机遇

摘要： 激励人们将传统的出行方式转变为更加可持续的出行方式是交通运输行业面临的主要挑战之一。如今，通过信息通信技术，特别是智能手机，可以向用户提供准确的出行信息，使人们做出明智的出行决策，以减少拥堵和空气污染，同时提高出行的安全性。然而，虽然提供与出行相关的信息很有必要，但这不是触发行为改变的充分条件，而最终只能通过信息的传达来影响道路使用者的态度和动机。那么，我们如何才能说服用户改变他们的行为呢？本章将试图阐明致力于出行的游戏化应用程序成功的主要因素。对游戏化作为触发行为改变的工具进行分析和讨论；并对相关的应用进行调查，重点是它们对交通运行、城市交通和城市环境方面的影响。最后，本章讨论了由技术与通信的进步所带来的机遇以及游戏化出行解决方案对促使公众参与可持续出行的潜力。

关键词： 游戏化；出行；智慧城市；城市化

12.1 引言

城市化与目前汽车保有量的增长，对人们的出行和城市环境产生了深远影响[1,2]。据联合国统计，2014 年全世界有约 54% 的人口居住在城市；预计到 2050 年，这一数字将达到 66%[3]。此外，全球许多发达国家的城市在建设大型运输工程时存在经济上的困难，从而无法运营和维护昂贵的运输管理系统[4,5]。然而，即使在资金充足的条件下，它也可能带来重大的经济和环境影响（第 2 章）。如图 12.1所示，出行、需求、经济和基础设施投资之间存在无限循环；提高城市出行服务可以促进经济增长，而经济增长又是诱导需求和增加机动化的重要因素，因此这将对交通网络产生重大影响。这些问题也说明在道路拥挤和可达性下降的情况下，这将会使环境和经济条件恶化。对于交通工程师和城市规划者来说，这些年主要的方法是大规模建设交通基础设施，例如增加基础设施的容量或建设大型地下地铁网络。然而，在当今快速变化和不稳定的财政状况下，需要开发创新的交通解决方案，以提高城市地区居民的出行便利性和可达性，最终实现地区的经济效益。

为了在提高出行便利性和可持续性之间进行权衡，交通规划者不得不考虑如何在不考虑汽车的情况下帮助用户找到最佳的可持续出行方式。激励人们改变其行为并采用更可持续的出行方式是交通运输中的主要挑战之一，这对气候变化和人们的生活质量将会产生深远影响。信息通信技术（ICT）解决方案的出现以及智能手机的广泛使用已经形成了一种新的出行环境，它可以向用户提供准确的相关出行信息，以便帮助用户制定智能出行决策，以减少拥堵和空气污染以及提高安全性。这可能对出行模式的短期演变和动态特性产生重大影响，使得已完善的出行管理工具（收费环等）过时或低效[6]。

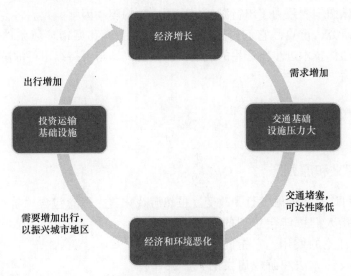

图 12.1　城市出行循环

　　提供与出行相关的信息是必要的，但不是触发行为改变的充分条件；只有传达的信息能够影响道路使用者的态度和动机，才能实现这一点。朝着这个方向，我们可以得出几种方法——从经典的广告投放到环保交通工具的使用[7]，再到使用模拟器作为培训/教育工具。Wang 和 Tang [8]提出了人工交通系统（Artificial Traffic System，ATS）的概念，它是真实交通系统、基于智能体的模型、大规模分布式计算技术以及在复杂系统中开发的新概念和方法的混合。Rossetti 等人[9]讨论了将游戏整合到基于智能体的模型、虚拟现实模拟器和真实世界交通系统中，其目标是：①培训用户以提高他们的技能和决策（行为同化）；②获取用户做出决策（行为诱导）的行为方式；③提供激励和相关政策促使用户能够执行某些行为（行为说服）。Miller [1]强调需要使用信息通信技术（Information Communication Technology，ICT）、地理信息系统（Geographic Information System，GIS）和社交媒体来提供新的交通系统和服务，并鼓励用户共享、合作和集体行动，以解决执行层、战术层和战略层的出行和可达性的问题。

　　为此，交通建模人员和决策者已投入大量精力开发系统并采取了相关措施，以确定交通系统中用户的行为对系统可持续性的影响以及对个人行为变化的影响。这些方法基于社交媒体、个性化消息传递、社会认可等方面，通常通过言语进行说服。最近引起交通界关注的与说服系统相关的新兴概念是游戏化，或者使用非游戏环境中类似游戏的概念。如今，游戏化被认为是业界创新的第三大支柱，其余两大支柱为大数据分析和信息采集，这反映了智能/互联城市的实质[10]。游戏化的有效性建立在所有交通和运输活动可被视为游戏的基础上，其中用户将执行一系列动作并做出一系列决定以达到某个目标[11]。

本章将试图阐明致力于出行游戏化应用成功的驱动因素。我们将会对最新的相关应用进行研究，重点是它们对交通运行、城市交通和城市环境条件的影响。另外，将讨论通信技术进步所产生的机遇，以及公民参与可持续出行的游戏化出行解决方案的潜力。

12.2 游戏化

12.2.1 定义和原则

游戏化可以有效地触发行为改变。虽然游戏化这个概念包含"游戏"这个词，但它并不是指人们可能会想到的实际游戏或游戏理论的使用。它指的是将面向游戏的设计方法和游戏启发的机制（例如，点评分、排行榜、衡量成就的方法）应用于最初的非传统环境，例如交通和出行[12,13]。在游戏和系统分解的概念性二维空间中，游戏化明显区别于普通游戏或玩具[13]（图12.2）。低级游戏（解决问题）是一种专注于整个系统而非部分系统的方法，即所谓的玩具；而高级游戏则被集成到特定系统的不同任务中形成一个有趣的设计框架。

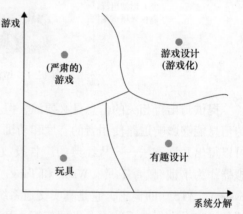

图12.2 游戏相关设计的空间

为什么人们对游戏化应用程序的兴趣开始在所有学科中呈指数级增长，Robson等人[14]指出了3个基本原因：

- 游戏行业前所未有的进步。
- 社交媒体和相关网络技术的出现。
- 通过影响行为来改善管理的需求。

在正常的游戏化体验中，玩家应该是从新手向专家进步。对于这些不同类别的玩家，其目的可能都不同。例如，新手用户需要入门；专家需要体验不一样的内容、活动和挑战；而领导者需要独占权、认可和影响力。为了实现上述目标，以下学科可以支持游戏化体验[9,15]：①力学；②动力学；③美学（图12.3）。

这3个学科构成了游戏化应用程序设计者和用户之间的接口。力学是在游戏环境中为玩家提供各种动作、行为和控制机制[16]。这些机制涉及推动行动的过程，它可以支持高度激励的用户体验，例如徽章、等级、排行榜以及积分等。这些游戏化机制不会从一个玩家转变到另一个玩家身上，并且在整个用户体验中保持不变。动力学可以被描述为玩家与机制的互动，例如利他主义、竞争、地位、奖励等。玩家希望被认可，通过彼此竞争获得成就，因此动力学实际上是一种满足欲望的工具。当上述组件一起正常工作时，用户可以更好地沉浸在游戏中并实现游戏化体验。最后，美学可以理解为用来唤起玩家反应和情绪的工具，例如挑战、兴奋、惊喜以及惊讶等，因此它们在游戏中非常重要[16]。显然，太多的信息可能会对那些尚未熟练掌握技巧的玩家起到遏制作用。

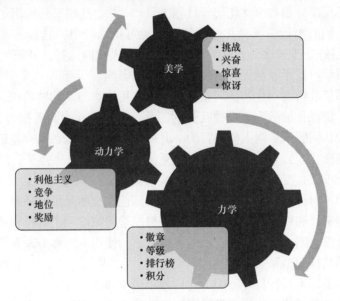

图 12.3　高效游戏化体验的 3 个原则

有效的游戏化框架基于一系列指标来量化相关目标的有效性，这通常通过一组任务来实现。根据量化指标，用户可以获得相关绩效和成就的反馈。用户还可以与他人通信、与他人相互比较和竞争。为了提高性能，用户可能需要更改出行模式并执行不同的行为或执行其他任务。在日常生活中的一些方面可以看到成功的游戏化框架的典型实例，例如健康、健身、教育和金融[13]。在交通方面，除了出行行为变化的应用（将在以下章节中进行分析）之外，游戏化主要用作加强驾驶教育、支持汽车用户界面以及学习和适应车辆功能的工具[17]。另外，它可用于开发有吸引力的车载信息娱乐系统，以应用于环保驾驶和驾驶安全方面[18,19]。

12.2.2　游戏化可以作为改变出行的工具

诱导个体出行模式的变化取决于 3 个主要问题[20]：①对出行特征、决策和结果的认识;②对提高自身的替代方案的认识;③通过设定多个目标来监测自我提高。居民很少意识到他们日常的出行足迹,以及他们的选择对出行模式效率及交通系统可持续性的影响[21]。因此,为他们提供收集、可视化和量化其出行特征的方法,是改善其出行选择的关键一步。

尽管如此,即使知道自己的出行特征,人们也不容易做出正确的决定,因为他们不熟悉各种替代方案,或者他们无法处理多种替代方案和决策。在决策过程中,用户可以通过通信技术获得帮助。然而,这其中存在一定的误解。虽然新技术和现有的政策工具可以满足通过改变路线和出发时间以改善出行的需要,但出行模式的选择并不会受现有政策工具的影响[22]。他们似乎更多地受到心理反馈方面的影响,例如出行反馈计划和个性化出行计划工具[21-24]。这些工具使用了一种人对人的方法揭示人们的出行选择,并试图将其向更可持续的出行选择转变[22]。Jariya-sunant 等人[23]进一步通过引入自动化方法来确定人们的选择,并研究其对基于信号处理的机器学习技术和与无人机交互的用户的影响。

信息技术工具与游戏化特征的整合可以丰富用户参与活动的动机,这可以改善他们的出行。游戏化被认为是一种互补的工具,它通过让参与者拥有自我提升感、成就感和社会认同感来影响人们的行为。此外,游戏化可以触发有益于整个交通系统宏观操作的变化。随着 ICT 和智能交通系统(ITS)的快速普及,出行模式,特别是日常出行模式,变得越来越不对称(实时改变路线以避免拥堵或事故等)[22]。出行模式中的不对称性会显著影响交通的可预测性和交通系统的平衡。用户可以不断地进行路径选择和模式选择,从而对某些静态管理策略和工具的有效性产生负面影响。还有迹象表明,由于用户自私的思维方式,使用 ICT 和 ITS 为用户提供信息可能会促使其选择乘坐私家车来替代其他方案[25]。从概念上讲,游戏化应用程序可能在非对称条件下运行良好,因为它们基于协作和持续数据共享。游戏化的应用程序可以为基于最新信息的决策提供更好的替代方案。当用户意识到他们的行为对环境和交通系统的影响时,他们便可以做出更明智的决定。

较少的爱好者会关注游戏化设计在出行应用中可能产生的负面影响。McCall 等[26]和 Hamari 等人[27]强调游戏机制可能会导致除预期之外的选择和行为。Weiser 等人[20]则认为这种系统通常取决于用户选择的合理性,但这种合理性并不成立,因为用户的选择不会受到技术控制并且无法满足所有个性化的需求和选择。Seaborn 和 Fels[28]批判了为追求利润而简化游戏的想法,他们认为这不利于了解用户最初的选择和行为。

12.2.3 游戏化出行应用

一个典型的游戏化示例是 Waze[29],这是最大的基于社区的流量和导航应用程序,它创建了本地化的驱动程序社区,以便为其用户不断提供更新的信息。这不是一个简单的导航应用程序,每个用户还可使用其他用户提供的信息运行程序,例如避免拥挤的干道、道路危险警报、同步日历事件以及根据当前交通状况创建路线计划等。另一个成功的游戏化应用程序是 Tripit[30]，它通过优化出行预订行为帮助公司实现经济高效的出行管理，从而减少出行时间和成本。Moovit 被应用于 60 个国家的 800 多个城市，它使用户能够在使用公共交通工具时找到最快且最不拥挤的路线[31]。它还向社区提供许多用户可能觉得有用和有吸引力的信息，如实时信息、站点拥挤以及事故等。应用程序 Changers – CO_2 fit 可以自动测量通勤者的行程距离并计算其碳足迹[32]。该应用程序的核心和最激励人的功能是给健康的出行方式（自行车、步行或公共交通）提供奖励积分。

在欧洲，一些项目希望使用游戏化的概念来改变人们的行为。Chromaroma 项目是一款伦敦牡蛎卡（Oyster Card）驱动的出行游戏，该项目鼓励人们通过步行或骑自行车而不是乘坐公交和火车去出行[33]。MOBI 项目的目标是通过游戏化实现出行模式的转变，促进员工智能出行[34]。游戏化的体验主要基于团队成员之间的竞争因素，以尽可能多地开展可持续的出行。SUNSET 项目使用 Tripzoom App[35]，旨在通过帮助人们更好地了解自己的运动状态，以改变出行行为的动机并且通过社交网络共享个人出行信息来创造社交体验。在 SUPERHUB 项目中，应用程序通过采用更加可持续化的交通选择来诱导用户改变自己的出行行为[36]。用户被邀请设置每周使用的交通方式，跟踪目标的进展以支持自我监控，最后根据用户的个人资料，用户将收到鼓励其可持续出行选择的个性化消息。

另一个名为 STREETLIFE 的欧洲项目使用游戏化机制来促进更具可持续性的出行方法和习惯[37]。Peacox 项目的目标是开发移动和 Web 应用程序，专门为用户提供个性化的多模式出行工具，以便规划他们的旅程并减少二氧化碳排放[38]。MI-TOS 项目旨在为西班牙桑坦德市提供先进的交通服务[39]。TEAM 项目旨在构建一个连通、协作和绿色的交通生态系统，为驾驶员和利益相关者提供重要的价值定位[40]。另一个通过游戏化概念专注于城市公共交通的项目集成了较多的应用程序（安全的移动支付方法、来自不同组件的数据融合等）以优化出行者和交通系统之间的交互，并提供快速响应的出行服务[41]。

除了上述应用程序和项目之外，还有其他一些改变驾驶员行为的尝试，但游戏化程度有限。Merugu 等人[42]发起了一个试验项目，该项目是在印度的班加罗尔，根据用户每天的到达时间向用户提供信用值，而不是对在交通拥挤期间出行的乘客收费，这使得人们更愿意在不太拥挤的时间出行。Pluntke 和 Balaji[43]也采用了类似的方法。TruCentive 平台将用户划分为贡献者和消费者，以便交换停车可用信息[44]。其作者还整合了游戏化和博弈论的概念，以鼓励用户向社区其他人提供准确的数据。UbiGreen 应用的目的是减少二氧化碳排放，同时发展绿色交通[45]。旨在减少拥塞的另一个应用是 Nunav（最初称为 Greenway），它使用智能群算法推荐最短路径，同时试图阻止拥塞路径的形成[46]。据报道，意大利特伦托市的 Viaggi-aTrento 可持续出行应用程序在改变乘客出行行为方面具有较大潜力[47]。一款名为

Grr‐Grr‐Bike（无尽的跑步者）的智能手机游戏旨在教育乘客安全骑车、避开障碍物以及遵守信号灯规则[48]。表 12.1 中描述了上述所有项目，目的在于展示其作用和它们所包含的游戏化元素。

表 12.1 游戏化出行应用

App	目的	主要游戏化元素
Waze[29]	导航	角色，社交网络，积分，排行榜，成就，等级
Tripit[30]	出行管理	积分，徽章，排行榜
Moovit[31]	公共交通导航	积分，等级
Changers—CO$_2$ fit[32]	计算碳足迹	排行榜
Chromaroma[33]	鼓励非限时小时出行	积分，互动地图
MOBI[34]	促进员工的智能出行	积分，虚拟奖品，奖励，角色
SUNSET（Tripzoom App）[35]	改善出行	奖励，社交网络
SUPERHUB[36]	选择可持续的交通方式	目标，跟踪进度
STREETLIFE[37]	选择可持续的交通方式	积分，排行榜，徽章，奖励
Peacox[38]	个性化的多模式联运工具	虚拟环境，积分，学分
MITOS[39]	西班牙桑坦德的先进交通服务	积分，奖励
TEAM[40]	提高交通安全性和效率	虚拟币，奖励，社交网络
Seamless Mobility[41]	集成个人移动设备和提供出行信息	积分
INSTANT[42]	出行选择在较少拥挤的时间	积分，奖励
INSINC[43]	出行选择在较少拥挤的时间	奖励
TruCentive[44]	交换可用性停车信息	积分，奖励
UbiGreen[45]	减少二氧化碳排放量	积分，视觉设计
Nunav[46]	导航	—
ViaggiaTrento[47]	选择可持续的交通方式	—
Grr‐Grr‐Bike[48]	教育乘客安全骑车	教育要素

12.3 量化游戏化交通应用的影响

游戏化的交通应用是提高交通系统效率的"软"政策措施领域的新热点。然而，当谈到这种方法的长期可接受性和有效性时，至少在科学研究层面获得的信息有限。跨学科评价研究也表明，目前缺乏与游戏化应用的正面/负面影响相关的实证[28]。少数几个声称游戏化具有积极作用的研究也与实施环境和用户特征有关[27]。在之前的研究中，游戏化被认为是努力通过游戏设计改善交互系统用户体验的一部分，而作者得出的结论是"只有通过持续的理论审议、有趣的、实用的探索，以及最终用户的严格评估，才能揭示游戏化是否可以应用于该领域[28]。

在交通领域，量化游戏化应用效果的尝试还很有限。例如，MOBI 项目需要开发游戏，以鼓励人们更灵活地前往目的地（例如，步行、骑自行车、公交和共享汽车），从而获得与朋友和同事竞争的乐趣[34]。结果显示，在通勤和商务出行中使用可持续交通出行方式的员工人数增加了 20%。在活动的最初几年，有 23400 人在比赛中改善了他们的通勤习惯，而初级节能的目标则设定为 684t CO_2。在 SUNSET 项目中，虽然大多数参与者没有表示他们的出行行为发生变化，但其中还是有 23% 的人对这一挑战做出了反馈，他们表示该项目改变了他们的出行行为，这也可以从他们不同出行时间看出来[49]。虽然报告也显示了游戏化交通应用对环境和社会的一些其他影响，但最重要的是它优化了人员和货物的流动性，改善了城市环境和人们的生活质量。此外，Changers - CO_2 fit 应用程序的积极效果主要集中在用户的福利上，同时也加强了团队建设和员工敬业度等企业优势。

在另一项研究中，在驾驶员培训中使用游戏设计元素是激励整个过程并使其更有趣的方法，但在游戏的竞争方面会产生负面影响，因为用户的目标是快速完成任务而不关注安全驾驶[50]。作者指出需要更多指标来评估游戏化是否适合培训好的驾驶员。在 SUPERHUB 项目的结果中，7 个受试者有 3 个对排放信息感到惊讶，报告他们对此事的意识有所提升，但只有相同数量的人报告说他们在努力减少排放[51]。在 INSTANT[42] 和 INSINC [43] 项目期间，通勤者的出行时间被从高峰诱导到非高峰。最后智能应用程序报告显示，仅在 4 周内每天通勤就节省了 832h，而出行距离减少了 30%，汽车数量减少了 10%[46]。Wunsch 等人记录了游戏化自行车计划的影响，包括小规模试验和年度全国试验[52]。他们发现这两项举措都对自行车的使用产生了积极的短期影响。在干预期间，试验组中大约 25% 的人参与了该项运动，36% 的人增加了他们的骑车量。作者强调，为了改变长期的出行行为，游戏化的自行车运动必须融入日常生活中，以实现社会互动并提供相互鼓励。

到目前为止的证据均表明，所有报告的结果均基于有限的用户样本，例如公司或小城市。造成这种情况的原因可能是，对于从业者和研究人员来说，游戏化是一个相当新的概念。因此，第一批研究是短期的，以避免技术和其他问题。此外，在小规模的案例研究中，特别是在涉及试验实践时，研究人员更容易接收直接反馈并更好地了解游戏化的影响。就较大规模的应用程序而言，它们的影响仍无法量化，因为它应该在更长的时间范围内进行评估。正如 Hamari 等人[27] 报道的那样，只有两项研究持续时间超过 1 个月。之前，文献中关于游戏化应用的评估缺乏心理测量（例如，奖励或其他游戏化概念对用户的影响）[53]。显然，样本越大，问题就越复杂。因此，为了能够量化游戏化对用户行为的影响，需要使用新的分析和调查方法，并使用不同的概念来评估新模型。例如，由于技术的进步和最近社交媒体的爆发，媒体心理学一直是心理学的热门话题之一，它可以在概念上与游戏化的激励框架相关联。

随着对特定主题的研究不断增加，同时也有人强调需要能够定性评估这些软政策的负面影响。Brömmelstroet[54]认为目前关于游戏化负面影响的信息有限，同时他强调游戏化的原则是能否创造出有创造力、负责任和有能力的公民，而不是那些以自我为中心、只是最大化自己利益的公民。

12.4 实施中需要考虑的问题

12.4.1 成功的驱动因素

游戏化交通应用的成功在很大程度上取决于出行者使用它们并分享其出行习惯的意愿。如果用户不愿意或不想收集他们的出行信息，游戏化将无效。因此如下问题是至关重要的，例如哪些是目标人群以及如何吸引他们？他们需要什么信息？激励措施在这个过程中也很重要，包括以下内容：

- 节省时间和金钱。
- 接收信息并优化行程。
- 获得（社会）认可以及环保、健康等。

在出行游戏中，一个优秀的交通规划者应该像游戏设计师一样思考。为了使出行游戏取得成功，用户应该具有自主性和控制感，这是长期可持续发展的重要组成部分。长期使用是实现出行行为改变的必要条件，因为后者是一个持续的过程[55]。因此，在没有接触的情况下，直接向用户传达正确信息会对其行为意愿产生影响[53]。为此，量身定制的信息（并非总是以竞争形式出现）可能会增大用户长期参与的概率[56]。这种量身定制的信息应该基于用户的个性化需求。长期参与的其他要求应旨在促进双向互助、提供激励措施、避免额外的压力以及最终建立值得信赖的体系[57]。Rehrl等人也提出了用户对高质量信息和个性化体验的需求[58]。

此外，虽然心理和社会动机需求具有重要意义，但在行为改变方面，它们仅解决了动机生成、用户能力及其触发因素的部分问题，还应强调引发行为改变的游戏机制[20,59]。需要特别注意出行行为的独特性以及出行者的看法和信仰。在涉及的指标和任务方面，游戏化设计越灵活，用户的短期和长期接受度越大，行为改变的可能性就越大。

此外，重要的是要考虑用户利用这些信息的方式。例如，用户可能会自私地选择使用此信息进而导致交通系统出现其他问题[60]。因此，游戏化的经验应该能够促使一些人为长远的整体利益做出牺牲。游戏化应用过程中任何类型的奖励都很重要，但这些奖励应该是有形的、意外的和偶然的。

12.4.2　利用 ICT 实现新的管理模式

上一节中讨论的大多数工具与移动电话行业近期的迅速发展密切相关。智能手机和智能应用的最新进展为交通规划者提供了以更直接的方式接近通勤者并创建双向通信的机会[61]。与任何其他强加措施相比，这种双向关系能从根本上解决日常问题。Waze 范例中包含了很多有关游戏化出行应用背后的成功故事[29]。Waze（拥有超过 5000 万用户）被强大的地图公司 Google 以超过 10 亿美元收购的事实表明，成功的游戏化体验可能会对当前实践产生影响。同样，Moovit[31] 拥有超过 3000 万用户以及不断扩大的全球业务，这表明游戏化应用不仅可以促进更好的本地传输，同时还可以促使通勤者参与其改进。这种应用可能会成为加强交通管理和城市管理系统不可或缺的工具。

然而，管理城市交通还包含几个相互冲突的目标。所有交互系统（从交通运输到政府服务、商业以及医疗保健等）的整合是开发成功出行解决方案不可或缺的一部分。应考虑到交通系统和出行行为的变化与可能的替代方案有关，并会受到成本、特定模式的可用性以及熟悉程度等的限制。如果不存在可行的替代方案，那么游戏化将对交通系统产生有限影响或无影响。

此外，游戏化应用程序主要基于信息的合作共享。因此，新出现的挑战是分析如何才能使合作更有效。此外，在一个竞争性的体系中，如何才能持续合作？通勤者使用相同的基础设施、相同的资源甚至相同的交通方式，同时尽可能以最快、最安全以及最经济可持续的方式出行。在异构环境中出行时，不同出行方式的驱动因素很少会产生竞争行为[62]。这似乎是矛盾的，理论认为即使个人之间不认识，也会进行合作[63]。因此，游戏化交通系统的主要目标应该是将通勤者从寻求短期优势的自私者转变为愿意通过有趣和娱乐的方式获得长期优势的合作者。

新颖的城市规划和出行管理概念正在迅速从经典的自上而下的思维变为以用户为中心，这需要用户、公共机构和城市交通提供商之间高强度协同作用。一些突出的例子是共享出行可以降低私营公司的出行成本和业务效率[64,65]。在这个框架中，信息通信技术可以发挥核心作用[53,66]：①收集和融合必要的数据以监测出行活动；②识别和预测出行模式；③支持实时决策；④评估用户行为对城市流动性的影响。ICT 对出行的影响是交通文献中讨论的热门话题[67-70]。根据 Banister 和 Stead[69] 的观点，信息通信技术不会减少出行，但它们可以为用户提供新的选择，以便能获得更高效的出行。

尽管 ICT 是新型出行解决方案的强大推动因素，但它们的大规模部署还存在一些挑战。首先，以用户为中心的出行解决方案的开发从根本上取决于众包数据。数据集越大，游戏化出行解决方案处理所有类型的行为和社会规范的能力就越强。为此，开放和关联大数据将在公众参与和私营 - 公共部门的合作中发挥关键作用[71]。随着时间的推移，当收集更多的高质量和标准化的相关数据时，基于游戏化和信息通信技术的管理解决方案会更高效，它们可以用于分析、关联、分发并能以标准格式提供数据，从而使数据变得更容易处理。游戏化、信息通信技术和数据开放性的整合将使数据再用成为可能，这将促进创新，并触发新的出行政策，进而使公共机构受益。

12.4.3　数据隐私和安全以及社会公平

创新型出行服务对大数据的强烈依赖会产生隐私和安全问题，因为它们完全依赖参与感知。与传统的数据收集方法相比，参与感知涉及人体探测，目的是收集任何类型（结构化或非结构化）的大容量、高密度和高空间覆盖率数据。在众包方法中，参与试验的人员并没有明确同意，而且它没有遵循设计方法，因此我们需要查明数据的有效性和可靠性。Yang 等人[72]总结了三类隐私和安全挑战：①安全威胁（源于数据和应用程序执行的实际任务）；②可靠性威胁（与收集的数据、计算指令和通信协议有关）；③可用性威胁（拒绝服务问题）。有关防止侵犯隐私的文献中有各种方法，例如"隐私设计""数据匿名化""数据融合""访问控制"和"提前告知"[73,74]。共享数据中的隐私和安全性是一个讨论和研究热点，目前立法和其他相关举措主要来自政府、相关机构和隐私部门[10]。

出行公平问题（第 2 章和第 3 章）一直是交通运输管理解决方案中的一个重要问题[75]。许多软性交通措施和政策都会以预期或非预期的方式对出行公平性产生积极和消极的影响[76]。例如，应用于许多城市地区的道路收费被批评会产生意想不到的公平影响（第 13 章）。使用 ICT 开发和运营已被大众接受的游戏化应用程序可以弥补用户群之间的差距并减少社会排斥，这是可持续交通规划的关键要素。

12.4.4　先进的技能和新颖的教育模式

交通问题性质的变化驱动着我们去测试和评估新模型的鲁棒性、缺点和实时计算能力[61]。Ali 等人[77]指出，高效数据融合、算法验证、交通预测和高效界面设计应该成为 ICI 和 ITS 研究的主要部分。用于优化和预测分析的计算智能和机器学习，结合传统模型工具和统计归纳法，将成为解决出行相关问题的新方法，因为它们能够从海量和有瑕疵的数据中寻找到有意义的交通信息[78]。此外，传统基于宏观交通流理论和四阶段的模型已经被更加精细的模拟方法取代，如在基于智能体的模型中，在用户出行和选择中考虑社会、经济和环境因素[6,9,79]。

不可避免地将出现新的教育模式，以提高未来交通规划者的技能。Khisty 和 Kikuchi[80]强调了交通专业的学生应该加深理解的几个主题。例如多式联运和系统性、软系统方法以及应用伦理和沟通。Zhu 等[81]和 Di 等人[82]建议使用模拟工具来培训交通工程师并提高学生的参与度。Huang 和 Levinson[83]则认为棋盘游戏可以用于交通规划的培训。然而，当涉及在智能城市环境中开发 ITS 和出行相关应用

程序所需的技能时，当前交通工程师的培训仍处于初始阶段。Chowdhury 和 Dey[84]
回顾了当前的实践和教育模式，强调新一代交通专业人员既需要掌握传统方法，还
要懂网络物理系统（例如传感器技术、数据分析、安全和隐私、硬件 – 软件集成
等）。

12.5　本章小结

　　可持续出行正变得越来越具有挑战性。信息通信技术和物联网（IoT）在智能
城市环境中的出现是新型 ITS 服务的强大推动力，同时形成了不断变化的交通管理
格局。新的政策应从以用户为中心的角度出发，而不是传统的自上而下的思维，这
需要用户、公共机构和城市交通提供商之间的高度协同。在这种情况下，提供与出
行相关的信息是必要的，但这不是触发行为改变以实现可持续性的充分条件。游戏
化是通过提供以用户为中心的信息，来影响道路使用者的意愿和动机。

　　文献综述的结果表明，将游戏化概念与当前新兴的 ICT 解决方案相结合，可以
提高用户的活动参与度，减少自私行为，从而改善他们的出行。此外，游戏化应用
可以应对由交通系统实时变化信息所引起的出行模式不对称，并可将用户转移到更
有效且在宏观上可以改善交通系统运行的选择上。此外，尽管存在许多游戏化出行
应用的爱好者，但是并未找到足够关于这些应用效果量化结果的信息。未来进一步
的研究应侧重于正确选择能够触发行为改变的相关因素，并使这些应用高效且可
持续。

　　最后，本章详细阐述了大规模部署个性化 ITS 解决方案所带来的一系列挑战。
显而易见，游戏化管理需要与其他新颖的管理政策和工具相辅相成，这些政策和工
具在具有单一用户的竞争性交通系统中脱离了经典的自上而下方法，转向以用户为
中心、更加公平合作的交通环境。因此，重要的是确定使合作行为更有效的条件，
通过合适的 ICT 和算法工具来收集、存储、处理和大数据建模，以将其转化为有意
义的个性化信息。在这个框架中，为分享信息的用户提供安全感和自主权是立法和
研发技术方面的关键考虑因素。

　　显然，上述条件对交通规划者在理论和技术层面的作用提出了挑战。在理论层
面，交通研究人员必须将其技能从经典交通建模扩展到优化数据挖掘方法和高度详
细的模拟方案。从技术方面来说，交通工程师将面临诸多挑战，例如云存储和计
算、快速计算的新语言编码、收集和传播信息技术等。在这个苛刻的环境中，交通
规划者不应该以取代其他学科为目标，而是能够理解并有效利用 ICT 应用的全部潜
力和随附的建模工具。这一新的专业和研究领域应该得到充分的支持，以培养下一
代研究人员和专业人才。

参 考 文 献

[1] Miller, H. J. (2013) "Beyond sharing: Cultivating cooperative transportation systems through geographic information science." *Journal of Transport Geography*, 31, 296–308.

[2] Hao, H., Geng, Y., & Sarkis, J. (2016). "Carbon footprint of global passenger cars: Scenarios through 2050." Energy, 101, 121–131.

[3] United Nations, Department of Economic and Social Affairs, Population Division (2014). *World Urbanization Prospects: The 2014 Revision, Highlights* (ST/ESA/SER.A/352).

[4] Pnevmatikou, A., Milioti C., & Karlaftis M. (June 2014). "Economic Recession and the impact of ICT on Integrated Mobility during Disruptive Events." *Conference on Engineering and Applied Sciences Optimization (OPT-i), Greece.*

[5] Milioti, C. P., Pnevmatikou, A., & Karlaftis, M. G. (2014). "Mobility Patterns, User Behavior and Financial Crisis: An Exploratory and Revealed Preference Analysis." *In European Transport Conference 2014.*

[6] Kokkinogenis, Z., Monteiro, N., Rossetti, R. J., Bazzan, A. L., & Campos, P. (2014). Policy and incentive designs evaluation: A social-oriented framework for Artificial Transportation Systems. *In Intelligent Transportation Systems (ITSC), 2014 IEEE 17th International Conference* (pp. 151–156). IEEE.

[7] Hiselius, L. W., & Rosqvist, L. S. (2016). "Mobility Management campaigns as part of the transition towards changing social norms on sustainable travel behavior." *Journal of Cleaner Production*, 123, 34–41.

[8] Wang, F.-Y., & Tang, S.M. (2004). "Concepts and frameworks of artificial transportation systems." *Complex Systems and Complexity Science*, 1(2), 52–59.

[9] Rossetti, R. J., Almeida, J. E., Kokkinogenis, Z., & Gonçalves, J. (2013). "Playing transportation seriously: Applications of serious games to artificial transportation systems." *IEEE Intelligent Systems*, 28(4), 107–112.

[10] Matthew C., Alexander E., Cynthia M., *et al*. (October 14, 2014). *The Smart/ Connected City and Its Implications for Connected Transportation.* Available: www.its.dot.gov/index.htm White Paper. FHWA-JPO-14-148 VNTSC-FHWA-14-10 U.S. Department of Transportation Intelligent Transportation Systems Joint Program Office 1200 New Jersey Avenue, SE Washington, DC 20590.

[11] Montola, M. (2005, December). "Exploring the edge of the magic circle: Defining pervasive games." *In Proceedings of DAC* (Vol. 1966, p. 103).

[12] Zichermann, G., & Cunningham, C. (2011). *Gamification by Design: Implementing Game Mechanics in Web and Mobile Apps.* O'Reilly Media, Inc.

[13] Deterding, S., Dixon, D., Khaled, R., & Nacke, L. (2011). "From game design elements to gamefulness: Defining gamification." *Proceedings of the 15th International Academic MindTrek Conference: Envisioning Future Media Environments*. ACM.

[14] Robson, K., Plangger, K., Kietzmann, J. H., McCarthy, I. & Pitt, L. (2015). "Is it all a game? Understanding the principles of gamification." *Business Horizons*, 58(4), 411–420.

[15] Hunicke, R., LeBlanc, M., & Zubek, R. (2004). MDA: A formal approach to game design and game research. *Paper presented at the Proceedings of the AAAI Workshop on Challenges in Game AI*, San Jose, CA.

[16] Xu, Y. (2011). *Literature Review on Web Application Gamification and Analytics*. Honolulu, HI, Collaborative Software Development Lab, Department of Information and Computer Sciences, University of Hawai'i, CSDL Technical Report. 11–05.

[17] Diewald, S., Lindemann, P., Möller, A., Stockinger, T., Koelle, M., & Kranz, M. (2014, November). "Gamified training for vehicular user interfaces—Effects on drivers' behavior." *In 2014 International Conference on Connected Vehicles and Expo (ICCVE)* (pp. 250–257). IEEE.

[18] Diewald, S., Möller, A., Roalter, L., Stockinger, T., & Kranz, M. (2013, October). "Gameful design in the automotive domain: review, outlook and challenges." *In Proceedings of the Fifth International Conference on Automotive User Interfaces and Interactive Vehicular Applications* (pp. 262–265). ACM.

[19] Vaezipour, A., Rakotonirainy, A., & Haworth, N. (2016, July). "Design of a gamified interface to improve fuel efficiency and safe driving." In International Conference of Design, User Experience, and Usability (pp. 322–332). Springer International Publishing.

[20] Weiser, P., Bucher, D., Cellina, F., & De Luca, V. (2015). "A Taxonomy of Motivational Affordances for Meaningful Gamified and Persuasive Technologies." ICT for Sustainability (ICT4S).

[21] Cairns, S., Sloman, L., Newson, C., Anable, J., Kirkbride, A., & Goodwin, P. (2004). Smarter choices–changing the way we travel, final report of the research project "The influence of soft factor interventions on travel demand". Published by the Department for Transport on the *Sustainable Travel* section of www.dft.gov.uk.

[22] Salomon, I., & Singer, M. E. (2014). "'Informal travel': A new conceptualization of travel patterns?" *Transport Reviews*, 34(5), 562–582.

[23] Jariyasunant, J., Abou-Zeid, M., Carrel, A., *et al.* (2015). "Quantified traveler: Travel feedback meets the cloud to change behavior." *Journal of Intelligent Transportation Systems*, 19(2), 109–124.

[24] Taniguchi, A., Suzuki, H., & Fujii, S. (2007). "Mobility management in Japan: Its development and meta-analysis of travel feedback programs." *Transportation Research Record: Journal of the Transportation Research Board*, 2021(1), 100–109.

[25] Abdel-Aty, M. A., & Abdalla, M. F. (2006). "Examination of multiple mode/route-choice paradigms under ATIS." *IEEE Transactions on Intelligent Transportation Systems*, 7, 332–348.

[26] McCall, R. Koenig, V., and Kracheel, M. (2013) "Using gamification and metaphor to design a mobility platform for commuters." *International Journal of Mobile Human-Computer Interaction*, 5(1): 1–15.

[27] Hamari, J., Jonna, K., & Harri, S. (2014) "Does gamification work?—A literature review of empirical studies on gamification." *System Sciences (HICSS), 2014 47th Hawaii International Conference on* IEEE.

[28] Seaborn, K., & Deborah I. F. (2015) "Gamification in theory and action: A survey." *International Journal of Human-Computer Studies*, 74: 14–31.

[29] "Free Community-based Mapping, Traffic & Navigation App", *Waze.com*, 2016. [Online]. Available: https://www.waze.com. [Accessed: 15 Apr 2016].

[30] "Tripit – Travel Itinerary – Trip Planner", *TripIt*, 2016. [Online]. Available: https://www.tripit.com. [Accessed: 15 Apr 2016].

[31] "Moovit: Public Transport | Your City Your Local Transit App", *Moovit*, 2016. [Online]. Available: http://moovitapp.com. [Accessed: 15 Apr 2016].

[32] "Home | Changers", *Changers*, 2016. [Online]. Available: https://changers.com. [Accessed: 15 Apr 2016].

[33] "Chromaroma | Mudlark", *Wearemudlark.com*, 2016. [Online]. Available: http://wearemudlark.com/projects/chromaroma/. [Accessed: 15 Apr 2016].

[34] Buningh, S., Martijnse-Hartikka, R., & Christiaens, J. (2014). "Mobi-Modal Shift Through Gamification," *in Transport Research Arena (TRA) Fifth Conference: Transport Solutions from Research to Deployment*.

[35] Broll, Gregor, Cao, H., Ebben, P., Holleis, P., Jacobs, K., Koolwaaij, J., *et al.* (2012). "Tripzoom: An app to improve your mobility behavior." *Proceedings of the 11th International Conference on Mobile and Ubiquitous Multimedia*. ACM.

[36] Wells, S., Kotkanen, H., Schlafli, M., *et al.* (2014). "Towards an Applied Gamification Model for Tracking, Managing, & Encouraging Sustainable Travel Behaviours," *EAI Endorsed Transactions on Ambient Systems*.

[37] Kazhamiakin, R., Marconi, A., Perillo, M., Pistore, M., Valetto, G., Piras, *et al.* (2015). "Using gamification to incentivize sustainable urban mobility." *Smart Cities Conference (ISC2)*, 2015 IEEE First International. IEEE.

[38] Schrammel, J., Busch, M., & Tscheligi, M. (2013). "Peacox–persuasive advisor for CO_2-reducing cross-modal trip planning." *In First International Conference on Behavior Change Support Systems* (pp. 3–5).

[39] Diamantaki, K., Rizopoulos, C., Tsetsos, V., Theona, I., Charitos, D., & Kaimakamis, N. (2013). "Integrating game elements for increasing engagement and enhancing user experience in a smart city context." *Intelligent Environments (Workshops)* (pp. 160–171).

[40] Belloti, F., Berta, R., De Gloria, A., *et al.* (2015). A smart mobility serious game concept and business development study. *GALA Conference 2015 Workshop on Games for Mobility and Intelligent Transportation Systems (G4MITS)*, Rome, Italy, 9–11 December 2015.

[41] Costa, P. M., Fontes, T., Nunes, A. A., Ferreira, M. C., Costa, V., Dias, T. G., *et al.* (2016). "Application of collaborative information exchange in urban public transport: The seamless mobility solution." *Transportation Research Procedia*, 14, 1201–1210.

[42] Merugu, D., Prabhakar, B., & Rama, N. (2009), "An Incentive Mechanism for Decongesting the Roads: A Pilot Program in Bangalore," in *Proceedings of ACM NetEcon Workshop*, 2009.

[43] Pluntke, C., & Balaji, P. (2013). INSINC: "A Platform for Managing Peak Demand in Public Transit." *JOURNEYS, Land Transport Authority Academy of Singapore*, Singapore.

[44] Hoh, B., Yan, T., Ganesan, D., Tracton, K., Iwuchukwu, T., & Lee, J. (2012). TruCentive: A game-theoretic incentive platform for trustworthy mobile crowdsourcing parking services. In *Intelligent Transportation Systems (ITSC), 2012 15th International IEEE Conference*.

[45] Froehlich, J., Dillahunt, T., Klasnja, P., Mankoff, J., Consolvo, S., Harrison, B., *et al*. (2009). UbiGreen: Investigating a mobile tool for tracking and supporting green transportation habits. *Proceedings of the SIGCHI Conference on Human Factors in Computing Systems*. ACM.

[46] "Graphmasters | No more Traffic Jams." *Nunav.net*, 2016. [Online]. Available: http://www.nunav.net. [Accessed: 15 Apr 2016].

[47] Bordin, S., Menendez, M., & De Angeli, A. (2014). "ViaggiaTrento: An application for collaborative sustainable mobility." *ICST Transactions on Ambient Systems*, 4, e5.

[48] Nash, A., Purgathofer P., and Kayali, F. (2013) "Using Online Games in Transport: Grr–Grr–Bike Case Study," Transportation Research Board 93rd Annual Meeting Compendium of Papers, 14-3805, Washington, DC, USA.

[49] *SUNSET Project Final Report* (2014) (D9.2). Available: http://www.sunset-project.eu/pdf/SUNSET_Project_Final_Report.pdf.

[50] Diewald, S., Lindemann, P., Möller, A., Stockinger, T., Koelle, M., & Kranz, M. (2014). Gamified training for vehicular user interfaces—effects on drivers' behavior. *Connected Vehicles and Expo (ICCVE), 2014 International Conference*. IEEE.

[51] Jylhä, A., Nurmi, P., Sirén, M., Hemminki, S., & Jacucci, G. (2013). Matkahupi: A persuasive mobile application for sustainable mobility. *Proceedings of the 2013 ACM Conference on Pervasive and Ubiquitous Computing Adjunct Publication*. ACM.

[52] Wunsch, M., Millonig, A., Seer, S., Schechtner, K., Stibe, A., & Chin, R. C. (2016). Challenged to Bike: Assessing the Potential Impact of Gamified Cycling Initiatives. In *Transportation Research Board 95th Annual Meeting* (No. 16-6249).

[53] Weiser, P., Scheider, S., Bucher, D., Kiefer, P., & Raubal, M. (2015). "Towards sustainable mobility behavior: Research challenges for location-aware information and communication technology." *GeoInformatica*, 20(2), 1–27.

[54] te Brömmelstroet, M. (2014). "Sometimes you want people to make the right choices for the right reasons: Potential perversity and jeopardy of behavioural change campaigns in the mobility domain." *Journal of Transport Geography*, 39, 141–144.

[55] Gabrielli, S., Forbes, P., Jylhä, A., *et al*. (2014). "Design challenges in motivating change for sustainable urban mobility." *Computers in Human Behavior*, 41, 416–423.

[56] Noar, S. M., Benac, C. N., & Harris, M. S. (2007). "Does tailoring matter? Meta-analytic review of tailored print health behavior change interventions." *Psychological Bulletin*, 133(4), 673.

[57] Dickinson, J. E., Cherrett, T., Hibbert, J. F., Winstanley, C., Shingleton, D., Davies, N., *et al.* (2015). "Fundamental challenges in designing a collaborative travel app." *Transport Policy*, 44, 28–36.

[58] Rehrl, K., Stefan, B., & Hans-Joachim, M. (2007). "Assisting multimodal travelers: Design and prototypical implementation of a personal travel companion." *IEEE Transactions on Intelligent Transportation Systems*, 8(1), 31–42.

[59] Millonig, A., and Konstantin, M. (2014). "Playful mobility choices: Motivating informed mobility decision making by applying game mechanics." *ICST Transactions on Ambient Systems*, 4, e3.

[60] Roughgarden, T., & Éva, T. (2002). "How bad is selfish routing?" *Journal of the ACM (JACM)*, 49(2), 236–259.

[61] Vlahogianni, E. I. (2015). Computational intelligence and optimization for transportation big data: Challenges and opportunities. In *Engineering and Applied Sciences Optimization* (pp. 107–128). Springer International Publishing, Cham, Switzerland.

[62] Barmpounakis, E., Vlahogianni, E., & Golias, I. (2016). "Intelligent transportation systems and powered two wheelers traffic." *IEEE Transactions on Intelligent Transportation Systems*, 17(4), 908–916.

[63] Axelrod, R. (1984). The Evolution of Cooperation. *Basic Books*, Cambridge, MA.

[64] Shaheen, S., Chan, N., Bansal, A., & Cohen, A. (2015). Shared Mobility: A Sustainability & Technologies Workshop: Definitions, Industry Developments, and Early Understanding, Caltrans, Transportation Sustainability Research Center UC Berkeley, November, San Francisco California.

[65] Robèrt, M. (2017). "Engaging private actors in transport planning to achieve future emission targets—upscaling the Climate and Economic Research in Organisations (CERO) process to regional perspectives." *Journal of Cleaner Production*, in press. Volume 140, Part 1, Pages 324–332, DOI:http://dx.doi.org/10.1016/j.jclepro.2015.05.025.

[66] Vlahogianni, E. I., Karlaftis, M. G., & Golias, J. C. (2014). "Short-term traffic forecasting: Where we are and where we're going." *Transportation Research Part C: Emerging Technologies*, 43, 3–19.

[67] Townsend, A. M. (2000). "Life in the real-time city: Mobile telephones and urban metabolism." *Journal of Urban Technology*, 7(2), 85–104. doi: 10.1080/713684114.

[68] Golob, T. F., & Regan, A. C. (2001). "Impacts of information technology on personal travel and commercial vehicle operations: Research challenges and opportunities." *Transportation Research Part C: Emerging Technologies*, 9(2), 87–121. doi: 10.1016/s0968-090x(00)00042-5.

[69] Banister, D., & Stead, D. (2004). "Impact of information and communications technology on transport." *Transport Reviews*, 24(5), 611–632. doi: 10.1080/0144164042000206060.

[70] Cohen-Blankshtain, G., & Rotem-Mindali, O. (2016). "Key research themes on ICT and sustainable urban mobility." *International Journal of Sustain-*

able Transportation, 10(1), 9–17.

[71] Mondschein, A. (2014). *Re-Programming Mobility Literature Review*. Rudin Center for Transportation Policy and Management, New York.

[72] Yang, K., Zhang, K., Ren, J., & Shen, X. (2015). "Security and privacy in mobile crowdsourcing networks: Challenges and opportunities." *IEEE Communications Magazine*, 53(8), 75–81.

[73] Bargh, M. S., Meijer, R., Choenni, S., & Conradie, P. (2014, October). Privacy protection in data sharing: Towards feedback based solutions. In *Proceedings of the Eighth International Conference on Theory and Practice of Electronic Governance* (pp. 28–36). ACM.

[74] Choenni, S., Bargh, M. S., Roepan, C., & Meijer, R. F. (2016). Privacy and security in smart data collection by citizens. In *Smarter as the New Urban Agenda* (pp. 349–366). Springer International Publishing.

[75] Shirmohammadli, A., Louen, C., & Vallée, D. (2016). "Exploring mobility equity in a society undergoing changes in travel behavior: A case study of Aachen, Germany." *Transport Policy*, 46, 32–39.

[76] Rietveld, P., Rouwendal, J., & van der Vlist, A. (2007). Equity issues in the evaluation of transport policies and transport infrastructure projects. *Policy Analysis of Transport Networks*, pp. 19–36, Routledge, UK.

[77] Ali, K., Al-Yaseen, D., Ejaz, A., Javed, T., & Hassanein, H.S. (2012). CrowdITS: Crowdsourcing in intelligent transportation systems. In: *Wireless Communications and Networking Conference (WCNC)*, 1–4 April 2012, IEEE, pp. 3307–3311.

[78] Karlaftis, M. G., & Vlahogianni, E. I. (2011). "Statistics versus neural networks in transportation research: Differences, similarities and some insights." *Transportation Research Part C: Emerging Technologies*, 19(3), 387–399.

[79] Lei Z., David M. L., & Shanjiang Z. (2008). "Agent-based model of price competition, capacity choice, and product differentiation on congested networks." *Journal of Transport Economics and Policy (JTEP)*, 42(3), 435–461.

[80] Khisty, C., & Kikuchi, S. (2003). "Urban transportation planning education revisited: Reading the dials and steering the ship." *Transportation Research Record: Journal of the Transportation Research Board*, 1848, 57–63.

[81] Zhu, S., Xie, F., & Levinson, D. (2010). "Enhancing transportation education through online simulation using an agent-based demand and assignment model." *Journal of Professional Issues in Engineering Education and Practice*, 137(1), 38–45.

[82] Di, X., Liu, H. X., & Levinson, D. M. (2015). "Multiagent route choice game for transportation engineering." *Transportation Research Record: Journal of the Transportation Research Board*, 2480, 55–63.

[83] Huang, A., & Levinson, D. (2012). "To game or not to game: Teaching transportation planning with board games." *Transportation Research Record: Journal of the Transportation Research Board*, 2307, 141–149.

[84] Chowdhury, M., & Dey, K. (2016). "Intelligent transportation systems—A frontier for breaking boundaries of traditional academic engineering disciplines [education]." *Intelligent Transportation Systems Magazine*, IEEE, 8(1), 4–8.

术　语

ATS	人工交通系统
GIS	地理信息系统
ICT	信息通信技术
IoT	物联网
ITS	智能交通系统

延 伸 阅 读

[1] Frith, J. (2013). "Turning life into a game: foursquare, gamification, and personal mobility." *Mobile Media & Communication* 1(2), 248–262.

[2] Koster, R. (2013). *Theory of Fun for Game Design*. O'Reilly Media, Inc, Sebastopol, California, USA.

[3] Marczewski, A. (2013). *Gamification: A Simple Introduction*. Andrzej Marczewski, UK.

[4] McCall, R., Louveton, N., Kracheel, M., Avanesov, T., & Koenig, V. (2013). "Gamification as a methodology: a multi-part development process. Workshop on Designing Gamification." *ACM SIGCHI Conference on Human Factors in Computing Systems (CHI 2013)*, April 27th–May 2nd, Paris, France.

[5] McGonigal, J. (2011). *Reality is Broken: Why Games Make Us Better and How They Can Change the World*. Penguin, London, UK.

[6] Pink, D. H. (2011). *Drive: The Surprising Truth about What Motivates Us*. Penguin, London, UK.

[7] Werbach, K., & Dan, H. (2012). *For the Win: How Game Thinking Can Revolutionize Your Business*. Wharton Digital Press, University of Pennsylvania, Philadelphia, Penssylvania, USA.

第13章
数字创新与智慧出行：
联系实际，映射出行价值

摘要： 过去几年，数字创新的科技浪潮促使智慧出行发生根本性的变化，激发了公众对未来与众不同的交通展望，同时也不可避免地产生大量关于智能交通言过其实的广告宣传。本章将讨论颠覆性科学技术在低碳交通系统中的作用，并描述数字创新如何改变城市交通系统，如何实现城市交通状况实时测量和分析，以及如何促进可持续智能城市的建设发展。本章描绘了智慧出行中数据创新的价值，并结合实际案例研究和建模证明其效益。另外，本章还将介绍交通行为的改变和技术创新，以及实现预期目标和成果所需的新交通商业模式。最后，本章展示了由智慧交通出行经典案例带来的社会效益。智慧交通核心政策法规为城市交通系统现代化提供可能，在促进经济增长的同时也为 21 世纪创造了就业机会。

关键字： 智慧出行；智慧城市；颠覆性技术；智能交通系统；数字创新

13.1　引言

正如第 2 章讨论的，城市群在全球经济中的作用日益增强[1]。如今，仅仅 100 座城市就占据了世界经济的 30%，纽约与伦敦占据了国际市场资本的 40%。预计 2025 年，预计 600 个城市将产生 58% 的全球国内生产总值（Gross Domestic Product，GDP），并容纳世界人口的 25%。在人均国内生产总值（GDP）快速增长的带动下，136 个来自发展中国家的新城市将跻身世界前 600 名，其中 100 个来自中国[2]。21 世纪将很有可能被这些全球性城市主导，这些城市也将刺激经济的增长与全球化的进程[1-3]。

第 2 章还阐述了城市面临的诸多问题，包括交通拥堵、汽车尾气排放、基础设施老化以及维护与升级城市交通运输系统的费用限制[4-14]。数字创新有望在应对这些挑战中发挥积极作用。在过去的 20 年中，智能交通系统（Intelligent Transportation System，ITS）的应用已经取得了实质性进展。

未来的城市还将包括利用现场传感器快速检测和响应运行中断的系统。现场传感器可用于检测关键设施的运行状态、收集系统功能数据、提醒综合城市控制中心需要进行预测性维护。使用这类传感器在设施发生故障之前就能确定潜在故障，减少基础设施的故障时间。更加智能的汽车、火车和公共交通系统将逐步能感知周边的环境，并提醒驾驶员避免发生错误操作，从而提高交通安全。技术进步也逐渐开始影响汽车拥有模式，城市中会出现越来越多的拼车和共享汽车，这种变化慢慢开始模糊私人出行方式与公共交通出行方式的界线。

13.2　机遇

　　现实世界与数字世界的融合创造了前所未有的机会，提升了公众和企业每天的出行体验。颠覆性的技术与新兴力量，包括按需出行共享、大数据分析和自动车辆，有望改变交通出行的格局，并为出行者提供更多的选择以满足其出行需求，与此同时，新技术还减少了对额外基础设施建设的依赖。这些趋势的到来为"感知城市"提供了新的机会，并开拓了运营创新和获得高质量城市交通出行的途径。通过数据挖掘、人工智能和预测分析，智能交通出行能够帮助城市管理者监控重要基础设施的性能，确定城市服务滞后的关键领域，并告知决策者如何管理城市发展，使生活的城市更加宜居[7]。

　　现代化城市基本上是由一个复杂的系统网络组成的。这些系统的应用与相互连接日益增强，为更好的基础设施管理提供机会[15,16]。"物联网"包括传感器、显示器、视频监控和射频识别（RFID）标签，所有这些设备都可以通过相互通信交流来增强基础设施能力和弹性，并捕捉大量数据[16]。管理复杂城市的决策者和领导者越来越认识到智能技术的积极作用，即通过优化城市现有基础设施的使用来提高现有设施使用效率和防止资产流失[17]。这些系统可以显著提高运营性、可靠性、安全性，并以相对较低的投资费用来满足消费者对优质服务的需求[15]。

13.2.1　智慧城市：技术驱动的城市基础设施

　　基础设施市场变化迅速，越来越依赖技术来管理资产、搜集和分析数据、创收，以及向决策者提供关于系统性能和运营问题的实时信息。

　　智能基础设施范例包括信息技术应用、数据挖掘、传感器使用、智能算法应用和预测分析。这些智能基础设施的投入使用能够提高建筑、能源、卫生、水利和通信领域系统和资产管理的性能，如图13.1所示。

　　过去几年，"智慧城市"的概念在工业界和学术界得到了相当大的普及。然而，对"智慧城市"这个概念的理解在不同的情况下是多方面的，并不总是一致的。因此，"智慧城市"的概念在不同的文献中有着不同的定义。这些概念的变化取决于基础设施、建筑、能源网络等能够更好地测量和监测这些系统的数字平台的"硬"设施领域，或者"智慧城市"在"软"领域的适用性，如政策创新、教育和社会包容性，在这些领域，信息技术的应用通常不是决定性的[18]。

　　在本章节中，智慧城市被定义为"一个连接社会、物质、经济和信息基础设施的城市，能创造一个充满活力的城市环境，从而增强服务、场所和经济等服务，并提高公民的生活质量。"

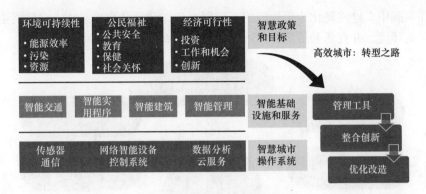

图 13.1　智慧城市的系统构架

图 13.1 说明了技术应该被看作是实现城市期望目标的推动者。这些目标包含环境可持续性（能源效率和改善空气质量）、公民福祉（公共安全、教育、保健和社会关怀）以及通过提供就业、投资和机会的经济可行性。为了实现预期的城市转型，城市需要利用越来越多的基础设施数据和众包信息。为了深入了解这些信息，数据需要整合、融合和挖掘，以形成可用于优化城市服务和改造城市的模式和趋势，从而满足预期的政策和目标。

13.2.2　智慧出行

数字创新已经开始逐渐影响世界各地的城市。随着信息技术的发展，智能手机、互联设备和基础设施、高度自动化车辆的生产以及对大量实时交通数据的访问随之成为可能。几十年来，道路使用者开始使用越来越复杂的应用程序协助他们规划行程以满足出行需求。这种根本性的转变使得消费者可以正确选择一种基于实时和特定情况的可预测信息。这些信息允许用户提前计划并计算出行行程的延误和中断。新技术还为消费者提供了基于比较定价和当前网络状态的模式选择。随着交通运营商改变其商业模式，新的创业公司和技术提供商进入城市交通领域，新的商业模式将继续改变信息、支付、集成和自动化[19]。

提供高质量的城市出行服务需要各种规划和运营创新，以及更好地了解出行行为、运营流程和影响这些问题的因素。特别是在过去的 5 年里，随着技术的迅速发展，为满足人们在城市地区的出行要求，工程师对提供出行解决方案的想法发生了显著转变（见第 2 章表 2.1）。

智慧出行本质上是提供无缝、高效和灵活交通方式的系统，如图 13.2 所示。图 13.2 还展示了构成智慧出行的许多元素，包括可被感知的智能基础设施、智能交通系统（Intelligent Traffic System，ITS）、运营和策略模型。此外，它还包括一些新兴的颠覆性出行解决方案，包括出行即服务（Mobile as - a - Service，MaaS）和预期的自主共享出行按需服务。

在实践中,这将转化为更智能的车联网、火车和公共交通系统,它们将更能感知周围的环境,并在驾驶员最常见出错的地方提高安全性。

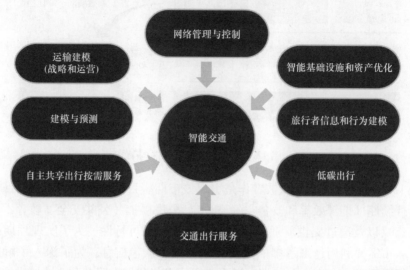

图 13.2　智慧出行模型

例如,车载公共交通、GPS 系列、定位系统、视频监控与通信设备正日益提供更精确可靠的多样实时乘客信息,从而使旅客更加了解情况,并确保为客户提供更顺畅、更安全和更可靠的体验[7]。利用传感器、网络、移动和 GPS 技术的后台系统,使用更加智能的算法、数据挖掘技术和预测建模工具,通过实时优化时间行程安排和交通容量来减少乘客的延误[7]。在铁路平交道口附近,列车 – 基础设施技术和列车 – 车辆技术能够通过检测快速接近的车辆,提供避免碰撞的警告以提高乘客安全[20]。电动汽车充电基础设施也将逐渐融入智能电网,为消费者提供可持续和公平连接的出行形式[21]。技术和传感器的结合能够允许操作员在受到安全威胁时(如未经授权的驾驶员),远程禁用或启用公共交通服务提高其交通安全性。

13.2.2.1　突破性技术

技术的突破性进步正在慢慢改变交通出行的格局,为消费者提供更多的选择以满足他们的出行需求,同时减少对额外基础设施建设的依赖。尽管有些技术的研究发展还需要几年的时间(例如自动化车辆),但它们已经呈现出出行格局转型的趋势。这一转型变化是由多方面技术力量融合推动的,其中包括车辆电气化、自动驾驶、移动计算、按需共享出行服务[18]、地图绘制以及预测分析等技术。

这些强大趋势的结合,加上电子监控和控制现实世界事物的能力,激发了人们对未来城市交通的创新和热情。最显著的一些城市技术突破已经引入或仍在计划之中,包含按需共享出行服务和自动驾驶汽车。这些措施旨在改善乘客出行体验,提供就业机会、服务与机遇,降低资本和运营成本,提高城市服务的安全性、弹性和效率。

13.2.2.2　自动驾驶汽车

汽车自动化是城市交通服务自动化和连接性中尤为重要的突破性技术的一部分。第 11 章全面介绍了这些技术和其对交通出行的预期影响[22-26]。未来，自动驾驶汽车将在出行者的多种出行选择中发挥越来越大的作用，但是在充分开发完全自动驾驶汽车之前，他们的效益还无法完全实现。只有当人为驾驶不再包括在出行成本中时，他们才能获得潜在的利益。正如第 11 章中所讨论的，如果不将其作为低碳出行整体计划的一部分，那么自动驾驶汽车的出现也可能带来一些负面影响。

13.2.2.3　协作共享出行

迄今为止，交通行业是合作经济中资金投入最多的行业[27]。突破性出行领域最有前景的趋势之一就是"出行即服务"[28]，见表 13.1。出行即服务背后的关键在于将道路使用者置于交通服务的核心，根据他们的个人需求为他们提供交通出行解决方案（第 10 章）。

表 13.1　新的城市出行服务[28]

类别	传统的出行解决方案		新的出行服务
基于个人的交通出行	私家车所有权	汽车共享：点对点	一个点对点的平台，个人可以在不使用时出租私人车辆（如 Turo）
	出租车	电子呼叫	通过按需应用程序订购汽车或出租车的过程。应用程序将乘客与驾驶员匹配，并处理付款（如 Uber、Lyft）
	租车	车辆共享：车队运营商	按需短期租车，车辆由车队运营商拥有和管理（如 Goget、Car2go、Zipcar、Getaround）
基于群体的交通出行	拼车	共享电子呼叫	允许同一方向的乘客共享汽车，从而分摊车费并降低成本（如 Uberpool、Lyftline）
	公共交通	按需私人班车	应用程序和技术支持班车服务。比出租车便宜，但比公共交通更方便（如 Bridj）

这意味着，对终端用户而言，最合适的交通方式或服务将包含在一系列灵活的出行选择中。MaaS 有潜力从根本上改变人们的行为，其通过提供方便快捷的按需选择的交通出行服务，减少对汽车所有权的依赖[29]。因此，特别是在智能城市的背景下，这一趋势正在逐步从提供城市交通网络（即公共汽车、电车和火车）转变为关注人们需要什么，以及如何用一种深思熟虑的综合办法产生更好的结果[30]。可靠性、可预测性、方便性和易访问性是这些新服务的主要优点。大多数新服务还提供使用简单和安全的无现金移动交易的支付选项。对于给定的行程，消费者可以根据行程距离、等待时间和行程时间以及服务水平从不同类型的服务中进

行选择[31]。

自动驾驶车辆将对城市生活产生巨大影响，尤其是当它们开始模糊私人出行和公共交通方式出行之间的区别时。将共享单车与共享汽车相结合，可以满足人们使用更少车辆出行的需要。随着越来越多的传感器和智能技术遍布城市，我们将有可能在城市生活的各个方面无缝地收集更准确的实时信息。例如，以 Hubcab 为例，它是一个基于网络的交互式可视化工具，目的是研究纽约每年 1.7 亿次出租车出行如何与城市联系[32]。渐渐地，人们也越来越能够准确地识别城市的各个不同区域如何以及什么时候成为交通枢纽。通过使用这些技术，决策者可以揭示出行模式的复杂性，并确定如何降低交通系统中的社会和环境成本。Hubcab 就是一个例子，其将出租车服务作为一种了解人们的出行习惯与经常往返的地点之间联系的方式。同样的原则也可用于优化自动按需出行系统的性能。

1. 访问权、所有权以及合作经济

颠覆性的出行趋势有可能从根本上改变消费者和汽车之间的关系。在过去的几年里，像 Airbnb、Zipcar 和 Uber 这样的公司都在推广协作或共享经济，这种经济的崛起似乎预示着未来十年的经济快速增长[33]。"出行运营商"为城际、郊区和"最后一公里"出行解决方案提供门到门的交通服务，使客户能够获得更具有选择性的出行服务而非汽车所有权。如今，不管是独自上下班，还是和家人一起悠闲地开车去海滩，消费者都把自己的汽车当作"万能"汽车。早就有迹象表明，拥有私家车的重要性正在下降，共享/协作出行在逐渐增加。随着交通出行成为一种服务，消费者可以灵活地为自己的出行目的选择最佳解决方案，用智能手机按需获得服务。最近的一份报告显示[33]，多样化出行方案的转变可能会导致 2030 年销售的新车中有 10% 成为共享车辆，这将减少私家车的销售。与此同时，共享车辆的利用率增加，从而促使共享车辆的更新速度更快，这也可能会抵消私家车数量的减少。该报告还估计，新车行驶里程的 30% 以上可能都来自共享交通。

2. 技术带来的机遇

对现有和新兴颠覆性技术相互作用所产生的潜在机会和风险的认识，推动了向共享协作出行的转变[33]。使用协作化出行被视为利用大数据分析和物联网等新发展的一种方式，以减轻持续城市化带来的日益严重的拥挤和污染的影响[22, 34]。

随着人口增长，预计在未来十年内世界人口将增加 10 亿，而其中 60% 的人口预计将居住在城市，交通运营商面临着传统方法不再足以抑制拥堵的局面[29]。在这样的情况下，越来越多的努力将转移到提供交通出行的方法上。交通部门已经在努力解决现有的拥堵难题，然而随着人口向城市的迁移，将导致交通拥堵蔓延到从未遇到过交通问题的地区[29]。以下部分回顾了一些机会和趋势，并确定了它们有可能影响协作交通的方式。

3. 数字化与物联网

自从出现共享出行交通方式的概念，由于难以建立有效的中央管理机构，这直接阻碍了尝试组织大型项目[35]。任何共享交通出行企业背后的基本前提都是通过提高车辆利用率来提高交通运输效率。如果没有强有力的车队集中管理，那么共享交通不容易实现的[35]。早期共享汽车方案，例如 Procotip（法国，1971 年）和 Witkar（阿姆斯特丹，1973 年）都是失败的。这两个方案都是可以使用支付系统在拥挤的市中心地区和周围地区使用小型紧凑型车辆，它们失败的原因是缺乏对车队的有效管理，导致车辆分配效率和资产利用率低下，每次行程之间的停歇时间过长[35]。

　　与此同时，"物联网"的出现（人与物不断地与互联网相连）也加强了对此项任务的有效控制。现在，运营商获得了前所未有的数据信息，包括从车辆位置到天气模式的所有实时分析。通过这些数据，交通决策者面临的挑战不再是收集信息，而是如何使用这些信息做出及时并且有意义的决策。在芬兰，Kutsuplus 公交网络收到交通状况的持续更新信息，使驾驶员能够向乘客提供最新的到达时间估计值，通常精确到 $30s$ [36-41]。在世界各地，软件开发人员已经开发出各种工具来组合给定城市中每种交通方式的信息。用户只需输入他们的出发地和目的地，软件将为他们提供一条针对成本、出行时间、舒适度和环境效率进行优化的路线[41]。

　　MaaS 和共享交通的趋势正在打破不同运输模式之间的界限。很大程度上这是由于技术因素在不同的交通方式及其用户之间创建出一个中间层，将数据融合到新的数据层中实现的。这给交通法规和政策框架带来了新的挑战。对于用户而言，重点将不再是交通方式，而是交通出行本身。交通出行将日益成为一种带有实体运输产品的信息服务，而不是含有服务的运输产品[41]。除了确保公共安全和公众获得服务外，监管者和政策制定者还必须监督其他方面，如互联、互操作性、服务能力管理、标准和安全等。为此，监管机构必须建立新的综合监管框架以适用于信息技术使用。这意味着需要制定一个注重成效的监管框架：①将用户置于新的交通出行系统中心；②鼓励创新，并促进安全、保障、社会公平和环境可持续性。短期内，MaaS 还将为公共机构自身交通服务的创新提供机会。从长远来看，公共机构可能需要重新考虑其作用，并考虑与私家车提供者建立公私伙伴关系和提供签订服务协议的机会[31]。这一新视角将使政策制定者能够专注于新数据层的监管，以及数据层与实物运输服务之间的接口。

　　在美国的许多城市，公共机构越来越多地将 MaaS 视为提供更多交通出行选择的机会，特别是在深夜和低密度地区，同时也解决了"第一公里"和"最后一公里"的问题。很少有城市已经与 Bridj 和 Uber 等交通出行服务提供商合作以补充和加强现有的公共交通服务，并将技术和出行服务提供商视为合作伙伴而非竞争对手。来自坦帕、达拉斯、亚特兰大、孟菲斯和旧金山的一些例子说明了这是可以实现的，而且具有成本效益[31]。政策制定者面临的另一个挑战是保护隐私。那些拥有数据访问权限的人（尤其是向最终用户传输数据的人）掌握着信息并拥有巨大的权限。滥用此类数据和信息可能导致市场扭曲、安全风险和隐私保护受限[41]。

基于需求的共享智能出行系统的到来也可能给决策者带来重大挑战[42-47]。在自动驾驶汽车的出现、发展以及新型商业模式（如自动 MaaS）形成中，法规将发挥关键作用。它们也可能是部署和公众接受这些服务的最大障碍。监管者已经在调整和重新思考他们在这个问题上的方法，以避免扼杀这些技术的创新应用。

13.3 效益：少投入、多产出

智能交通的实现应以技术为基础，以客户为中心，才能从本质上提高客户出行满意度，从而促使出行成本发生变化。智慧城市意味着更容易获得可持续的交通方式、有保障的电力和饮用水以及节能建筑等，提高了公民和消费者日益增长的生活标准和生活质量。除了提高城市资产利用率外，智慧城市系统还将加强用户安全，优化城市交通运营成果，提高生产力和经济增长，带来环境效益。

考虑到智能技术的现状，大部分收益通过新基础设施投资成本的一小部分来实现。在一项针对澳大利亚市场的研究报告中，Access Economics[48] 回顾了在交通、电力、灌溉、卫生和宽带通信领域采用智能技术获得的经济效益。该报告研究了智能系统如何有效地利用所有城市活动领域来收集大量信息数据，从根本上提出促进经济增长和激发社会潜力的可行性方法。研究表明，智能技术优势显著，采用智能技术能够使过去十年的 GDP 增长 1.5%、GDP 净现值（NPV）增长 350 亿~800 亿美元。2008 年，一份由气候研究团队[49] 代表全球可持续性倡议组织编写的报告明确指出，在能源消耗和环境保护方面使用自适应智能技术，到 2020 年能够实现 15% 的减排。

在全球范围内，麦肯锡全球研究所（MGI）的研究强调了智能基础设施投资的优势，该研究着眼于现代化基础设施建设以推动经济增长[50]。MGI 研究预测了未来 17 年与智能交通相关的全球基础设施的投资。从现在到 2030 年，仅仅与全球 GDP 预期增长保持同步就需要 57 万亿美元的基础设施投资，比过去 18 年花费的 36 万亿美元高出近 60%，远远超过目前城市基础设施的投资预算。

考虑到普遍性的财政限制，即使是满足增长预测所需的最低投资也将是一个挑战。因此，各地政府不应该投资新项目，而是应该通过采用智能基础设施技术，从城市发展的现有潜能中获得更多的资源，以满足智慧城市对部分基础设施的需求。根据 MGI 的研究，如果在全球范围内扩大智慧城市规模、提高资产利用率和改善需求管理措施，则可以产生巨大的差异，每年可节省高达 4000 亿美元。

有关智能交通技术的文献中有大量的案例研究，阐述了智能交通技术带来的好处[50]。除了减少对基础设施建设能力的依赖，智能基础设施技术方案能够减轻对资本以及投入资金的经济压力。例如，英国 M42 高速公路上的交通技术解决方案的成本为 1.5 亿美元，实施时间为 2 年；而拓宽道路以产生相同的结果需要 10 年，成本为 8 亿美元[50]。其他研究也表明，将智能交通技术用于道路、铁路、机场和港口，可以使资产利用率提高 1~3 倍。图 13.3 显示了各类道路改善项目的平均效益 – 成本比（BCR）。

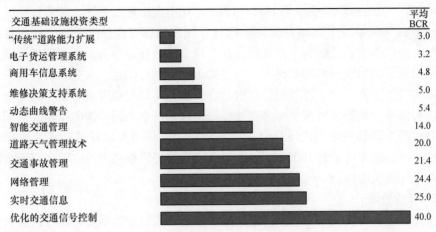

交通基础设施投资类型	平均BCR
"传统"道路能力扩展	3.0
电子货运管理系统	3.2
商用车信息系统	4.8
维修决策支持系统	5.0
动态曲线警告	5.4
智能交通管理	14.0
道路天气管理技术	20.0
交通事故管理	21.4
网络管理	24.4
实时交通信息	25.0
优化的交通信号控制	40.0

图 13.3　交通基础设施投入[50]

案例分析：回归实际，映射出行价值

人们很早就意识到通过使用共享交通出行方式，能够减少交通拥堵、缩短出行时间、提高出行效率、节省汽油和减少污染[35]。投资能力的提高和交通部门开发全新消费市场潜力的增长，更加肯定了共享交通出行的可能性并为之提供了诸多支持与保证[33]。随着运营能力、环境以及社会效益的提高，各种各样的国际倡议开始启动，都试图充分利用共享交通出行方式的潜力[51]，并取得了不同程度的成功。下一节将分析世界各地已开展的共享交通出行关键项目，将侧重对成功和失败因素的分析，并尝试从中吸取宝贵的实践经验。

1. 早期阶段

尽管智能技术的进展和突破有助于推动"出行即服务"的发展，但在实践应用中需要重新认识智能技术对共享交通产生的潜在效益[35]。接下来将介绍两个早期关于共享交通出行的实例。

（1）普渡大学：交通出行企业（1983 年）

1983 年 1 月，普渡大学开始了交通出行企业计划，为加入该计划的家庭提供一辆 MAV（最小属性车辆或"小型车"）和一个大型车辆共享池。该项目的目的是利用共享汽车的可用性，使驾驶员能够在每次出行时选择一辆适合自己的车辆，而不是每次出行都必须使用通用车辆，从而提高共享车辆按需使用效率并降低燃料消耗。出行企业在与私家车的对比中必须具有竞争力，才能吸引人们积极参加该项计划。试验进行了两年半，平均有 12 户家庭参加。这项倡议的结果显示，燃料消耗显著降低，但相关人员的驾驶行为习惯并没有改变。由此可以证明，通过使用适合目的的交通出行方式，可以减少燃料消耗，并且可以使用切实的货币节约来推动变革[35]。

（2）旧金山：STAR 计划（1983—1985 年）

STAR（短期租车）项目于 1983—1985 年在旧金山地区开展。该项目的试验地点是一个由 9000 名居民组成的公寓建筑群。该区域拥有良好的公共交通服务，并建立了一个汽车租赁经销商，能够提供在价格方面具有竞争力的短期租赁协议。该项目的目的是证明没有机动车仍可以住在美国城市的可能性。研究发现，由于公共交通服务在上下班交通中得到充分利用，许多私家车都变得可有可无。对于无关紧要的出行安排，租赁经销商能够向驾驶员提供各种适合不同用途的车辆，从而节省燃油并提高车辆利用率。该项目取得了部分成功，很多人放弃了私家车出行（在一定情况下，每年可节省 1000 美元）。但该项目的局限性在于，它仅适用于自由出行和与工作无关的旅行。

2. 最新阶段

近几年来，智能技术和基础设施的融合更新了人们对共享交通出行的看法。接下来将介绍这一领域的一些新兴趋势。

（1）汽车共享服务

由于大多数私家车的使用率不到 10%，因此共享汽车服务（第 10 章）旨在通过入会或租赁的形式来提高车辆利用率和效率[28]。全球汽车共享提供商 Zip Car 估计，随着车辆利用率的提高，每一辆共享车辆可以替换多达 15 辆普通车辆。但应该注意的是，大多数 Zip 汽车用户的驾驶量比普通驾驶员少 60%～80%，这就使得每辆共享汽车能够比普通车服务更多的人[30]。对法国汽车共享运营商 Autolib 用户的调查显示，在那些没有私家车的人群中，70% 的人选择 Autolib 共享汽车服务作为他们出行的选择[30]。近年来，一些共享汽车供应商一直在开发新的附加服务，建立新的合作关系，进一步激发共享交通出行的潜力[52]。为了增加城市内共享汽车服务的吸引力，各公司正试图提供更加优惠的市区短途共享汽车服务。宝马公司目前的驾驶计划项目就是使用灵活的租车服务来适应短途旅行。项目的试行最初是成功的，该计划已在德国 5 个城市以及伦敦、旧金山建立[53]。福特的城市按需驾驶计划采用了类似的方法，并采用了可选择单程旅行按分钟付费的租赁计划[53]。在德国，汽车共享运营商 Flinkster 与福特达成协议，以获得福特现有的汽车经销商网络作为汽车共享计划的站点。为此，福特和 Flinkster 不再需要购买土地和仓库设施的额外资金，就能建成覆盖全国的汽车共享网络[53]。

福特目前正在试行的另外两个计划是非公司控制的汽车共享计划。"汽车互换"登记是一个内部试验，其中汇编了福特在美国迪尔伯恩地区的雇员登记册。登记册包括有兴趣与他人共享车辆的人群。如果参与该计划的人需要具有某些特定功能的车辆，则可根据需求在注册表中搜索出人员清单，通过联系清单上的人员就可以获得特定功能车辆使用权。福特的第二个"共享汽车"用户管理计划目前正处于开发阶段，班加罗尔的一个团队与中联重科合作，建立了允许一群人共同分享私人汽车所有权的法律法规[53]。福特汽车集团的最后一个方案是在美国亚特兰大进行远程定位项目。该项目旨在完善无人车辆的使用，无人车辆可以通过中央控制设备进行远程调控管理。这些车辆的使用将使共享汽车运营商既可以将车辆交付到客户的指定地点，也可以从任何地点取回使用过的车辆，而无须花费来回运送代客泊车驾驶员所需的成本和时间[53]。

（2）电子呼叫

规模最大、资金最雄厚、知名度最高的按需出行服务提供商是 Uber、Lyft 和 Didi 等电子呼叫服务商[30]。这些公司利用提供自有车辆的私人驾驶员（以最大限度地降低与传统车队运营相关的资本成本），在世界上大多数主要城市按需提供类似出租车出行的服务[30]。尤其是 Uber，正在迅速破坏传统出租车行业的稳定[31,38]。最近的报告显示，Uber 与其竞争对手的拼车公司，在商务出行中占据了超过 50% 的出租车市场份额。Uber 还拥有一种称为 UberPool[54] 的乘客共享服务体系，该服务在包括伦敦在内的多个城市运营。Uber 发布的统计数据表明，在 Uber-Pool 进入伦敦 6 个月后，该系统已经为车辆节省了 70 万 mile（约 112 万 km）或 52000L 燃油[55]。这一节能等效于减少 124t 二氧化碳排放量[54]。Uber 还声称，在某些城市超过一半的出行都是使用 UberPool 进行的[55]。

（3）公共交通创新

尽管大多数城市仍在继续推进现有常规公共交通网络的扩建（仅北京在 2008—2015 年期间就修建了 380km 的地铁），但世界各国正在不断寻求促使现有交通选择多样化的方法[28]。步行和自行车出行作为一种绿色环保的交通选择已得到广泛承认，使得自行车共享计划在世界各地蓬勃发展[28]。在巴黎，公共交通网络下的自行车共享服务使得以上两种趋势已然融为一体[28]。近期最具创新性的公共交通方式可能就是 Kutsuplus 和 Bridj 的按需公共交通服务。

（4）Kutsuplus：按需公共交通

芬兰赫尔辛基市因其"雄心勃勃"的计划和到 2025 年克服私家车拥有需求的目标而备受赞誉。许多人认为 Kutsuplus 的交通试验是引领行业的旗舰项目[40]。赫尔辛基地区交通服务被誉为第一个真正实现按需服务的项目，它以先进的科学技术为基础，驱动小型公共汽车服务，根据乘客需求利用先进的程序算法实时分配车辆[51]。该计划由三辆专用小巴组成车队，于 2012 年投入使用。Kutsuplus 允许通勤者指定起点和终点（在规定的服务区域内），算法会识别出朝该方向行驶的小客车，并指示驾驶员随时接送新乘客[39]。

Kutsuplus 试验最初的目标有两个：①测试使用基于计算机的路由算法克服控制交通出行困难的技术可行性；②衡量公众对按需公共交通的支持程度和付费意愿[51]。该服务得到了公众的大力支持，反响积极，乘客人数持续增长[51]。一项用户满意度调查显示其总体满意度为 4.7（总分 5），比赫尔辛基传统公共交通网络的满意度高出 10%[39]。这项试验的一个重要发现与其他交通出行合作商相关，即人们更愿意在旅行中接受更长的在途时间，而不是在旅行开始时接受更长的等待时间。这一发现有助于服务商修改计算机程序算法，尽可能减少候车等待时间，从而促使用户数量大幅增加[39]。

据报道，该试验中每次出行的成本低于传统公交服务的成本[39]。尽管如此，Kutsuplus 公交服务仍带来了一定的公共财政压力，并于 2015 年底停止运营[37]，这与公众期望截然相反[51]。为了增加乘客量，该系统需要提供更具吸引力的服务，包含更大的服务区域、更长的运营时间和更短的候车等待时间。虽然在服务质量方面取得了一些改善，但服务的大规模增加却要求购买更多的车辆[39]。试验期间收集的数据表明，每次服务扩展时，乘客数量的增加都提高了整个系统的效率，因为较高的用户密度使计算机算法能够绘制出一条更优化的路线，而不必绕远去搭载单独的乘客[39]。为此，报告显示系统容量每增加 31% 将使收入平均增加 60%[39]。

（5）按需公共交通的其他例子

赫尔辛基按需出行的小型巴士交通服务的成功引起了世界各地的兴趣[37]。Kutsuplus 向政府和民众证明，按需交通出行是具有挑战性的，但从技术角度来看是可行的[39]。自 Kutsuplus 推出以来，世界各地的城市都开始采用类似的按需共享交通出行的解决方案。这些方案中的许多都是以 Kutsuplus 为原型，比如 Via 运输和 Chariot 系统[29]。此外，也有其他的方案最初使用 Kutsuplus 作为基本框架，但随后又对系统进行了调整，克服已发现的弱点并满足运营商的需求[37]。Bridj 服务就是一个例子，它涵盖了美国的许多城市和项目，包括堪萨斯城（密苏里州），Bridj 与该市合作，提供部分按需服务。该市拥有的 Bridj 巴士按照既定的时间表大致走一条路线（如传统的巴士服务），但会随时响应客户沿该路线乘车的请求[37]。

在伦敦和纽约，福特都推出了动态班车，这是福特专注于最小化响应时间的一项按需小型巴士计划。福特的目标是利用这个项目来获取关于共享交通模式的数据，并更好地了解驱动共享交通的社会动力[53]。

位于华盛顿特区的 Split 项目使用与 Kutsuplus 小型巴士相同的软件优化车辆路线和行程时间，它成功地克服了由于车队使用私家车而削弱其自身功能的困难。这种由驾驶员个人提供车辆的 Uber - Style 方式虽然减少了经济增长的障碍，却阻碍了 Kutsuplus 实现有效运作的运营规模的扩大[53]。

在班加罗尔，公交运营商并不是通过动态定价来影响全天的公交票价，而是向每一个在高峰时间以外乘坐公交车的人发放一张抽奖券，为幸运的获奖者提供现金奖励。该方案不仅使高峰前的乘客人数增加了一倍，还将高峰小时的出行时间减少了 24%，而对公交运营商来说这种方式的成本却很低[30]。相比之下，新加坡也努力尝试提高其城市轨道线路高峰前乘客量，使所有出行在上午 8 点之前都免费，从而使客运量增加了 7%[30]。

（6）众包与数据融合

交通出行提供商和数据分析师面临的一个关键挑战是如何融合不同来源的、通常不兼容的源数据流，并将它们组合成一组有意义的、适用于用户的、有凝聚力的信息[56]。用于引导 Kutsuplus 总线的计算机算法是第一个将用户请求与空间定位和实时交通报告结合起来控制路线规划和预测准确到达时间的算法[39]。这一计算机算法的成功为一个新的已知旅行计划时代铺平了道路[37]。通过将多个信息源融合到一个界面中，像伦敦的"CityMapper"应用程序（现已扩展到 10 个欧盟城市）这样的工具可以提高人们的出行效率，让他们能够实时查看所有选项并优化行程[56]。世界各地也在使用其他的方案，如 Moovit 和 Moovel，每个系统都提供一些独特的功能[30]。例如，Moovit 应用程序通过利用客户反馈来提高路线建议的准确性，并增强其数据收集[30]。Waze 应用程序虽然不是一个旅行计划应用程序，但它可以实时地为交通拥堵和中断的驾驶员提供建议，引导他们的车辆绕开拥堵和中断地点，以减少行驶时间并节省燃油[28]。

13.4　影响

尽管大数据和物联网为实现智能交通带来了许多效益，得到了相当大的支持，但事实证明，政府和服务提供商在采取这些举措方面进展缓慢[7]。尽管某些延迟无疑是由于保守决策者不愿意尝试新技术造成的，但这种务实的观点从长远来看可能会阻碍而不是有助于技术的采用和吸收[6]。与所有新出现的技术一样，这类技术也存在着必须解决的区域差异问题，解决这一类问题可以加速技术被社会广泛接受[17]。

对智慧出行应用的研究已经确定了需要解决的 3 个主要关注领域，包括立法支持、软件恢复和个人隐私[16]。

13.4.1　立法支持

人们常常认为，在处理智能交通和智能城市可能带来的潜在问题时，当前的立法框架对技术的应用提供不了充足的指导。这种缺乏立法支持的现象是可以理解的，因为近年来技术的快速发展导致传统的法律政策过时，不足以应对大数据的现实和城市层面的事物互联[56]。尽管一些立法机构开始调查和立法（支持或反对）智能交通（例如，欧洲正在考虑在所有新车中强制使用内置自动遇险功能的通信软件），但问题仍然悬而未决[11, 57]。因为新政策和技术的合法性仍存在不确定性，所以很难为未来制订有效的计划[3]。例如，美国围绕自动驾驶汽车立法治理的发展进程突显了这种不确定性，在 15 个州中有 9 个州（60%）拒绝了这项提案[57]。

13.4.2　软件恢复

尽管智能交通旨在通过实时响应中断来提高交通基础设施的弹性，但其（或实际上是整个运营）成功取决于决策软件质量和支持该软件的数字网络质量[15]。一些研究人员表示出了一些担忧，智能交通的概念基于很薄弱的基础，随着越来越多的项目被添加到现有的物联网（所有智能交通计划都从中提取决策数据），软件的可能性故障或不兼容错误可能会真正地损害部分或全部网络[16]。他们认为，此类服务故障（停电、移动网络丢失、处理不当的版本更新）是传统生活中的一部分，但现代世界的互联性意味着一个点的故障（如果系统设计不当）可能会影响其他智能城市结构[16]。尽管谨慎、有条理地建设一个城市的数据收集网络可以解决这一问题，但重复建立基础设施的高昂成本意味着软件开发人员将一直从事关于分散数据收集方法和所有数据兼容性问题的工作[58]。

另一个未被注意到的问题是网络攻击问题，即外部选择影响导致软件故障[59]。在一个日益紧张和信任缺失的时代，这是一个非常现实且客观存在的危险[16]。任何智能系统都必须解决这一简单问题：当系统出现故障时，它将占用多少智能城市的空间[16]？

13.4.3　个人隐私

在物联网时代，个人数据正以前所未有的速度被创建、传输、跟踪和记录[58]。以手机数据为例，即使没有三角测量，一座信号发射塔都可以把个人手机的位置定位在几千米之内。通过三角测量，这个半径可以减小到50m。如果个人的手机配备了GPS，那么可以在5m以内准确定位手机位置[56]。就其本身而言，这是不足畏惧的。但在一个相互关联的世界里，信用卡、公共交通票、路过的咖啡馆的Wi-Fi强度等，都可能记录下个人移动的痕迹[58]。正是这种详细、实时且准确的位置数据，才是智能交通系统最大的优势和关注点[16]。但是这些基于位置的信息却很难以匿名方式收集。如果一个数据集包含一个人过去3年的出行模式（他在哪里生活和工作，他经过哪条道路，他离开某个位置的时间），但数据集不使用他的名字，那么这个数据是否真的有效[56]？

在过去，这些信息虽然被记录，但很难积累，因为这些信息是为了不同的目的通过不同的方式获得的，通常使用不兼容的数据收集和存储方法[16]。然而，许多政府已逐渐认识到要在智能城市中充分利用智能交通，就需要提供一个前所未有的数据互联水平[17]。现如今很多人认为，只有建立一个能够直接访问其职责范围内和周围所有数据的决策实体（例如里约在巴西的城市控制中心），才能实现这种相互依赖水平[16]。正是这些城市智能中心的建立，才造就了最大的实时性和大数据收益，但同时也造成了个人隐私泄露的潜在危险[16]。因此，运营商和决策者有责任以透明的方式进行运营[7]。为了让人们充分享受智慧城市所带来的好处，他们需要能够感觉到自己的数据是安全的[56]。

13.5　政策教训

许多研究对智能交通的前景进行了考察，并多次将3个国家确定为智能交通领域的领头羊：韩国、日本和新加坡[60]。这些国家相较于其他国家而言最显著的一个方面是智能技术的普及程度，以及它们对人们生活质量的影响，包括提高出行便利性、减少拥堵、提高交通服务的安全性和可靠性。这些研究为这些国家在智能交通领域的发展与完善提供了独特的见解，是促其成功的重要因素之一（图 13.4）。尽管非政策因素如地理限制、文化和政治问题发挥了一定的作用，但最终是其国家智能交通系统（Intelligent Traffic System，ITS）政策使其在智能交通创新中取得了成功。这些主要国家反复出现的政策主题总结如下。这些政策原则既适用于开展新智能基础设施项目的国家，也适用于希望充分利用现有资产的发达经济体。

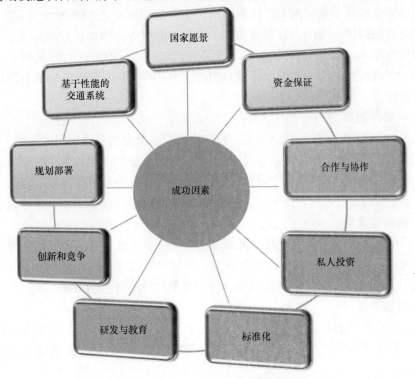

图 13.4　发展智能交通的规划部署

1. 国家愿景

韩国、日本和新加坡的国家层面都对智能交通做出了承诺。从一开始，政府就清楚地阐明了 ITS 的愿景，并将其与国家信息技术政策和改善道路安全及公民生活质量的长期战略联系起来。这些国家的政府在召集相关利益攸关方和率先实施方面也表现出了强有力的领导作用。

2. 资金保证

韩国和日本在智能交通方面的投资占国内生产总值的百分比是美国的 2 倍多，这一水平的年度支出（约占 GDP 的 0.016%）使韩国能够在所有高速公路（约4000km）上提供 100% 的覆盖率，在国道上提供 20%（13000km 中的 2500km）的覆盖率。

3. 合作与协作

这些国家的公共部门和私营部门在共同开发平台方面发挥了重要作用，使政府和工业、学术和专业协会能够在国家和地方开展合作。

4. 私人投资

3 个主要国家都成功地在本国建立了公私伙伴关系，并将其投资视为创造了一个平台，私营部门可以通过这个平台开发增值产品和服务。

5. 标准化

这些国家发展了本国的 ITS 体系结构，为其应用程序的相互操作奠定了基础，并协助向公民提供一致的、有凝聚力和成本效益的服务。例如，日本建立了电子不停车收费（Electronic Toll Collection，ETC）标准，并在 70% 以上的车辆中使用车载设备。在新加坡，ETC 的国家标准也促进了从 1998 年初开始在全市范围内实施拥堵收费计划。

6. 研发与教育

这 3 个国家从早期阶段就认识到，没有大规模的研究和示范项目的资助，ITS 水平将达不到临界质量。例如，日本内阁于 2007 年 6 月宣布的 2025 年 ITS 愿景，明确了研发政策，并设定了这样一个目标："到 2025 年，ITS 将建成集车辆、行人、道路和社区于一体的交通系统，使交通更加顺畅，届时将消除所有致命的交通事故。"

7. 创新和竞争

私营部门在开发和向政府及公民提供创新和技术以改善其生活方面发挥了巨大作用。例如，运输业和电信业之间的联盟，在这一联盟中，ITS 被认为是与无线技术（用于合作出行应用）和高速网络（用于视频传输）不可分割的。

8. 规划部署

这些国家提供的资金中有很大一部分用于支持 ITS 技术开发、试验台和概念验证示范，以此作为广泛部署的先决条件。这种方法有助于公民了解智能交通技术的实际好处。

9. 基于性能的交通系统

在 ITS 中处于领先地位的国家认识到，有必要从基于政治或司法管辖权的交通投资分配体系转向以绩效和成本效益分析为投资决策基础的体系。ITS 通过提供所需的高质量数据来制定基于绩效的投资决策进而促进这一原则。私营部门也可以利用这些数据提供增值服务。这些国家还承认，这类系统是智能交通的"力量倍增器"。同时，这些国家的决策者也认识到其提供的重要性和高效益成本比。

13.6 本章小结

数字创新的影响正在改变道路使用者和旅行者的体验，同时高期望值的设定将影响未来对交通服务的需求。

世界各地的城市未来都将受益于智能技术的使用，但首先它们必须提高基础设施的弹性与可靠性以克服将要面临的许多挑战。这些技术的部署辅以适当的治理和监管变革，通过改进城市管理系统、更好地告知消费者和增强重要基础设施系统之间的连通性，将带来实质性的好处。尽管世界上管理城市的决策者和领导人逐渐认识到了智能技术在"资产投资"中的作用，但全球规模的部署仍处于起步阶段。

正如本章所体现的，投资智能系统的好处是令人信服的，特别是考虑到在提供创新解决方案以提高我们的经济效率和生活水平方面可以做出的改进。为了刺激变革计划并节省资产成本，城市必须从一个项目的角度出发，升级规划、运营和提供智能基础设施的系统。这种投资将使城市有机会促进其基础设施现代化，并有助于推动经济增长和在21世纪创造更多的就业机会。

参 考 文 献

[1] Dobbs, R, Remes, J, Manyika, J, Roxburgh, C, Smit, S & Schaer, F 2012, *Urban world: cities and the rise of the consuming class*, McKinsey & Company, The McKinsey Global Institute (MGI), Seoul.

[2] Dobbs, R, Smit, S, Remes, J, Manyika, J, Roxburgh, C & Restrepo, A 2011, *Urban world: mapping the economic power of cities*, McKinsey & Company, The McKinsey Global Institute (MGI), Seoul.

[3] McKinsey & Company 2016, *Automotive revolution – perspective towards 2030*, McKinsey & Company, The McKinsey Global Institute (MGI), Seoul.

[4] *United Nations World Urbanization Prospects 2014, revision*. Available at: https://esa.un.org/unpd/wup/Publications/Files/WUP2014-Report.pdf; p. xxi and p. 48.

[5] Wilson, M 2012, By 2050, 70% of the World's Population Will Be Urban. Is That A Good Thing? *Fast Company*. Available at: http://www.fastcodesign.com/1669244/by-2050-70-of-the-worlds-population-will-be-urban-is-that-a-good-thing [Accessed 17 May 2016].

[6] Winston, C & Mannering, F 2014, 'Implementing technology to improve public highway performance: a leapfrog technology from the private sector is going to be necessary', *Economics of Transportation*, vol. 3, no. 2, pp. 158–165.

[7] Neumann, C 2015, *Big data versus big congestion: Using information to improve transport*, McKinsey & Company. Available at: http://www.mckinsey.com/industries/infrastructure/our-insights/big-data-versus-big-congestion-using-information-to-improve-transport [Accessed 13 May 2016].

[8] World Health Organisation 2016(a), *United Nations Road Safety Collaboration, United Nations*. Available at: http://www.who.int/roadsafety/en/ [Accessed 13 May 2016].

[9] FIA Foundation 2016, *Road Safety Fund, FIA Foundation*. Available at: http://www.fiafoundation.org/our-work/road-safety-fund. [Accessed 13

May 2016].

[10] World Health Organisation 2016(b), *Road traffic injuries*, United Nations, World Health Organisation, Fact Sheets, fs358.

[11] BITRE 2015, *Traffic and congestion cost trends for Australian capital cities.* Department of Infrastructure and Regional Development. Available at: https://bitre.gov.au/publications/2015/files/is_074.pdf.

[12] European Commission 2011, *Roadmap to a Single European Transport Area, European Commission: Mobility & Transport.* Available at: http://ec.europa.eu/transport/strategies/facts-and-figures/transport-matters/index_en.htm [Accessed 13 May 2016].

[13] ITS America 2011, *What is Intelligent Transportation?* ITS America, ITSA WikiSpace.

[14] International Transport Forum 2010, Transport Outlook 2010, 'The 2010 International Transport Forum: Transport and Innovation: Unleashing the Potential', *Organisation for Economic Co-operation and Development*, Leipzig, Germany, May 26–May 28, 2010, pp. 1–28.

[15] Batty, M 2013, 'Big data, smart cities and city planning', *Dialogues in Human Geography*, vol. 3, no. 3, pp. 274–279.

[16] Kitchin, R 2013, 'The Real-Time City. Big Data and Smart Urbanism', *GeoJournal*, vol. 79, no. 1, pp. 1–14.

[17] Hobbs, A & Hanley, S 2014, *Big and Open Data in Transport, Parliamentary Office of Science & Technology*, POSTnotes Post-PN-472.

[18] Dia, H 2015, *Workshop on Smart Mobility*, Swinburne University of Technology, Booklet.

[19] Deloitte 2015. *Transportation in the Digital Age: Disruptive Trends for Smart Mobility.* Available at: http://www2.deloitte.com/uk/en/pages/business-and-professional-services/articles/transport-in-the-digital-age.html [Accessed 5 September 2016].

[20] Rail Level Crossing Group 2010, *National Railway Level Crossing Safety Strategy*, Australian Transport Council.

[21] Yi, P & Kandukuri, Y 2012, 'Optimum Location Identification of Plug-In Electric Vehicle Charging Stations Based on Graphic Weighting', *The Twelfth COTA International Conference of Transportation Professionals, American Society of Civil Engineers*, Beijing, China, August 3–August 6, 2012, pp. 3435–3440.

[22] Burt, M, Cuddy, M & Razo, M 2014, *Big Data's Implications for Transport Operations: An Exploration,* U.S. Department of Transportation, VNTSC-FHWA-14-13.

[23] Nvidia 2016. *Nvidia automotive.* Available at: http://www.nvidia.com/object/drive-automotive-technology.html [Accessed 2 June 2016].

[24] International Transport Forum 2015, *Automated and Autonomous Driving: Regulation Under Uncertainty.* Available at: http://www.itf-oecd.org/automated-and-autonomous-driving-regulation-under-uncertainty [Accessed 2 June 2016].

[25] Dia, H 2016, *Who or what is behind the wheel? The regulatory challenges of driverless cars. The Conversation.* Available at: https://theconversation.com/

who-or-what-is-behind-the-wheel-the-regulatory-challenges-of-driverless-cars-55434 [Accessed 2 June 2016].

[26] Cunningham, W 2016, *Nvidia's computer for self-driving cars as powerful as 150 MacBook Pros.* Available at: http://www.cnet.com/au/news/nvidias-computer-for-self-driving-cars-as-powerful-as-150-macbook-pros/. [Accessed 2 June 2016].

[27] Owyang, J 2015, *Ten ways mobility-as-a-service changes your lifestyle.* Available at: http://www.web-strategist.com/blog/ [Accessed 2 June 2016].

[28] Bouton, S, Knupfer, SM, Mihov, I & Swartz, S, 2015, *Urban mobility at a tipping point. McKinsey & Company.* Available at: http://www.mckinsey.com/business-functions/sustainability-and-resource-productivity/our-insights/urban-mobility-at-a-tipping-point [Accessed 10 January 2016].

[29] Kamargiani, M, Matyas, M, Li, W & Schafer, A 2015, *Feasibility Study for 'Mobility as a Service' concept in London.* University College London. Available at: https://www.bartlett.ucl.ac.uk/energy/docs/fs-maas-compress-final. [Accessed 2 June 2016].

[30] Burrows, A 2015, *Journeys of the Future – Introducing Mobility as a Service. Atkins Global.* Available at: www.atkinsglobal.com.

[31] Center for Automated Research 2016, *The impact of new mobility services on the Automotive Industry.* Available at: http://www.cargroup.org/?module=Publications&event=View&pubID=138 [Accessed 2 August 2016].

[32] Santi, P, Resta, G, Szell, M, Sobosevsky, S, Strogatz, S, & Ratti, C 2013, *Quantifying the benefits of vehicle pooling with shareability networks.* Viewed 2 June 2016. Available at: http://arxiv.org/abs/1310.2963.

[33] Kaas, H-W, Mohr, D, Gao, P, Müller, N, Wee, D, Hensley, R, *et al.* 2016, *Automotive revolution – perspective towards 2030. McKinsey & Company* (January 1st). Available at: http://www.mckinsey.com/~/media/mckinsey/industries/high tech/our insights/disruptive trends that will transform.

[34] Hu, X, Liao, Z, Wang, J & He, J 2015, Shared parking policy analysis based on game theory. In *15th COTA International Conference of Beijing: American society of civil engineers (ASCE)*, pp. 3841–3853. Available at: http://ascelibrary.org/doi/abs/10.1061/9780784479292.354 [Accessed 3 August 2016].

[35] Doherty, MJ, Sparrow, FT & Sinha, KC, 1987, 'Public use of autos: mobility enterprise project,' *Journal of Transportation Engineering,* vol. 113, no. 1, pp. 84–94.

[36] Hietanen, S 2015, *Mobility as a service – European model of digital era transport, ITS Finland.* Available at: http://merjakyllonen.fi/merja/wp-content/uploads/2015/10/Hietanen-ITS-Finland.pdf.

[37] Kaufman, R 2016, *Chasing the next Uber – next city: which city will be the first to crack on-demand mobility? NEXTCITY.* Available at: https://nextcity.org/features/view/helsinki-kutsuplus-on-demand-transportation-mobility-next-uber.

[38] Liu, J, Lin, D & Li, C 2010, Designing and implementing a service oriented traveler information system. In *Traffic and transportation studies 2010.* Reston, VA: American Society of Civil Engineers, pp. 741–749. Available

at: http://ascelibrary.org/doi/abs/10.1061/41123%28383%2971 [Accessed 3 August 2016].

[39]   Rissanen, K 2016, *Helsinki regional transport Authority (HSL),* Available at: https://www.hsl.fi/en/helsinki-regional-transport-authority.

[40]   Greenfield, A 2014, Helsinki's ambitious plan to make car ownership pointless in 10 years. *The Guardian.* Available at: https://www.theguardian. com/cities/2014/jul/10/helsinki-shared-public-transport-plan-car-ownership-pointless [Accessed 2 August 2016].

[41]   Finger, M, Bert, N & Kupfer, D 2015, *Mobility-as-a-service: from the Helsinki experiment to a European model?* Available at: http://fsr.eui. eu/Documents/WorkshopPaper/Transport/2015/150309MaaSObserver.pdf [Accessed 2 August 2016].

[42]   Dia, H 2015(b), *Driverless cars will change the way we think of car owner-ship. The Conversation.* Available at: https://theconversation.com/driverless-cars-will-change-the-way-we-think-of-car-ownership-50125 [Accessed 2 June 2016].

[43]   Karl, C 2015, 'The role of autonomous vehicles in smart mobility', *Work-shop on Smart Mobility,* Swinburne University of Technology, Melbourne, Australia, 17 November, 2015, pp. 1–315.

[44]   Deloitte 2014, *The 2014 Gen Y automotive consumer study – the changing nature of mobility.* Available at: http://www2.deloitte.com/us/en/pages/ manufacturing/articles/2014-gen-y-automotive-consumer-study.html [Acces-sed 2 June 2016].

[45]   International Transport Forum 2015, *Urban mobility system upgrade: how shared self-driving cars could change city traffic.* Available at: http://www. internationaltransportforum.org/cpb/projects/urban-mobility.html [Accessed 2 June 2016].

[46]   Zakharenko, R 2015, *Self-driving cars will change cities, Social Science Research Network.* Available at: http://papers.ssrn.com/sol3/papers.cfm? abstract_id=2683312 [Accessed 13 May 2016].

[47]   Dia, H, Javanshour, F & Hill, J 2016, Network impacts of autonomous shared mobility. *Proceedings of the Machine Learning for Large Scale Transportation Systems Workshop, The 22nd ACM SIGKDD International Conference on Knowledge Discovery and Data Mining,* San Francisco, United States, 13–17 August 2016.

[48]   Access Economics 2009, *The economic benefits of intelligent technologies. Report by Access Economics Pty Limited for IBM.* Available at: https:// www-03.ibm.com/press/au/en/pressrelease/27568.wss.

[49]   Climate Group 2008. SMART 2020: Enabling the low carbon economy in the information age. *A report by The Climate Group on behalf of the Global eSustainability Initiative (GeSI).* Available at: http://www.smart2020. org/_assets/files/03_Smart2020Report_lo_res.pdf.

[50]   Dobbs, R, Pohl, H, Lin, D, *et al.* 2013, *Infrastructure productivity: how to save $1 trillion a year,* McKinsey & Company, The McKinsey Global Institute (MGI), Seoul.

[51]   Sulopuisto, O 2016, *Why Helsinki's innovative on-demand bus service*

failed. Citiscope. Available at: http://citiscope.org/story/2016/why-helsinkis-innovative-demand-bus-service-failed [Accessed 10 July 2016].

[52]　Wollschlaer, D, Foden, M, Cave, R & Stent, M 2015, Digital disruption and the future of the automotive industry. *IBM Centre for applied insights.* Available at: https://www.ibm.com/multimedia/portal/H752407R29967B14/IBMCAI-Digital-disruption-in-automotive.pdf.

[53]　Ford 2015, *Ford smart mobility map. Ford smart mobility.* Available at: https://media.ford.com/content/dam/fordmedia/NorthAmerica/US/2015/03/02/MobilityExperiments.pdf [Accessed 2 August 2016].

[54]　Titcomb, J 2016, *UberPool has been used more than 1 million times in London.* The Telegraph. Available at: http://www.telegraph.co.uk/technology/2016/06/07/uberpool-has-been-used-more-than-1-million-times-in-london/.

[55]　Barber, L 2016, *Uber reveals London ridesharing figures for UberPool. CITYA.M.* Available at: http://www.cityam.com/242760/uber-reveals-london-ride-sharing-figures-for-uberpool [Accessed 6 July 2016].

[56]　Crist, P, Greer, E, Ratti, C, *et al.* 2015, *Big data and transport: understanding and assessing options,* International Transport Forum Data Base, Paris.

[57]　Benjamin, S 2015, 'Self-driving vehicles: how-to-guide', *Workshop on Smart Mobility,* Swinburne University of Technology, Melbourne, Australia, 17 November, 2015, pp. 1–34.

[58]　Katal A, Wazid, M & Goudar, R 2013, 'Big data: issues, challenges, tools and Good practices', *2013 Sixth International Conference on Contemporary Computing (IC3),* Institute of Electrical and Electronics Engineers, Noida, August 8–August 10, 2013, pp. 404–409.

[59]　Mims, C 2013, Coming Soon: *The Cybercrime of Things, The Atlantic.* Available at: http://www.theatlantic.com/technology/archive/2013/08/coming-soon-the-cybercrime-of-things/278409/ [Accessed 17 May 2016]

[60]　Information Technology and Innovation Foundation 2010, *Explaining International IT Application Leadership: Intelligent Transportation Systems.* Available at: https://itif.org/media/explaining-international-it-application-leadership-intelligent-transportation-systems#video.

术　语

AI	人工智能
AV	自动驾驶车辆
BTRE	交通运输与区域经济局
ETC	电子不停车收费
GDP	国内生产总值
GPS	全球定位系统
ITS	智能交通系统
MaaS	出行即服务
MAV	最小属性车辆

MGI	麦肯锡全球研究所
NPV	净现值
RFID	射频识别
STAR	短期汽车租赁

延 伸 阅 读

[1] ACOLA (2015). 'Delivering sustainable urban mobility.' *Australian Council of Learned Academies.*

[2] Barclays (2015a). *Disruptive mobility: A scenario for 2040. Barclays research insights.* Available at: https://www.investmentbank.barclays.com/content/dam/barclayspublic/docs/investment-bank/global-insights/barclays-disruptive-mobility-pdf-120115-459kb.pdf.

[3] Barclays (2015b). *Disruptive mobility: AV deployment risks and possibilities.* Available at: http://orfe.princeton.edu/~alaink/SmartDrivingCars/PDFs/Brian_Johnson_DisruptiveMobility.072015.pdf.

[4] Fishman, T (2012). *Digital-age transportation: The future of urban mobility.* Deloitte University Press. Available at: http://dupress.deloitte.com/dup-us-en/industry/automotive/digital-age-transportation.html.

[5] Global e-Sustainability Initiative (2008). 'Smart 2020: Enabling the low carbon economy in the information age.' GeSI, A report by Climate Group on behalf of GeSI.

[6] Litman, T (2015). *Autonomous Vehicle Implementation Predictions – Implications for Transport Planning.* Victoria Transport Policy Institute. Available at: http://www.vtpi.org/avip.pdf.

[7] Michael Sivak and Brandon Schoettle (2015), *Potential Impact of Self-Driving Vehicles on Household Vehicle Demand and Usage,* Sustainable Worldwide Transportation Program, University of Michigan. Available at: www.umich.edu/~umtriswt.

第14章

总结与展望

摘要：本章总结了前面各章的主要内容，概述了重新思考城市交通的框架，并确定了促进政策变革的战略。本章还根据前面各章的研究结果与建议，为今后在低碳交通的发展提供了研究方向。

14.1 引言

本书囊括多学科研究领域的贡献：城市规划、交通规划和战略、交通管理和交通技术。它们代表了对城市交通情况和政策原则以及实际解决方案的综合性调查，这些都将推动可持续发展城市的交通，提高城市的就业机会。本书还分析了城市形态与交通之间的关系，并呼吁在紧凑型城市中实现土地利用和交通规划的融合。尽管每个城市都不同，城市的发展政策也不尽相同，但具体的案例研究深刻反映了如何通过与利益相关者的沟通，来明确城市交通发展的目标和响应相关政策的制定，以及进行持续的监测，开展相关的交流，这些都将有助于实现可持续交通的发展，减少温室气体的排放。

前几章讨论了目前可持续发展城市交通面临的大量挑战。首先，对城市交通面临的挑战进行详尽的介绍，并确定了规划可持续交通解决方案的框架（第2章）；然后，详细说明了决策者的政策途径，并阐述了如何通过案例研究强化这些途径，案例研究表明实施这些政策的社区都获得了一系列经济和社会效益（第3章）；这些研究成果为城市交通的发展和变革奠定了理论基础，剩余章节则论述了城市交通面临的具体挑战，并提供了相应的解决方法和实践方案。

总体来说，本书认为城市交通的可达性是促进城市可持续发展的关键，阐明了城市交通对促进城市化经济的重要性。各个章节和文献具体分析了如何通过可持续交通解决方案改善城市功能。然而，不得不承认的是，实现这一愿景与现实还存在差距，这些差距之所以存在，主要是因为土地利用和交通的分离以及交通模式之间的整合不足。这些问题的解决迫切需要重新制定城市交通政策和实践。

最后一章将前面各章的分析联系在一起，强调各章中提出的关键信息，并总结可行的政策和途径，以达到可持续发展城市交通的预期结果。

269

14.2 城市交通框架新思路

本书呼吁突破传统观念，重新思考解决当前城市交通问题的方法。下面，我们将总结城市交通规划和设计的关键要素，以及如何最好地提供可持续发展城市交通服务。先前的研究已经确认了这些关键要素，并探索了类似减少对机动交通依赖的途径[1-5]，这里将进一步进行分析。

14.2.1 系统方法

城市是一个复杂的互联系统网络。城市交通面临着诸多挑战，例如城市快速发展和对机动交通出行的依赖等挑战。这些挑战是为了改善城市形态急需解决的问题。认识到解决这些问题方案的复杂性和干预措施的合理性，对可持续发展城市的交通改善与优化意义深远。

14.2.2 作为"衍生需求"和"有价值的活动"的出行

在规划和设计解决城市交通问题方案时，必须认识到出行是一种"衍生需求"，也是一种"有价值的活动"。出行源于人们的出行目的、工作、机会、服务等社会活动，大多数出行是为了工作、学习、购物等。交通基础设施以及汽车、火车、自行车等交通工具只是实现这些目的的手段[6]。因此，出行本身历来被视为一种消费的活动，其持续时间应尽量缩短。但在信息时代，所有的出行都被认为是衍生需求的观念可能会逐渐变弱。如今，选择火车和公共汽车出行的乘客以及搭载顺风车或其他新交通方式的乘客，在出行过程中使用手机和平板计算机来打发时间或者工作。因此，出行时间也成为有价值的活动，不再被视为浪费时间。

14.2.3 重构交通

城市交通的首要目标被重新定义为改善就业机会，提倡优先发展公共交通、改善公共交通服务、建立积极的交通基础设施以及减少对私家车依赖。无障碍概念应适用于社会的所有阶层，以确保贫困人群和弱势群体有相对公平的机会获得城市服务。

14.3 政策与战略

第3章确定了"避免、转移、分享、改善"框架中的10项关键原则[7]。这些措施包括：①规划密集的城市；②发展公交城市；③优化道路网络及其使用；④改善公共交通；⑤鼓励步行和自行车；⑥控制车辆使用；⑦停车管理；⑧推广清洁能源；⑨利益相关者的协商沟通；⑩全面部署监督。

在本章中，将广泛的政策和战略分为 6 类，证明这些政策战略间的相互联系及其触发政策更新的潜力[1]。

14.3.1　强化土地利用和交通的结合

重建和加强土地利用和交通之间的联系，能够更好地实现可持续发展城市的交通。对土地利用和交通运输采取综合办法，将交通规划的重点从指定土地利用逐渐转移到采用有效的可持续发展方式，以实现公众日常需求。因此，城市交通可持续发展要求交通规划与土地利用规划融合在同一个规划系统之中，不再独立区分[1]。

14.3.2　重新思考城市规划与交通工程设计

正如第 5 章所讨论的，交通供需与城市形态之间有着强烈的关联。土地混合利用发展能够减少公众出行需求。功能性场所和建筑设施之间高质量的交通连接能够改善每个场所的交通状况、增强场所的功能，从而减少起点和终点之间的距离和公众出行次数。这些都可以通过城市规划的创新并结合现代化的基础设施和交通工程设计来实现。例如紧凑的配置加上交通导向的发展减少了私家车的数量，同时也使城市能够投资不同的公共交通方式。

14.3.3　调整交通基础设施投资

实现低碳交通需要优先选择基础设施投资。目前，无论是在发达国家还是在新兴国家，私人和公共交通方式之间的资金和投资存在严重的不平衡[1,2]，归根结底是政策不足。初期资金应更多地投入发展和扩大非机动化和大容量公共交通基础设施上去，后续补充的公共资金应接受公众监督，形成可持续的资金流。这种融资模式，不仅在政治上具有吸引力，还加强了土地利用和交通之间的联系。

14.3.4　整合城市交通设施与服务运营

高效的土地利用模式（例如紧凑型、混合型和步行型）可以减少对昂贵交通系统的依赖。合理设计交通系统，有助于扩张城市业务、增加经济产出和创造就业机会。效率是整个城市交通部门管理、运营和系统设计实践的基础。在客运量较大的环境下，大容量公共交通系统可以重新配置公共汽车和相应的交通设施，从而获得最高的票价收入。国家城市发展政策和规划还必须强调综合交通和土地利用规划的发展。

14.3.5　城市治理框架

发展完全一体化和可持续的多模式城市出行系统需要强有力的城市治理框架。面向可持续交通出行的创新和政策的成功执行依托强有力的制度监督。政府的意愿、良好的领导、透明的政策和问责机制对建立公众信任至关重要，规划机构对整个过程也同样重要，因为它们能够创造出令人向往的城市未来愿景。同时，在城市交通决策过程中还需要融入效率、问责制和透明度，这就要求明确公开制定规划的过程和评价方法，并将其制度化，这些过程和评价方法将以客观的绩效衡量标准为基础，并与明确的目标相联系以取得不错的成果。

14.3.6 监管架构

现有道路空间和城市形态管理的监管框架有利于城市交通规划设计的延续，要将城市转变为可持续发展的交通城市，就需要对与城市交通管理相关的法律和监管框架进行重大改革。本书强调的干预措施要求改变空间管理、城市形态、交通工程以及与城市发展有关的体制和融资安排。

14.4 低碳出行政策的研究议程——澳大利亚

低碳出行解决方案成功的关键在于细致研究 21 世纪的全球挑战，包括能源供应、气候变化和健康问题。通过精心规划的政策和对城市交通的智慧思考，城市有望获得巨大收益。为了大幅改善交通出行环境和减少尾气排放，我们需要采取的措施是出台相关政策并进行出行行为和技术的改革，以实现低碳生活的预期成果和目标。

低碳出行研究议程的制定为现有交通研究和人力资本奠定了基础，加强了对研究和创新的支持。蓬勃发展的研究议程代表着对未来低碳出行和可持续交通的重大投资，也将为学生、研究人员和行业从业人员提供独特的发展轨迹和研究方向。本节提供了一个研究框架，确定了高水平的研究需求，以便在城市成功部署和整合低碳出行解决方案，该框架描述了低碳出行的前景，绘制了研究主题的蓝图，并确定了需要弥合才能获得成功的研究差距。

本章提出的研究框架借鉴了低碳出行研究的现状，并与学者、研究人员和行业利益相关者进行了讨论。这种方法能够客观地分析当前的挑战、机遇和普遍认为缺乏基础研究的领域，并强调了新技术将带来新的研究机会。同时，征求研究人员和行业专家的意见也有助于确定利益相关者认为工作做得不足的领域，以及需要集中研究的领域。它还可以确定未来可能变得重要的领域，以及需要研究来支持其发展的领域。

编制这些优先事项时，在澳大利亚阿德莱德和墨尔本举行的研讨会上，少数大学参与了低碳出行的研究，并征求了研究人员和专家的意见[8,9]。研讨会包含了来自学术界和工业界的参与者，为了评估新的干预措施等课题，他们介绍了一系列关于需求建模、城市规划、城市交通数据的收集和建模以及建立实体实验室的新方法。这些研讨形成了广泛的研究框架，其中也包括来自参与研讨会的利益相关方的投入。虽然这一框架的背景是郊区的旅游业，但高水平的研究同样适用于城市环境中的低碳出行。

　　低碳出行研究框架（图 14.1）的首要目标是减少乘用车使用过程中的温室气体排放。该框架包括调查互联网时代的出行需求，提供新的出行方式（如自主共享出行、按需使用车辆和乘坐共享），以及调查对交通、能源、城市形式、可持续性和生活质量的长远影响等研究项目。研究议程还包括城市治理的战略研究项目和发展中国家改善城市交通的机会。图 14.1 展示了各种有可能提高交通出行水平的设想，包括道路交通电气化方案、远程工作和智能工作中心等。该项规划的关键主题是需要提供可靠且经济有效的替代性出行方案，以减少人们对私家车出行的依赖。该研究框架旨在研究以下内容。

1. 现状与趋势

　　该项内容包括评估城市出行的现状和未来发展的最佳方式，以及减少城市交通碳排放的新举措，其中特别值得关注的是评估颠覆性技术、共享汽车所有权和乘坐公共交通工具等方式是否可以减少碳排放的可能性。它还包括识别城市交通中新兴的或有可能发生的趋势，以及自主按需共享交通解决方案的作用。虽然进行全面的环境勘测和对已发表的研究进行综合分析以确定城市出行现状与未来的差异至关重要，但不可否认的是将文献综述作为一种外推法有一定的局限性，并且这也只能对智慧出行的研究轨迹提供有限的参考。同时在这些研究中，通过访谈、研讨会、调查和问卷调查得到的利益相关者的数据信息很重要，这些都将会影响短期乃至长期的交通运营和规划。

2. 政策和制度分析

　　该项内容包括由低碳出行解决方案产生的障碍和机遇评估，即评估当前监管框架、发展注重成果研究的途径、不确定性下的监管、公众期望、技术驱动的出行解决方案的接受度、政府机构未来在共享自主出行情况下管理交通网络的作用，同时也应加强与社区、地方政府和其他利益相关者的合作交流。这类研究的重点是开发新的城市治理系统，从而引导城市出行创新、企业社会责任、互联网利益相关者间的交流以及实现低碳出行方案的社区新模式。这些努力将致力于开发和评估新的模式和流程，借助于这些模式和流程，社会、规划和技术创新才能更有效地纳入智慧出行规划中去。

3. 出行需求分析

　　该项内容包括分析现有的家庭出行调查，以确定出行行为（例如，家庭出行生成、目的地和出行方式选择），了解共享互联交通时代城市地区出行需求的驱动因素，以及决定出行行为从私家车转向新的交通解决方案的决定性因素。此外，还包括探索改变出行行为（出行频率、出行目的地和交通模式的选择）的专项试验，并重点关注对于汽车依赖性高的领域，从而探索出行行为转变的决定性因素。在这一框架下，其他关于出行需求预测分析、机器学习工具、交通信息新数据挖掘、智能卡自动收费和通过复杂建模和分析工具对人群数据进行估计和分析等研究都需要

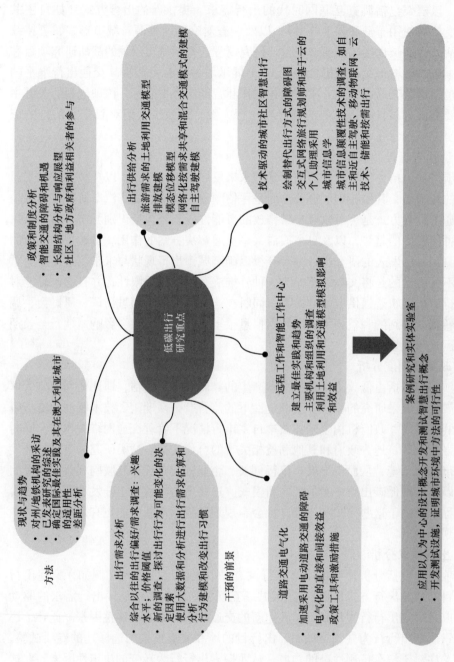

图 14.1　低碳出行的研究框架

低碳出行研究重点

方法

现状与趋势
- 对州/地铁机构的采访
- 已发表研究的综述
- 确定国际碳排实践及其在澳大利亚城市的适用性的差距分析

出行需求分析
- 综合以往的出行偏好需求调查：兴趣水平；价格阈值
- 新的调查，探讨出行行为可能变化的决定因素
- 使用大数据和分析进行出行需求估算和分析
- 行为建模和改变出行习惯

政策和制度分析
- 智能交通分析与响应机遇
- 长期结构分析及地方政府和利益相关者的参与
- 社区、地方政府和利益相关者的参与

出行供给分析
- 旅游需求建模
- 排放建模
- 模态位移建模
- 网络化按需求共享和混合交通模式的建模
- 自主驾驶建模

技术驱动的城市社区智慧出行
- 绘制替代出行方式的障碍图
- 交互式网络旅行规划师和基于云的个人助理采用
- 城市信息学
- 城市信息颠覆性技术的调查，如自主和近自主驾驶、移动的物联网、云技术、储能和按需出行

远程工作和智能工作中心
- 建立最佳实践和趋势
- 主要机构和组织的调查
- 利用土地利用和交通模型模拟影响和效益

道路交通电气化
- 加速采用电动道路交通的障碍
- 电气化的直接和间接效益
- 政策工具和激励措施

干预的前景

案例研究和实体实验室
- 应用以人为中心的设计概念开发和测试智慧出行概念
- 开发测试设施，证明城市环境中方法的可行性

逐一完成。出行需求分析还包括分析土地利用与交通的相互作用，以及在供应和服务模式变化情况下对出行模式需求的影响，特别是与共享出行和未来自主车辆应用相关的项目研究，例如"第一公里"和"最后一公里"的出行解决方案。

4. 出行供给分析

该项内容应包括研究土地利用与交通互动模型、在不同基础设施（包括步行和自行车基础设施）服务情况下的出行需求和方式划分、电动汽车充电网络和联网公共交通服务。建模工具应能够考虑到区域层面上宏观模型和微观模型以及运营水平（如微观和日益复杂的个体行为模型）的评估影响。这些工具的应用将有助于调查交通方式的变化以及智慧出行干预措施的影响，这些影响主要集中在减少温室气体排放、降低当前对汽车依赖水平的社会和经济成本，以及为客户提供其他出行选择的效率和成本效益等方面。出行供给分析研究还应着眼于以提高不同出行方式的客户使用率为重点的交通规划和建模研究。模型工具也可作为低碳出行投资的决策支持系统，对评估拟议的干预措施可行性和成本效益很有价值，评估投资组合方案鼓励选择采用新的出行解决方案以减少城市碳足迹，并有助于识别最容易接受低碳出行解决方案的区域和社会群体。

5. 干预的前景

决策者可能会采用诸如智能交通干预、远程操作和道路交通电气化等干预措施。在网络管理、远程工作[10]和智能交通系统干预措施方面已经有了大量的研究和发展势头，但未来的重要研究领域可能是颠覆性出行，包括协作共享出行（第10章）、自动驾驶汽车（第11章）和数字创新（第12章和第13章）。在这些领域，需要更多的研究来解决以下问题，特别是关于自动驾驶汽车的问题：

- 是否会减少或增加拥堵？
- 如何影响车辆总行驶里程？
- 是否会加快或减慢城市无序拓展？
- 如何影响城市形态？
- 是否会诱导更多的出行需求？
- 对停车会有什么影响？
- 是否会减少或增加排放量？
- 如何影响汽车保有量？

6. 案例研究和实体实验室

低碳出行解决方案和干预措施的研究还应包括在实体实验室创建案例研究和试点，例如美国的一些大学已经建立了测试自动驾驶的越野测试台，这些与道路安全影响评估紧密相关。同样重要的是，应在公共道路上进行试验，为出行者和消费者提供机会去见证新的出行解决方案，评估他们的体验，更好地了解潜在的影响和机遇，同时帮助当局了解更多有关交通的信息。

14.5　低碳出行政策的实践研究路线

本章所述的高级研究框架旨在确定可用于指导低碳出行交通政策的实用路线。随着科学进步和快速突破，"下一个重大事件"的名单越来越长，政策制定应提供指导性计划，以确保技术干预措施得到很好的应用，并集中在用户需求上，这些措施能够解决促进可持续城市发展的实际问题。

先前研究中确定的一些关键研究路线与低碳出行政策相关且有效[11]，具体包括以下内容。

14.5.1　超越眼前利益，建立新技术的长远影响

颠覆性出行带来的巨大变化有时会激发人们对截然不同的未来的憧憬，同时也会引发大量的炒作。为了区分炒作和现实，严格而广泛的研究必须立竿见影。例如在过去几年里，自动驾驶汽车似乎已经吸引了人们的想象力，尽管很可能带来一些好处，例如减少交通事故、使人们从驾驶中解放出来，但人们仍然不清楚它们将如何影响拥堵和人均车辆总里程，是否可能取代或补充公共交通，以及其对健康的潜在影响，人们还担心过度扩张的城市对能源和土地利用的影响。最近的研究[12]表明，如果引入无人驾驶汽车共享网络，目前郊区的车辆数可能会减少90%。然而没有人清楚这是否会引发新的出行需求，因为道路上车辆减少，出行时间也会变短，而且人们在自动驾驶情况下没有驾驶压力会觉得出行时间是可利用的。因此，开展研究、超越眼前效益并调查这些技术将如何长期影响城市生活、出行需求和社会凝聚力是非常重要的。

14.5.2　制定严格而又灵活的评价体系和方法

考虑到部分颠覆性出行解决方案尚未经过测试，其影响评估将通过试验台或仿真进行。使用试验台的主要优点是易于再现实际场景，能够反映消费者和驾驶员如何参与和应对技术。然而，其局限性在于规模小，且无法捕捉到对较大城市网络的更广泛的长期影响。基于计算机软件仿真模拟，经过适当的校准和验证能够弥补试验台的不足，并提供经济有效的解决方案，但这些方案仍有一定的局限性，特别是在再现个体行为的问题上。因此，决策工具也需要进一步的发展。目前，评估交通项目最常用的方法是成本效益分析（CBA）。在确定经济价值方面，成本效益分析法是有效的，但CBA并未考虑如何影响人们生活方式等方面的重要因素，例如谁将从该项目中受益，或谁不会受益等。与CBA相比，多标准分析是一种改进的评估工具，因为它能够分析一系列更广泛的标准或政策目标。然而，这种方法是主观的，可能会出现不一致的结果，必须开发出其他技术改进评估的方法，这些技术应通过风险评估来补充CBA。

14.5.3　调整管理体系，采用灵活且以结果为导向的管理

法规将在颠覆性出行解决方案的出现和发展中发挥重要作用，同时它们也可能是影响交通实施的最大障碍。监管者必须重新思考并调整实施方案，避免扼杀创新技术的应用。有效的应对措施需要监管机构、开发商和公众之间尽早进行持续的对话，在对话中监管机构将创建灵活有力的法律框架。例如对于自动驾驶车辆，监管机构的重要作用是限制物理风险，尤其是在传统车辆车队与自动驾驶车辆相互作用的过渡时段可能带来的风险。当今世界科学技术快速发展，监管者需要重新定位他们的角色，将重点放在统一的成果上，而不是所谓的执行规范和标准。

14.5.4　促进和鼓励灵活的交通及公共交通创新

目前的交通变革已经影响到了出租车行业，人们担心这将会长期影响公共交通，特别是公交服务。世界各地有许多创新的公共交通举措，如美国的 Bridji 巴士服务已成功遍布全国。尤其是采用创新的公交解决方案，对于迈向可持续发展的未来至关重要，并将在填补"第一公里"和"最后一公里"的差距方面发挥重要作用。公共交通必须提供高效的、高质量的交通服务才能更加吸引公众。共享单车已经在世界各地的许多城市流行起来，并已成为"时髦"而不是简单的"可持续"，支持和增强共享单车出行方式将有助于城市与城市交通的可持续发展。

14.6　本章小结

引导城市走低碳出行的道路，不仅有利于降低城市交通成本，而且能提高社会整体效益[2]。可持续出行系统的推广实施将跨越当今全球社会面临的最紧迫挑战的难点[1]。只有解决了在面对可持续出行的挑战、纠正城市中心可达性方面普遍存在的问题，才能减少温室气体排放，真正改善城市居民生活质量。

本书的贡献表明，可持续的城市出行是衡量我们生活质量（健康、幸福、繁荣、联系和安全）许多指标的重要组成部分。通过向政策制定者提供参考依据和战略思想，可以促进交通解决方案的实施，影响城市人口的幸福指数，有效地提高城市交通系统网络的效率。

参 考 文 献

[1] Givoni, M and Banister, D (2013). Mobility, transport and carbon. In Givoni, M and Banister, D (Eds), *Moving Towards Low Carbon Mobility*, Edward Elgar Publishing, Cheltenham, UK, pp. 1–12.

[2] Banister, D (2013). City transport in a post carbon society. In Givoni, M and Banister, D (Eds), *Moving Towards Low Carbon Mobility*, Edward Elgar Publishing, Cheltenham, UK, pp. 255–266.

[3] Bishop, J (2013). Technology. In Givoni, M and Banister, D (Eds), *Moving Towards Low Carbon Mobility*, Edward Elgar Publishing, Cheltenham, UK, pp. 92–110.

[4] Givoni, M (2013). Alternative pathways to low carbon mobility. In Givoni, M and Banister, D (Eds), *Moving Towards Low Carbon Mobility*, Edward Elgar Publishing, Cheltenham, UK, pp. 209–230.

[5] Hickman, R (2013). Urbanization and future mobility. In Givoni, M and Banister, D (Eds), *Moving Towards Low Carbon Mobility*, Edward Elgar Publishing, Cheltenham, UK, pp. 60–74.

[6] UN-Habitat (2012). *Planning and design for sustainable urban mobility: global report on human settlements 2013*. Available at: http://unhabitat.org/ planning-and-design-for-sustainable-urban-mobility-global-report-on-human-settlements-2013/ [Accessed 17 September 2016].

[7] Bongardt, D (2016). *10 principles SUT*. Available at: https://prezi.com/ 7ufnp8crzc1l/10-principles-sut/ [Accessed 18 September 2016].

[8] Philip, M and Taylor, M (2014). Research synthesis report: A research agenda for low carbon mobility. *CRC for low carbon living*. Available at: http://www.lowcarbonlivingcrc.com.au/resources/crc-publications/crclcl-

project-reports/rp2009-research-synthesis-report-research-agenda. [Accessed 17 August 2016].

[9] Dia, H (2014). *Workshop on greening suburban travel*. Swinburne University of Technology. Available at: http://www.lowcarbonlivingcrc. com.au/research/program-2-low-carbon-precincts/rp2021-greening-suburban-transport [Accessed 17 August 2016].

[10] Aguiléra, A, Guillot, C and Rallet, A (2012). Mobile ICTs and physical mobility: Review and research agenda. *Transportation Research Part A: Policy and Practice*, 46(4), pp. 664–672.

[11] Bruun, E and Givoni, M (2015). Six research routes to steer transport policy. *Nature*, 523(7558), pp. 2–4.

[12] Dia, H, Javanshour, F and Hill, J (2016). Network impacts of autonomous shared mobility. In *Machine learning for large scale transportation systems workshop*. San Francisco. Available at: http://media.wix.com/ugd/ea3995_ f398d3792c764647ae791aab726a8ad4.pdf [Accessed 17 August 2016].

术　　语

| CBA | 成本效益分析 |
| MCA | 多准则分析 |

延 伸 阅 读

[1]　Aditjandra, P, Mulley, C and Nelson, J (2013). The influence of neighbourhood design on travel behaviour: Empirical evidence from North East England. *Transport Policy*, 26, pp. 54–65.

[2]　Akyelken, N (2013). Finance and investment in transport. In Givoni, M and Banister, D (Eds), *Moving Towards Low Carbon Mobility*. Edward Elgar Publishing, Cheltenham, UK, pp. 129–147.

[3]　Banister, D (2011). Cities, mobility and climate change. *Journal of Transport Geography*, 19(6), pp. 1538–1546.

[4]　Banister, D, Anderton, K, Bonilla, D, Givoni, M and Schwanen, T (2011). Transportation and the environment. *Annual Review of Environment and Resources*, 36, pp. 247–270.

[5]　Banister, D, Stead, D, Steen, P, *et al.* (2000). *European Transport Policy and Sustainable Mobility*. Spon Press, London.

[6]　Bishop, J (2013). Technology. In Givoni, M and Banister, D (Eds), *Moving Towards Low Carbon Mobility*. Edward Elgar Publishing, Cheltenham, UK, pp. 92–110.

[7]　Hayashi, Y (2013). Drastic visioning and backcasting to leapfrog to low carbon transport in growing Asia. Keynote presentation. In *Workshop on a Research Agenda for Low Carbon Transport*. Adelaide, October. CRC for Low Carbon Living, Sydney.

参 考 文 献

[1] Agnantiaris J, Aifantis E and Nabos J (2001) The influence of biodiffusion...
[2] A+++